区块链
原理与应用
核心技术深度探索

朱兴雄◎著

清华大学出版社
北京

内 容 简 介

本书理论结合实践,全面、系统、深入地介绍区块链的基础理论、核心技术、典型应用和多学科融合等,旨在为区块链学习人员提供全面、翔实的知识体系和应用实践指导,帮助他们系统地掌握区块链的核心知识并了解其前沿应用。本书提供习题、配套源代码与教学 PPT,便于读者巩固和提高所学知识,也可方便相关高校老师教学时使用。

本书共 16 章,涵盖的内容有区块链的发展历史、密码学基础、分布式账本技术基础、共识机制、智能合约、区块链的可扩展性和面临的挑战、区块链高级架构、区块链的漏洞与安全、区块链的监管环境、当前区块链的应用现状与创新、区块链应用新趋势、区块链应用实践、区块链系统开发、区块链行业前景与发展展望、区块链与数字货币、区块链的创新与前沿技术等。

本书内容新颖、丰富,讲解深入浅出,适合区块链开发人员、区块链技术爱好者和想深入了解区块链的人员阅读,也适合金融和供应链等领域的相关人员阅读,还适合作为高等院校和培训机构的教材。

版权所有,侵权必究。举报:010-62782989,beiqinquan@tup.tsinghua.edu.cn。

图书在版编目(**CIP**)数据

区块链原理与应用:核心技术深度探索 / 朱兴雄著.
北京:清华大学出版社, 2025.6. -- ISBN 978-7-302-69453-3
Ⅰ.TP311.135.9
中国国家版本馆 CIP 数据核字第 2025X9B163 号

责任编辑:王中英
封面设计:欧振旭
责任校对:胡伟民
责任印制:曹婉颖

出版发行:清华大学出版社
网   址:https://www.tup.com.cn,https://www.wqxuetang.com
地   址:北京清华大学学研大厦 A 座   邮   编:100084
社 总 机:010-83470000   邮   购:010-62786544
投稿与读者服务:010-62776969,c-service@tup.tsinghua.edu.cn
质量反馈:010-62772015,zhiliang@tup.tsinghua.edu.cn
印 装 者:三河市科茂嘉荣印务有限公司
经   销:全国新华书店
开   本:185mm×260mm   印   张:16.5   字   数:415 千字
版   次:2025 年 7 月第 1 版   印   次:2025 年 7 月第 1 次印刷
定   价:79.80 元

产品编号:111590-01

前言

区块链自诞生以来,便被广泛认为是一种具有变革性的力量,它不仅是一项技术创新,更是一种革新的范式转变,能够重塑各行各业,重新定义流程方式,提升经济运行效率,其重要性可与互联网的出现相媲美。各国正积极将区块链技术融入社会、经济和技术生态系统中。例如,在去中心化金融领域,美国用区块链技术重新定义了金融服务,而欧盟则聚焦于数字欧元、数字身份和跨境支付。中国在这一领域的发展尤为突出,区块链服务网络(BSN)和中国人民银行推出的数字人民币等项目,展示了中国在全球区块链领域的领先地位。

虽然区块链技术发展迅速,但是相关图书的出版却显得滞后,多数书籍未能全面涵盖区块链的最新发展和深层次应用,缺乏前瞻性和实践指导。作为区块链研究人员,笔者觉得有必要编写一本书来改变这一现状,为读者提供既深入理论又注重实践的区块链学习指导。

本书不仅系统地介绍区块链的基础理论,如密码学、分布式账本系统、共识机制与智能合约技术,而且通过实际案例深入探讨区块链在供应链和金融等领域的应用,还通过开发一个区块链系统,带领读者从零开始构建区块链原型,从而将理论知识转化为实际开发能力。此外,本书还前瞻性地探讨区块链技术的未来发展趋势,如区块链与量子计算、人工智能的融合以及其在 Web3 中的应用等。

总之,本书是一本集理论、实践于一体的区块链专业著作,旨在为区块链研究者、爱好者和高校师生等提供全面、翔实的区块链知识体系和实践指导,帮助他们在区块链这一快速发展的领域保持领先,拥有前瞻的视野。通过阅读本书,读者不仅能够掌握区块链的技术原理,而且能够应用这些知识推动经济和社会的创新发展,为创造一个更加美好的世界贡献力量。

本书特色

- **内容全面**:系统探讨区块链技术的基础与前沿内容,包括密码学原理、分布式账本结构、共识机制、智能合约、可扩展性、安全性、监管环境和实际应用等。另外,还深入分析后量子密码学、下一代数字货币和区块链创新生态等前沿发展趋势。
- **注重原理**:以理论基础为核心,从分布式账本的基本机制和密码安全原理入手,详细解析加密函数、共识算法、区块链架构和隐私计算等关键技术的概念,帮助读者构建坚实的理论基础,为区块链创新与应用做好准备。

❑ **前瞻性强**：详细介绍去中心化金融、中央银行数字货币和跨链互操作等新技术与应用的进展，深入探讨区块链在重塑全球金融、产业与监管格局方面的应用，以及我国在数字货币和智能合约创新领域的发展。

❑ **实践性强**：从零开始开发一个区块链系统，带领读者通过实践案例学习共识协议设计、智能合约开发和性能优化等知识，从而提高读者的动手能力和开发水平。

❑ **创新性强**：注重创新，聚焦区块链发展的趋势、前沿技术与应用，探讨区块链技术生态、应用案例与未来发展，以及中国在区块链创新应用中发挥的关键作用。

本书内容

本书共分为16章，各章内容简要介绍如下：

第1章区块链概论，主要介绍区块链的发展历史、核心概念及其重要性，并深入探讨区块链的去中心化、不可篡改性、透明性与安全性等基本特性，帮助读者全面了解区块链的技术范畴与变革潜力。

第2章密码学基础，详细介绍哈希算法、公钥密码学、数字签名和零知识证明等密码学原理与技术，剖析其在区块链系统中保障数据的完整性、真实性和保密性等方面的作用。

第3章分布式账本技术基础，介绍分布式账本技术架构、账本结构和分布式系统的优缺点，揭示其作为区块链去中心化特性的核心支撑。

第4章共识机制，分析工作量证明（PoW）、权益证明（PoS）、委托权益证明（DPoS）、授权证明（PoA）和经过时间证明（PoET）等共识机制，深入探讨安全性、可扩展性与去中心化之间的权衡。

第5章智能合约，详解智能合约的原理、设计与应用，并分析其局限性、漏洞与高级主题，如智能合约平台和执行环境，从而揭示其在区块链协议执行中的关键作用。

第6章区块链的可扩展性与面临的挑战，介绍分片技术、状态通道与侧链等链上与链下扩展解决方案，帮助读者深入理解区块链的可扩展性与面临的挑战，并分析应对策略。

第7章区块链高级架构，主要介绍企业许可链、互操作区块链和隐私保护区块链，并分析这些架构如何克服传统区块链的局限性，从而推动相关技术的发展。

第8章区块链的漏洞与安全，深入讨论51%攻击、双花漏洞与拒绝服务攻击等常见漏洞，并结合真实案例分析针对这些漏洞的高级防范策略，从而提供提高区块链安全性的实用建议。

第9章区块链的监管环境，主要介绍区块链的全球监管趋势与我国的相关政策法规，并分析法律与道德思考对区块链发展的影响，揭示监管框架对区块链技术发展的塑造作用。

第10章区块链的应用现状与创新，聚焦区块链在金融、供应链、物联网和普惠民生等领域的应用,并探索新颖案例所涉及技术的创新性。

第11章区块链应用新趋势,介绍区块链在数字身份、数据所有权、去中心化金融、非同质化代币与公共服务创新等领域的应用趋势,以及其对新型商业模式与商业格局的重塑。

第12章区块链应用实践,详解超级账本Fabric、区块链存证与取证、基于区块链的供应链3个具体应用的开发与部署,帮助读者提高实际动手能力。

第13章从零开始开发一个区块链系统,带领读者从架构设计、编码与部署、运行与测试几个方面逐步构建一个区块链系统,让读者了解区块链项目的开发过程,以应对实际的开发挑战。

第14章区块链行业前景与发展展望,系统分析区块链专业人士必备技能、职业发展路径与竞争策略,为读者提供区块链行业洞察与职业规划建议。

第15章区块链与数字货币,探讨数字货币的基础与发展趋势、区块链与数字货币的结合、数字货币的应用等,重点分析中央银行数字货币和稳定币的原理及其对全球的影响,特别是中国数字人民币的领先发展优势。

第16章区块链的创新与前沿技术,展望未来区块链与量子计算、人工智能的融合发展及其在Web3、虚拟现实空间和数字经济中的应用,探讨其可持续性与创新发展,并分析中国在该领域的战略机遇。

读者对象

- 想深入了解区块链的人员;
- 区块链开发人员;
- 区块链技术爱好者;
- 金融、供应链等领域的区块链学习人员;
- 高等院校的本科生和研究生;
- 相关培训机构的学员。

配套资源获取方式

本书源代码和教学PPT等配套资源有两种获取方式:一是关注微信公众号"方大卓越",回复数字"48"自动获取下载链接;二是在清华大学出版社网站(www.tup.com.cn)上搜索到本书,然后在本书页面上找到"资源下载"栏目,单击"网络资源"按钮进行下载。

阅读提示

各国对区块链和加密货币的政策与法规不尽相同,读者请遵守本国的相关法律法规。本书不构成对区块链、加密货币的任何投资、投机和操作建议。投资有风险,入市需谨慎。

答疑支持

由于笔者水平所限,加之写作时间仓促,书中可能存在疏漏与不足之处,恳请广大读者批评与指正。读者在阅读本书的过程中如果有疑问,可以发送电子邮件获得帮助,邮箱地址为 bookservice2008@163.com。

朱兴雄

2025 年 5 月

目录

第1章　区块链概论 ... 1
1.1　区块链核心引擎：赋能信任的底层架构 ... 1
1.1.1　密码学前沿 ... 1
1.1.2　共识机制的发展 ... 3
1.1.3　分布式治理与网络经济学 ... 5
1.2　区块链的未来图景：突破局限，拥抱无限可能 ... 6
1.2.1　互操作性与跨链互联 ... 7
1.2.2　可扩展性解决方案 ... 8
1.2.3　隐私计算与可持续发展 ... 9
1.3　区块链应用百花齐放 ... 10
1.3.1　金融科技的革命 ... 10
1.3.2　供应链重塑 ... 11
1.3.3　Web3、虚拟现实空间与物联网 ... 12
1.4　小结 ... 14
1.5　习题 ... 14

第2章　密码学基础 ... 15
2.1　区块链密码学导论 ... 15
2.1.1　对称加密与非对称加密 ... 15
2.1.2　哈希算法 ... 18
2.1.3　数字签名和椭圆曲线密码学 ... 20
2.2　安全通信协议 ... 22
2.2.1　安全传输层与安全套接字层 ... 22
2.2.2　零知识证明 ... 23
2.2.3　安全多方计算 ... 24
2.3　区块链中的密码学实现 ... 25
2.3.1　用于交易验证的数字签名方案 ... 25
2.3.2　区块链网络中的密钥管理策略 ... 27
2.3.3　后量子密码学 ... 28
2.4　密码学实践 ... 28

2.5　小结 29
　　2.6　习题 30

第3章　分布式账本技术基础 31

　　3.1　分布式：范式转变 31
　　　　3.1.1　中心化系统和单点故障的局限性 32
　　　　3.1.2　拜占庭问题和分布式共识 33
　　　　3.1.3　分布式网络的信任模型：拜占庭容错与概率信任 35
　　3.2　不可变账本：区块链架构 36
　　　　3.2.1　区块结构和数据组织 36
　　　　3.2.2　哈希链接和防篡改记录 38
　　　　3.2.3　共识机制 39
　　3.3　分布式账本的实施 40
　　　　3.3.1　公共区块链与许可链简介 40
　　　　3.3.2　智能合约集成和可编程区块链 41
　　　　3.3.3　互操作性和跨链通信协议 43
　　3.4　分布式账本技术实践 44
　　　　3.4.1　比特币创世区块的原始数据及其字段分解 44
　　　　3.4.2　编程计算区块头哈希值 46
　　3.5　小结 47
　　3.6　习题 48

第4章　共识机制 49

　　4.1　工作量证明：先驱方法 49
　　　　4.1.1　挖矿基础：哈希算力和难度调整 49
　　　　4.1.2　安全分析：51%攻击和安全权衡 51
　　　　4.1.3　能耗问题和节能型挖矿策略 51
　　4.2　权益证明：更环保的替代方案 52
　　　　4.2.1　基于代币所有权的权益证明机制和区块验证 52
　　　　4.2.2　用于高吞吐量的拜占庭容错变体 54
　　　　4.2.3　委托权益证明和实用拜占庭容错 54
　　4.3　新兴的共识机制 56
　　　　4.3.1　许可链的授权证明 56
　　　　4.3.2　经过时间证明和随机区块选择 57
　　　　4.3.3　燃烧证明和基于资源的共识模式 58
　　4.4　共识机制实践 60

4.5	小结	61
4.6	习题	62

第 5 章　智能合约 … 63

5.1	智能合约的力量：自执行协议	63
	5.1.1　智能合约的图灵完备性和局限性	63
	5.1.2　基于智能合约构建去中心化应用	65
	5.1.3　智能合约用例：供应链管理和去中心化金融	66
5.2	智能合约设计与开发	69
	5.2.1　用于创建智能合约的 Solidity 编程语言	69
	5.2.2　安全注意事项：重入攻击和缓解措施	70
	5.2.3　测试和审计智能合约的稳健性	72
5.3	智能合约平台和执行环境	74
	5.3.1　以太坊虚拟机和 Gas 费用	74
	5.3.2　替代智能合约平台：EOS 和超级账本 Fabric	75
	5.3.3　互操作智能合约与跨链通信	76
5.4	智能合约实践	77
5.5	小结	78
5.6	习题	79

第 6 章　区块链的可扩展性和面临的挑战 … 80

6.1	当前区块链面临的技术瓶颈	80
	6.1.1　交易吞吐量限制与可扩展性困境	80
	6.1.2　区块大小和交易确认时间	82
	6.1.3　去中心化与可扩展性：寻找恰当的平衡	83
6.2	第一层扩展解决方案	84
	6.2.1　增加区块大小优化吞吐量	84
	6.2.2　分片：跨节点分布式交易处理	85
	6.2.3　有向无环图用于更快的共识	86
6.3	第二层扩展解决方案	87
	6.3.1　状态通道和支付通道用于链下交易	87
	6.3.2　等离子框架和交易汇总实现可扩展的智能合约	89
	6.3.3　侧链：独立于主链的区块链	90
6.4	区块链可扩展性实践	91
6.5	小结	93
6.6	习题	93

第7章 区块链高级架构 ············· 95

7.1 企业应用许可链 ············· 95
7.1.1 超级账本 Fabric：联盟链平台 ············· 96
7.1.2 许可链的共识机制：实用拜占庭容错和 Raft ············· 97
7.1.3 身份管理与访问控制机制 ············· 101
7.1.4 超级账本 Fabric：网络、通道和链码 ············· 103

7.2 互操作区块链和 Web3 的发展趋势 ············· 105
7.2.1 跨链通信协议：Cosmos 和 Polkadot ············· 106
7.2.2 互操作智能合约和去中心化交易所 ············· 108
7.2.3 构建统一的区块链生态系统：Web3 愿景 ············· 110

7.3 隐私增强型区块链 ············· 112
7.3.1 零知识证明 ············· 112
7.3.2 环签名和机密交易 ············· 114
7.3.3 如何在区块链系统中平衡隐私与透明度 ············· 118

7.4 小结 ············· 120
7.5 习题 ············· 120

第8章 区块链的漏洞与安全 ············· 122

8.1 常见的区块链安全威胁 ············· 122
8.1.1 51%攻击 ············· 122
8.1.2 智能合约漏洞和重入攻击 ············· 123
8.1.3 Sybil 攻击和拒绝服务攻击 ············· 124

8.2 智能合约安全编码实践 ············· 125
8.2.1 代码审查、审计和形式验证技术 ············· 125
8.2.2 如何安全地使用库来避免常见漏洞 ············· 127
8.2.3 密钥管理和访问控制实践 ············· 128

8.3 区块链安全研究和新的解决方案 ············· 129
8.3.1 保护区块链安全的后量子密码学 ············· 129
8.3.2 智能合约安全保障的形式化验证工具 ············· 130
8.3.3 去中心化安全协议和漏洞赏金计划 ············· 130

8.4 区块链的安全实践 ············· 131
8.5 小结 ············· 132
8.6 习题 ············· 132

第9章 区块链的监管环境 ············· 134

9.1 当前监管机构对区块链技术的监管方法 ············· 134

		9.1.1	区块链资产分类：证券与公用事业代币	134
		9.1.2	AML 和 KYC 规则	135
		9.1.3	全球监管和协调的必要性	136
	9.2	智能合约的法律影响		137
		9.2.1	智能合约的可执行性原则和争议解决机制	137
		9.2.2	去中心化自治组织和法律框架	139
		9.2.3	监管的不确定性和智能合约应用的未来	140
	9.3	负责任的创新和思考		140
		9.3.1	区块链对环境的影响	141
		9.3.2	数据保护问题探讨	142
		9.3.3	区块链的开放性和信任机制	143
	9.4	区块链监管实践		144
	9.5	小结		145
	9.6	习题		145

第 10 章 当前区块链的应用现状与创新 …147

	10.1	金融普惠与创新		147
		10.1.1	监管与合规框架	147
		10.1.2	供应链金融与贸易融资	148
		10.1.3	可编程货币与新型金融工具	149
	10.2	实体经济赋能与产业升级		150
		10.2.1	供应链重塑与可追溯性	150
		10.2.2	物联网与工业区块链	151
		10.2.3	数字资产与知识产权保护	153
	10.3	政府治理与社会创新		155
		10.3.1	数字身份与可信电子凭证	155
		10.3.2	可追溯的监管与问责系统	157
		10.3.3	社会公益与普惠民生	158
	10.4	当前区块链应用与创新实践		160
	10.5	小结		162
	10.6	习题		163

第 11 章 区块链应用新趋势 …164

	11.1	数字身份与数据所有权		164
		11.1.1	数据市场的兴起	164
		11.1.2	数字身份标准化	165

- 11.2 价值创造与新型商业模式 167
  - 11.2.1 去中心化平台和新型市场简介 167
  - 11.2.2 知识产权保护 168
- 11.3 传统行业革新与商业格局重塑 170
  - 11.3.1 政府治理与公共服务创新 170
  - 11.3.2 医疗健康数据管理与隐私保护 171
- 11.4 区块链应用实践 172
- 11.5 小结 174
- 11.6 习题 174

第 12 章 区块链应用实践 175
- 12.1 超级账本 Fabric 应用实践 175
  - 12.1.1 安装超级账本 Fabric 175
  - 12.1.2 运行超级账本 Fabric 177
- 12.2 区块链存证与取证 178
  - 12.2.1 编写存证智能合约 178
  - 12.2.2 在通道中部署智能合约 180
- 12.3 基于区块链的供应链 183
  - 12.3.1 区块链供应链的智能合约 184
  - 12.3.2 区块链供应链的应用后端 187
  - 12.3.3 区块链供应链的应用前端 192
- 12.4 小结 195
- 12.5 习题 195

第 13 章 从零开始开发一个区块链系统 197
- 13.1 区块链的基本组成 197
- 13.2 编码实现 198
  - 13.2.1 设置项目环境 198
  - 13.2.2 编写区块链的类 198
- 13.3 运行和测试区块链 201
  - 13.3.1 编写并部署区块链应用 201
  - 13.3.2 区块链操作的 API 204
  - 13.3.3 使用 cURL 测试区块链 204
- 13.4 小结 207
- 13.5 习题 208

第14章 区块链行业前景与发展展望 ······209

14.1 区块链专业人士必备技能 ······209
- 14.1.1 编程语言 ······209
- 14.1.2 密码学和分布式系统 ······211
- 14.1.3 分析和解决问题的能力 ······212

14.2 教育途径和资源 ······214
- 14.2.1 以区块链教育为重点的大学课程 ······214
- 14.2.2 用于区块链教育的在线学习平台 ······214

14.3 区块链行业的持续发展 ······215
- 14.3.1 区块链开发人员、智能合约工程师和安全专家 ······215
- 14.3.2 区块链分析师、顾问和项目经理 ······216

14.4 小结 ······217
14.5 习题 ······217

第15章 区块链与数字货币 ······219

15.1 数字货币的基础与发展趋势 ······219
- 15.1.1 央行数字货币 ······219
- 15.1.2 稳定币与去中心化货币 ······221

15.2 区块链与数字货币的结合 ······223
- 15.2.1 数据结构和存储模型：Merkle 树与交易完整性验证 ······223
- 15.2.2 密码学基础：椭圆曲线数字签名算法 ······224
- 15.2.3 共识算法：工作量证明与难度调整 ······224
- 15.2.4 零知识证明与隐私保护 ······225

15.3 数字货币的应用与未来 ······225
- 15.3.1 跨境支付与数字货币的融合 ······225
- 15.3.2 数字货币的未来 ······228

15.4 小结 ······229
15.5 习题 ······229

第16章 区块链的创新与前沿技术 ······231

16.1 区块链与量子计算的融合与挑战 ······231
- 16.1.1 量子计算与区块链的潜在冲击 ······231
- 16.1.2 基于格的密码学 ······233
- 16.1.3 后量子密码学与区块链的适配方案 ······235
- 16.1.4 量子加密与量子链的前景 ······236

16.2 区块链与人工智能 ······238

  16.2.1 区块链驱动的人工智能平台 ·············· 238
  16.2.2 去中心化的人工智能市场与区块链应用 ·············· 241
  16.2.3 区块链和人工智能结合的行业变革 ·············· 241
16.3 Web3 与虚拟现实空间生态系统 ·············· 243
  16.3.1 区块链作为 Web3 的基础 ·············· 243
  16.3.2 数据代币化经济与用户所有权模式 ·············· 244
  16.3.3 区块链在虚拟现实空间中的应用 ·············· 245
16.4 塑造更具创新性和可持续性的未来 ·············· 246
  16.4.1 区块链开发标准和互操作性解决方案 ·············· 246
  16.4.2 构建更具包容性与可持续性的未来 ·············· 247
  16.4.3 区块链经济在各行各业中的应用 ·············· 248
16.5 小结 ·············· 249
16.6 习题 ·············· 250

第 1 章 区块链概论

区块链技术作为一种技术创新力量，正在改变并重塑传统行业模式。其核心特征是分布式、不可变的分类账，以分布式账本记录资产交易信息，确保信息透明、安全。

随着区块链技术的发展，传统的信息壁垒有望被打破。区块链改变了我们与数字世界的交互方式。从智能合约到分布式金融（DeFi），区块链技术有望革新传统系统，助力我们建设一个更加开放互联、公开透明的未来。

1.1 区块链核心引擎：赋能信任的底层架构

区块链技术驱动的去中心化系统，通过引入信任、透明度和不可变性来改变各个行业。其核心在于密码学算法、分布式共识机制和去中心化治理结构等。密码学算法保障交易与数据的隐私性和完整性；分布式共识机制使一组节点在无中心化机构前提下，就系统状态达成一致；去中心化治理模式赋予利益相关者参与决策的权力，促进社区驱动的开发及所有权。区块链核心引擎示意如图 1-1 所示。

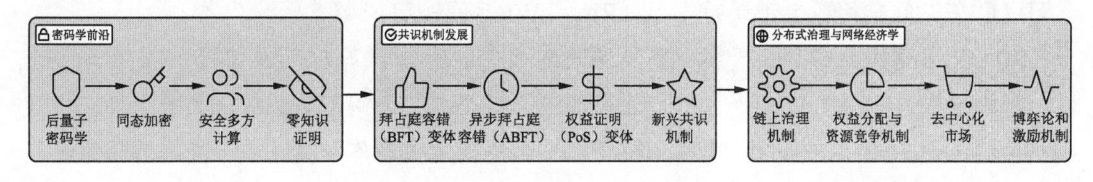

图 1-1　区块链核心引擎示意

1.1.1 密码学前沿

本节将介绍密码学前沿的相关知识，包括后量子密码学、同态加密、安全多方计算和零知识证明等，如图 1-2 所示。

1. 后量子密码学：保护区块链前沿

量子计算的发展对传统加密算法的安全性形成了重大威胁。量子计算机变得日益强大，其能破解广泛使用的算法，如公钥加密算法（RSA）和椭圆曲线密码学（ECC），从而危及区块链网络的安全性。为了应对此挑战，研究人员一直在积极研发后量子密码学（PQC）算法，这些算法被认为能够抵抗量子攻击。

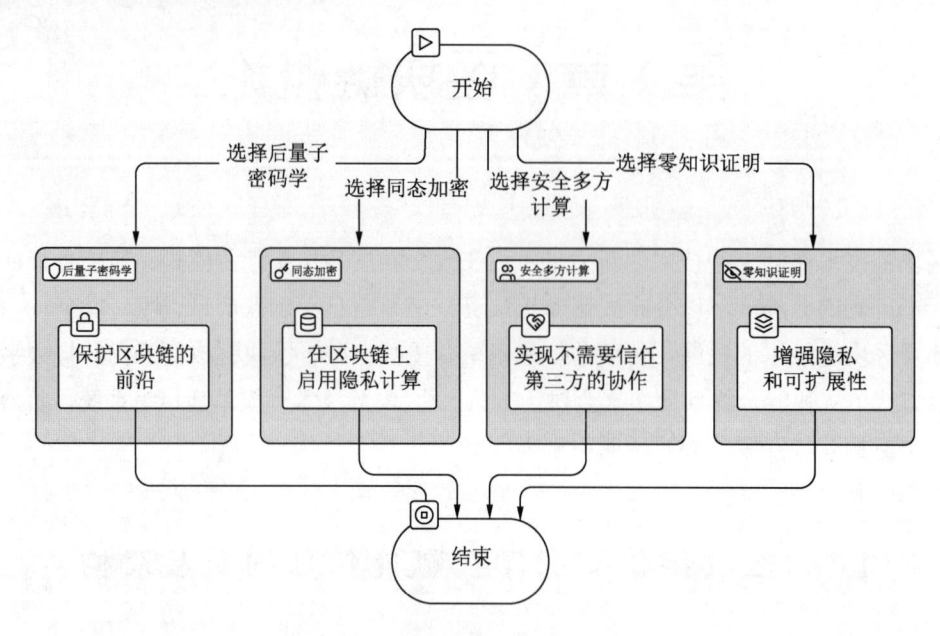

图 1-2　密码学前沿的相关知识

基于格的密码学被视为后量子密码学中的一个重要的备选方案。它依赖于某些格问题的困难性，即使对于量子计算机来说，这些问题也被认为难以解决。格是一系列点的集合，这些点在空间中按特定规则排列。基于格的密码学，利用格的数学特性来构建密码系统。基于格的密码系统提供了加密、数字签名和密钥交换等应用。一些基于格的方案有带误差学习（LWE）问题和环上带误差学习（Ring-LWE）问题等。

McEliece 密码系统是基于编码理论的候选后量子密码学算法。采用纠错码来实现安全性，能抵抗经典和量子攻击。它是一种基于错误纠正码的公钥密码系统，其安全性在于找到错误纠正码的秘密结构的困难性，即给定一个随机生成矩阵，找到一个高效解码算法是非确定性多项式时间（NP）类问题。

选择后量子密码学方案的主要因素有：安全性，对经典、量子攻击所具备的抗性；效率高效，方便实际应用；标准化，方便广泛使用及互操作。

2. 同态加密：在区块链上启用隐私计算

同态加密，区块链允许对加密数据进行特定的数学运算，而不用先解密数据，即其能在加密数据上直接予以加法和乘法等操作，得到的结果再进行解密，与直接基于明文数据操作的结果是一样的。敏感数据可以在不透露其内容的条件下进行处理。

全同态加密（FHE）可以对加密数据进行任意计算，它的计算实现复杂。部分同态加密（SHE）是一种更实用的替代方案，其仅对某些类型的加密数据进行计算，通常比全同态加密方案更有效，但其支持的计算类型有限制。

同态加密的应用场景有：隐私保护数据分析，在不透露内容的前提下分析加密数据；安全云计算，对云存储的加密数据进行计算；私有智能合约，对加密数据执行智能合约。

3. 安全多方计算：实现不需要信任第三方的协作

安全多方计算（SMPC）是各方在不向彼此透露私人输入的前提下共同计算一个函数。这使得安全协作，防止隐私泄露成为可能。秘密共享是一种在安全多方计算中使用的技术，其把秘密值分发给多方。通过结合来自不同方的份额，能重建秘密。安全多方计算可用于实现阈值密码学，其需要一定数量参与方才可重建秘密。

安全函数评估（SFE）是一种通用的安全多方计算方法，能对共享秘密予以任意计算。安全函数评估协议保障计算的输出仅显示所需结果，而不会显示与输入有关的其他信息。

安全多方计算的应用：安全投票，在不透露个人投票的情况下选举；安全拍卖，在不透露投标情况下进行拍卖；数据挖掘，挖掘数据且不透露个人隐私信息。

4. 零知识证明：增强隐私和可扩展性

零知识证明（ZKP）指一方向另一方证明他知道一个值而不透露值本身的算法，这可增强隐私的保护和可扩展性。

零知识简洁非交互式知识论证（zk-SNARK）是一种零知识证明，能用于证明复杂的陈述，常应用在隐私保护支付、可扩展的区块链协议中。

Bulletproofs 是另一类零知识证明，具有较高的效率和可扩展性，适合证明数值处于某特定范围及算术电路证明，在其算术电路中，每个节点表示加法、乘法等算法运算，特定的输入产生一个特定输出，无须透露输入和输出的具体值。

零知识证明的应用：隐私保护支付，验证交易且不透露详情；可扩展性，将计算密集型任务转移到链外执行，利用零知识简洁非交互式知识论证或 Bulletproofs 生成零知识证明；身份验证，验证身份而不透露个人信息。这些技术对于构建安全、可扩展的区块链系统很重要。

1.1.2 共识机制的发展

共识机制在不断发展创新，以适应日新月异的应用需求。共识机制的发展如图 1-3 所示。

1. 拜占庭容错变体

实用拜占庭容错（PBFT）是一种拜占庭容错算法，可用于分布式系统。其提供了强大的一致性保证，可以容忍最多三分之一的故障节点。由于实用拜占庭容错的同步性质及需要多个消息轮次，因此其性能在高负载情况时将会下降。

为了提高吞吐量，出现了以下多个变体算法。

- ❏ Hotstuff：减少消息轮次并提高性能；

- Tendermint：专门给区块链系统设计的BFT算法，提供高吞吐量、容错性；
- Tendermint Plus：是Tendermint的扩展，进一步提高性能及安全性。

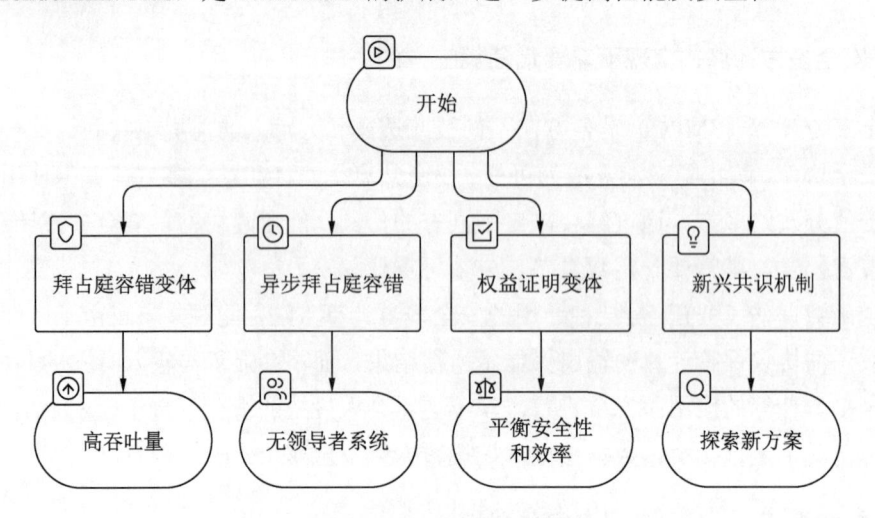

图 1-3　共识机制的发展

2．异步拜占庭容错

异步拜占庭容错（ABFT）用于容错的无领导者系统，实现分布式系统的共识，无须依赖同步时钟，对网络延迟和故障有更高的弹性。Algorand是一种著名的异步拜占庭容错算法，结合了拜占庭容错和权益证明的优点。Dahlia是另一种ABFT算法，专注于提高系统的性能和可扩展性。

3．权益证明变体

权益证明（PoS）共识机制作为平衡安全性和效率的节能算法，验证者根据其质押的加密货币数量获得相应的奖励。

委托权益证明（DPoS）是权益证明的一种变体，参与者选举代表，由代表进行共识，减少计算开销。

4．新兴共识机制

除了成熟的共识机制外，还出现了一些新的替代方案。
- 授权证明（PoA）：预选验证者，简化了共识过程，但易引发集中化和公平性问题。
- 经过时间证明（PoET）：每个节点在参与出块竞争时，需等待一段随机时间，最先完成等待时间的节点获得出块权，将新区块添加到区块链中。
- 燃烧证明（PoB）：通过销毁一定数量的加密货币来获得网络中的权益共识机制。燃烧证明易引发资源浪费问题。

选择合适的共识机制包含多种因素：安全要求（不同机制的安全属性不一样）；性能要求（吞吐量和延迟）；公平性和去中心化；实现复杂度。通过综合考虑这些因素，开发者可以选择适合应用需求的共识机制。

1.1.3 分布式治理与网络经济学

分布式治理与网络经济学的概念示意如图 1-4 所示。

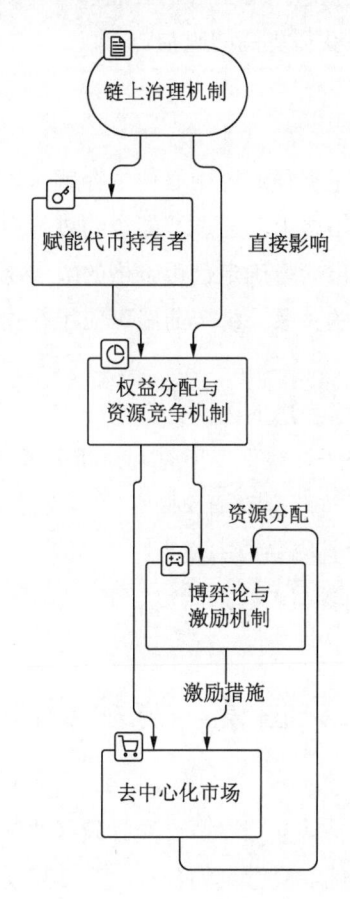

图 1-4 分布式治理与网络经济学的概念示意

1. 链上治理机制：赋能代币持有者

去中心化组织（DAO）是区块链网络上的自治理实体。去中心化组织利用智能合约实现自动化决策。代币持有者通过投票来参与去中心化组织的治理。

二次投票赋予愿意在投票上花费更多资源的参与者更大的权重，使有热情和知情的参与者对投票结果有更大的影响。

2. 权益分配与资源竞争机制

基于权益的投票指根据投票者所持有的代币数量而分配投票权的机制。其可防止虚假身份攻击（Sybil 攻击，即攻击者创建多个虚假身份来操纵投票结果）。

带宽竞价是一种在去中心化网络中分配带宽资源的机制。

3. 博弈论和激励机制

- Schelling 点：是博弈论中的一个重要概念，指人们在没有事先沟通的情况下，在面临多个选择时有趋于一致的选择。
- 纳什均衡：是一种博弈状态，指在给定其他参与者策略时，没有任何一个参与者能通过单方面改变策略而获得更高的收益。

4. 去中心化市场

去中心化交易所（DEX）是无须通过中心化中介就可以实现交易加密货币的平台。去中心化交易所建立在区块链网络之上，通过智能合约进行自动化交易。

绑定曲线是一种依据代币供应量确定代币价格的数学函数。其定义了一条数学曲线，表示代币价格与总供应量之间的关系。绑定曲线可应用在去中心化交易所，其中，代币能自动定价和交易。

去中心化治理与网络经济学考虑的因素：
- 公平性，激励机制应公平，能保证所有利益相关者的公平权利；
- 安全性，激励机制可抵抗恶意攻击和操纵；
- 效率，激励机制应高效且交易成本最小；
- 激励机制兼容性，激励参与者愿意诚实行事，以网络的最佳利益为重。

1.2 区块链的未来图景：突破局限，拥抱无限可能

区块链技术正在迅速发展，其互操性协议能打破区块链网络之间的信息孤岛，使协作和价值交换得到提升；可扩展性解决方案如分片、第2层协议等，正在应对持续增长的交易需求；而隐私增强技术如零知识证明、同态加密等，正在构建一个更加安全、私密的数字世界。区块链的未来图景如图 1-5 所示。

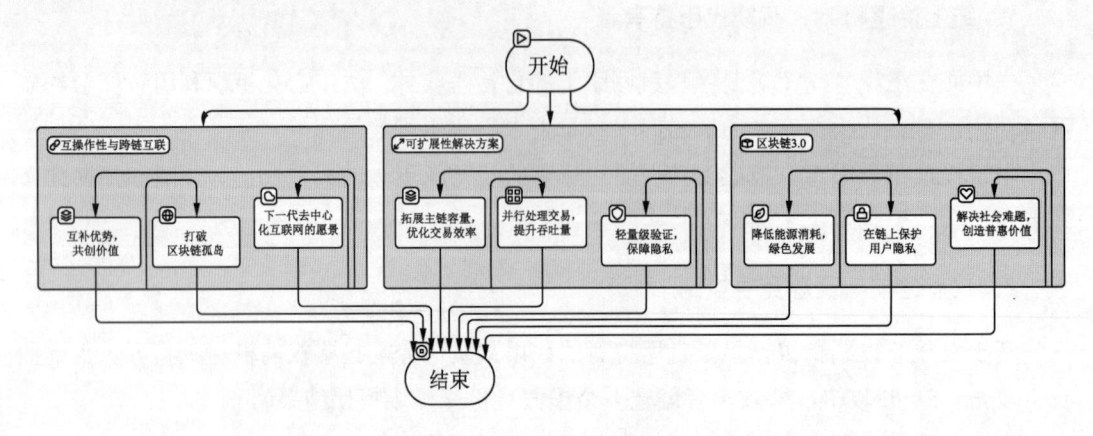

图 1-5　区块链的未来图景

1.2.1 互操作性与跨链互联

1. 跨链通信协议

随着区块链技术的日益发展，不同链间的互操作性显得愈发重要。跨链通信协议（Cosmos），打破了单独一个区块链网络的信息孤岛，实现了数据的无缝交互和资产转移。

- 关键协议和机制：Cosmos IBC 是基于跨链通信协议的区块链之间的互操作性而设计的模块化协议套件，利用中继链来促进不同链之间的通信和资产转移。
- Polkadot 平行链：Polkadot 的架构允许创建平行链，而平行链可以连接到中继链实现互操作性，平行链从中继链的安全性和可扩展性中受益，同时保持其治理和经济模型。
- Chainlink Oracles：Chainlink 预言机能用于在区块链之间桥接数据和信息，其提供安全可靠的数据馈送，使跨链应用程序和智能合约能够访问外部信息。
- 比特币闪电网络：比特币的扩展解决方案，用于实现快速廉价的链下交易，其原理和技术可以适应于跨链通信。

2. 多链生态系统

多链生态系统由多个区块链网络互连组成，不同的任务和应用分别由每个区块链来处理。各个链的优势被充分利用，同时避免其自身的限制，扬长避短。

多链生态系统的主要优势包括：不同的链关注各自的核心竞争力，更加专业化；将工作负荷分散到多个链上，提高吞吐量，提升可扩展性；当一个链失效时，不会影响整个生态系统，增强系统弹性；给开发者一个更广阔的创新环境。

多链生态系统的挑战在于：需要协调多个链之间的协同治理；实现链和链之间的无缝信息交互，提升互操作性；保护整个生态系统的运行安全，使其整体能良性发展。

3. Web3 架构

Web3 架构目标在于建立一个去中心化、用户分布式治理和注重隐私的数字世界。
Web3 的关键组件有：

- 去中心化应用（DApp），基于区块链构建的各种应用程序；
- 去中心化标识符（DID），指个人拥有和控制的数字身份；
- 去中心化金融（DeFi），基于区块链的金融服务；
- 去中心化存储，分布式存储网络提供安全可靠的数据存储。

Web3 的挑战和机遇：提供无缝且直观的用户体验，以吸引主流采用；可扩展性，能处理大量用户及海量交易；明确的监管框架，营造一个好的 Web3 成长环境；给新的商业模式创造新机会。

通过解决潜在问题，利用跨链互操作的效能，Web3 可望革新各个行业，创造一个更加公平、繁荣的数字经济世界。

1.2.2 可扩展性解决方案

区块链的可扩展性指区块链网络能处理越来越多的交易和操作且不失其性能和安全性。可扩展性解决方案如图 1-6 所示。

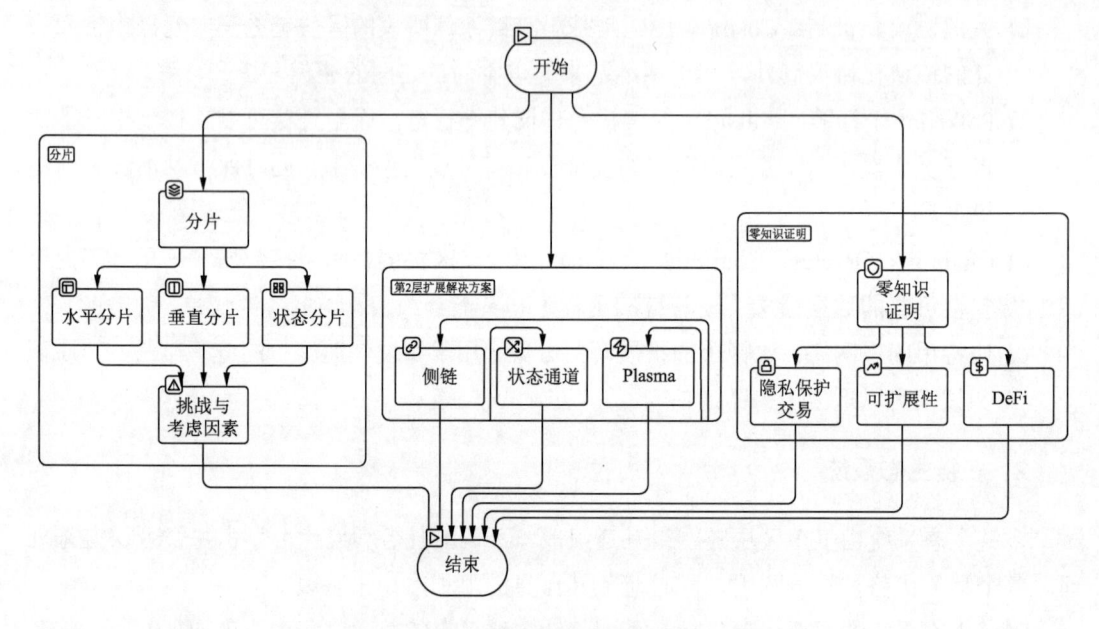

图 1-6　可扩展性解决方案

1. 分片

分片即把区块链划分成较小分片的技术，每个分片能独立处理交易，减少节点的负荷而提高吞吐量和可扩展性。

分片的类型：水平分片，根据交易类型或发送者地址等特定条件，将数据在分片之间水平分区；垂直分片，根据不同类型的数据，将数据在不同分片之间垂直分区；状态分片，将区块链的状态在分片间分散存储，特定分片存储部分状态，允许并行处理、交易。

挑战与考虑因素：

- 安全性，分片可能引入安全风险，需设计跨分片通信和共识机制，防止恶意攻击并确保数据一致性；
- 复杂性，增加了区块链系统复杂性，加大了开发和维护难度；
- 互操作性，给分片间的互操作带来了挑战。

2. 第2层扩展解决方案

从区块链基础层分散部分计算工作量，从而提高可扩展性。常见的方案如下：
- 状态通道：允许各方直接交易，不需要涉及主链，允许参与者在链下直接进行频繁交易，无须将每次交易都记录到主链上，仅需要在结束通道时将最新通道状态提交到主链上。
- 侧链：与主链相连的独立区块链，可用于处理特定类型的交易，从而减少主链上的负载。
- Plasma：一个等离子链框架，这些等离子链锚定到主链，等离子链用于处理大量链下交易，而主链充当结算层。

3. 零知识证明

零知识证明是一种一方向另一方证明他们知道某值而无须透露该值本身的加密技术。

零知识证明的应用：隐私保护交易，验证交易而不用透露敏感信息；把计算密集型任务从主链分离，以提升其可扩展性；用于去中心化金融且支持隐私保护的去中心化金融应用程序。

可扩展性是区块链系统面临的一个关键挑战，通过结合分片、第2层扩展解决方案和零知识证明，能实现在不影响安全性、去中心化的前提下提升可扩展性。

1.2.3 隐私计算与可持续发展

隐私计算是一类技术和方法，用于在保护数据隐私的前提下进行数据处理、计算和分析。隐私计算与可持续发展示意如图1-7所示。

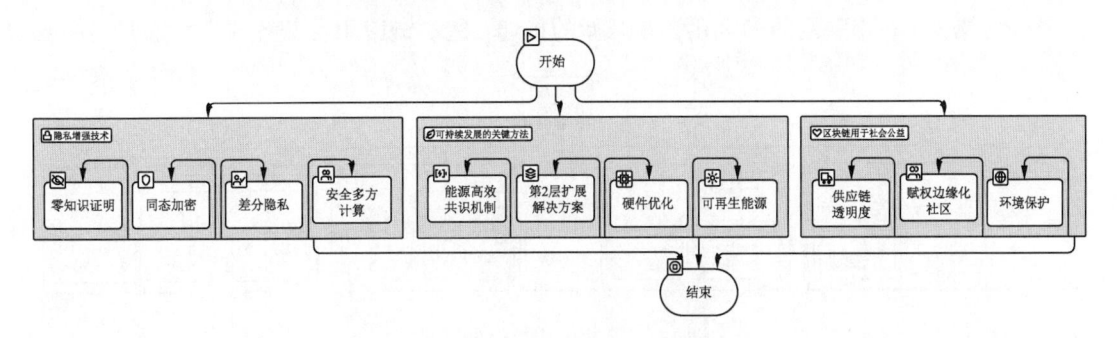

图 1-7 隐私计算与可持续发展示意

1. 隐私增强技术

利用加密技术，区块链能安全和私密地进行交易与数据存储。

关键隐私增强技术包括：零知识证明；同态加密，对加密数据计算而无须事先解密数据，实现隐私保护；差分隐私，向数据中添加"噪声"来保护个人隐私，并可进行有意义的分析；安全多方计算，允许多方在不透露自身输入前提下共同计算一个函数，能用于安全投票、拍卖等应用程序。

2．区块链可持续发展的关键方法

减少能源消耗，支持区块链可持续发展。关键方法包括：能源高效共识机制，从工作量证明共识机制转为权益证明机制；第2层扩展解决方案，将交易分散到侧链或状态通道；硬件优化，采用专用硬件和优化算法提高系统能源效率；可再生能源，利用可再生能源给区块链系统供电，减少对环境的影响。

3．区块链用于社会公益

将区块链的公开透明性、不可变性和安全性等应用于社会公益。关键应用包括：提升供应链透明度，使用区块链跟踪产品的来源、物流，保障可持续的采购；向边缘化社区赋权，给边缘化社区提供金融服务；环境保护，可用于分布式跟踪、验证环境数据，支持环境保护工作。

通过隐私增强技术探索可持续解决方案，专注于社会公益应用，基于区块链技术构建一个更加公平和可持续的未来。

1.3 区块链应用百花齐放

区块链技术正在引领各个领域的转变。例如，金融领域正在彻底改变支付系统、贷款和投资方式，合约智能自动化，降低了成本且提高了透明度。供应链行业利用区块链技术实现增强的可追溯性、安全性和效率。区块链与新兴技术如虚拟现实空间（Metaverse，元宇宙）、Web3和物联网的融合正在带来新的机遇。区块链应用百花齐放，如图1-8所示。

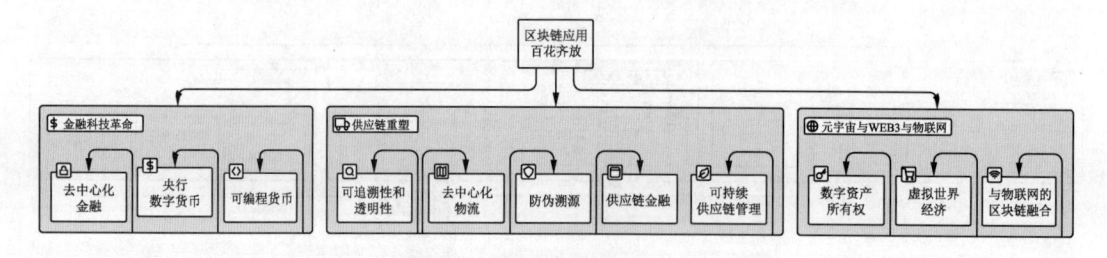

图1-8 区块链应用百花齐放

1.3.1 金融科技的革命

1．去中心化金融

去中心化金融是区块链行业中蓬勃发展的领域，通过区块链技术，彻底改变了传统的金融服务，包括贷款、借款、交易和衍生品等。

去中心化金融的关键特征和优势：在去中心化的区块链网络上，不需要银行或金融机构等中介；可访问性，无论其所处地理位置或财务背景，任何有互联网连接的人都可以访问去中心化金融服务；透明度，去中心化金融交易和智能合约是透明和可验证的，提升了DeFi可信任性；创新，去中心化金融推动了金融产品和服务的创新浪潮。

2．中央银行数字货币

中央银行数字货币（CBDC）简称央行数字货币，它是由各国中央银行（后简称央行）发行的数字形式的法定货币。央行数字货币提高了金融服务的效率和可访问性，可作为物理现金的数字替代品。

央行数字货币的优势：能减少印刷与分发实体货币成本，提高效率；其数字化便利性，能给更广泛的人群提供金融服务，提升包容性；通过央行数字货币可快捷、有效地实施货币政策。

3．可编程货币

可编程货币是能创建具有可编程功能的数字资产，如自动执行的合约、条件支付。其给金融行业开辟了新的可能性，构建了更多的创新金融产品。

可编程货币的关键应用有：智能合约，可自动执行协议条款合约；代币化，将资产表示为能在区块链上交易的数字化令牌；去中心化，构建去中心化的金融应用程序和服务。

金融科技革命是由去中心化金融、央行数字货币和可编程货币驱动的。这些创新通过提供更海量的访问、效率和透明度来彻底改变金融行业。同时，提高安全性、适当监管等，对于行业可持续增长也至关重要。

1.3.2　供应链重塑

1．可追溯性和透明度

区块链技术为供应链提供了前所未有的可追溯性和透明度，使企业能够跟踪产品、材料起源、目的地等。这样可以提高供应链的效率，减少欺诈，增强消费者的信任。

基于区块链的可追溯性优势表现在：减少欺诈，区块链可防止假冒产品并确保商品的真实性；提高效率，通过实时跟踪产品和材料，可优化供应链，提高产品质量和产品效益；增强消费者信任，如果消费者能验证产品来源、生产和物流过程，会极大增强其信心；合规性，区块链可以帮助并监督企业严格遵守产品真实性和可追溯性相关的法规。

区块链可追溯性的应用：可以跟踪食品的来源和生产过程；可以跟踪药品在供应链过程中的流动情况，防止假冒药品；可以验证奢侈品的真伪和来源；可以跟踪电子设备中使用的组件，确保公平贸易。

2. 去中心化物流

基于区块链技术，构建更有效、透明的供应链。利用智能合约、分布式账本等，去中心化物流自动化水平得到提升，成本降低，供应链合作伙伴间协作得到了改善。

去中心化物流的关键特征有：基于智能合约执行订单履行、货物运输和发票管理等相关任务，优化自动化流程；区块链网络记录供应链中的所有交易和事件，提升了透明度并可验证、查询；减少供应链中的信息延迟，提高了效率；提升供应链上下游企业之间的协作水平，优化沟通与协调。

去中心化物流的应用：在运输和物流方面跟踪货物的移动状态，优化运输路线；在仓储与库存管理方面监控库存状态，保障准确的库存信息；在海关和贸易方面改善海关的清关与贸易流程。

3. 防伪和来源跟踪

利用区块链技术跟踪产品的来源，打击假冒产品。基于区块链网络，产品从来源到消费者的整个流程被记录下来，其真实性得到背书。

可追溯性、透明度和高效率被用于改善供应链，企业成本得到降低，客户满意度得以提升，产品信任度大幅提高。基于区块链的创新性应用，在供应链行业有望大量涌现。

4. 供应链金融和可持续供应链管理

在供应链金融中，区块链通过数字化资产凭证和智能合约自动执行，提升资金流通的效率，非常适用于解决中小企业融资难问题。

在可持续供应链管理中，基于区块链对供应链全生命周期的溯源，通过透明方式的数据共享，促进多方协作，减少资源浪费，推动经济发展。

区块链的可追溯性、开放性被运用来改善供应链。企业成本得以降低，客户满意度得以提升，产品信任度也大幅提高。基于区块链的供应链金融提升了资金流通效率，而可持续供应链管理促进了供应链长期向好发展。在供应链行业，基于区块链的创新性应用有望大量涌现。

1.3.3 Web3、虚拟现实空间与物联网

Web3、虚拟现实空间与物联网示意如图 1-9 所示。

1. 数字资产所有权

虚拟现实空间（Metaverse，也称元宇宙）是一个虚拟世界，用户能在其中互动、创建和交易数字资产并获得大量关注，而数字资产所有权是这个体系中的一个关键点。

数字资产类型包括：虚拟商品，可以在虚拟现实空间中使用或交易的物品，如土地、

衣服和武器等；非同质化代币（NFT），是一种独特的数字资产，表示对特定物品或内容的所有权；加密货币，可在虚拟现实空间中购买数字资产或服务的数字货币。

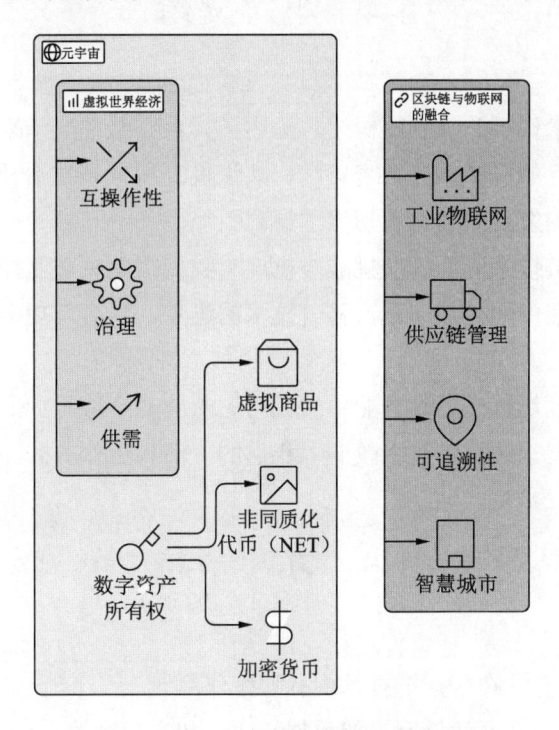

图1-9　Web3、虚拟现实空间与物联网示意

2. 虚拟世界经济

虚拟现实空间蕴含虚拟经济，其中涉及赚取、花费和交易数字资产等操作。

影响虚拟世界经济的关键因素有：供需，数字资产的价值由其稀缺性和需求决定；治理，管理虚拟经济的规则及法规；互操作性，数字资产能在不同平台之间交易的可能性。

3. 区块链与物联网的融合

区块链和物联网是两种新型技术，其融合发展能产生出创新性程序和应用。而融合的关键领域包括：供应链管理，区块链用于跟踪货物流动并保证其透明度；可追溯性，物联网设备能提供有关产品的位置和状态的实时数据信息；智慧城市，基于区块链实现城市之间共享数据，而物联网设备能从城市周边的传感器和设备中收集数据；工业物联网，工业物联网设备生成数据，通过区块链网络进行共享，实现预测性维护和供应链优化应用。

通过深入了解数字资产所有权、虚拟现实空间以及区块链和物联网的融合，我们可以更好地把握数字世界未来的发展趋势。

1.4 小　　结

本章对区块链技术作了总体性的概述，阐述了其核心组件、未来前景和变革性应用，剖析了支撑区块链运行的机制，包括密码学、共识机制和分布式治理等。理解这些重要元素，使我们对区块链的发展潜力有了初步了解。

然后讨论了区块链技术所面临的挑战与机遇。我们需要突破互操作性、可扩展性和隐私保护等方面，解决其中的挑战问题，随着技术的进步，将会有更多创新解决方案和应用涌现。

最后我们探讨了区块链在各行各业中的应用。从改变金融行业到重塑供应链，再到推动虚拟现实空间的发展，区块链技术改变了我们的生活和工作方式。

1.5 习　　题

1．密码学的加密算法在区块链技术中有哪些作用？
2．共识机制如何保证区块链网络的数据一致性和安全性？
3．在分布式治理中，区块链网络的作用是什么？
4．为什么互操作性对区块链的未来是一个重要挑战？
5．为了解决区块链技术的限制，正在探索哪些可扩展性解决方案？
6．区块链技术如何改变了供应链行业？
7．简述隐私计算在保护区块链网络上的用户数据的作用。
8．评估区块链技术给未来金融行业带来的机遇和挑战。

第 2 章　密码学基础

密码学是区块链网络安全性与完整性的基础,是安全通信的科学。本章首先介绍各种加密技术,其对于保护数字资产和保证区块链交易的隐私和安全至关重要。而对称和非对称加密、哈希算法、数字签名及椭圆曲线密码学,构成了安全通信协议的基础,然后介绍密钥管理策略、零知识证明及安全多方计算,它们对保护密钥、验证身份和实现隐私保护计算非常重要。通过理解这些加密基础,我们可以领悟到保护区块链网络与数字资产安全的复杂机制。

2.1　区块链密码学导论

密码学使用数学算法对数据进行加密和解密,保证数字的机密性、完整性和真实性,在保护数字信息方面起基础作用。加密分为对称加密和非对称加密等主要类型。对称加密使用单个共享密钥实现加密和解密;而非对称加密使用公钥、私钥,即一组通过数学算法生成的密钥对。哈希算法如 SHA-256 及 Merkle 树被用来生成唯一的数据指纹,用于验证数据并进行完整性检查。数字签名用于验证数据来源并保证其不可否认性,采用非对称加密方式进行创建。椭圆曲线密码学(ECC)是一种公钥加密类型,与传统的非对称加密算法 RSA 相比,其提供了更高的安全性与效率。

2.1.1　对称加密与非对称加密

1. 对称加密

对称加密的流程如图 2-1 所示。

对称加密利用单个共享密钥实现对数据的加密和解密。

密钥交换指双方在不安全的信道上,通过一系列的交互、协商得出一个共同的密钥。后续的通信,可用这个密钥进行加密和解密。

Diffie-Hellman 密钥交换是一种知名的密钥交换协议。即使在无任何共享信息的情况下,双方也能通过不安全的通信信道安全地生成一个共享密钥。Diffie-Hellman 密钥交换基于离散对数问题的计算难度实现。该算法的巧妙之处在于虽然双方交换了一些信息,但是攻击者无法从这些交换信息中计算出最终的共享密钥。

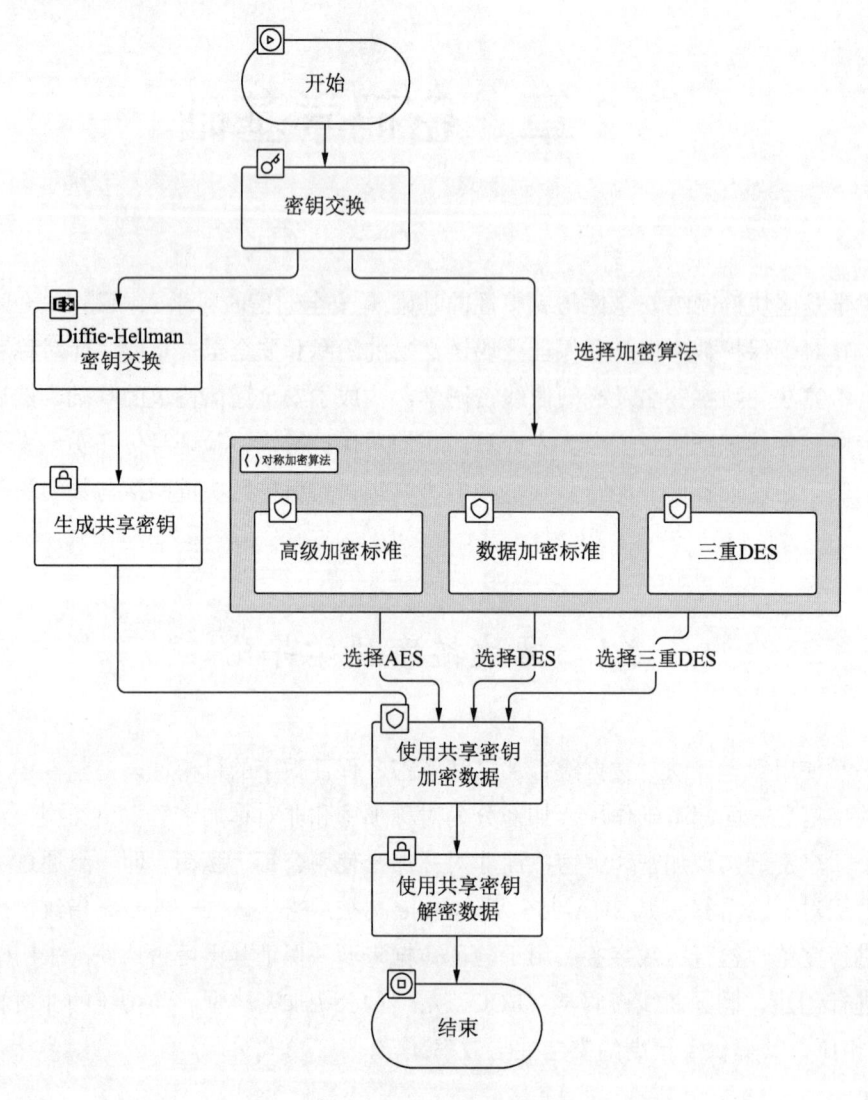

图 2-1 对称加密的流程

常用的对称加密算法有数据加密标准（DES）、三重 DES（3DES）和高级加密标准（AES）。

对称加密的优点：计算效率高，适用于加密大量数据；使用单个密钥予以加密、解密的概念非常直观，简单易实现。

2. 非对称加密

非对称加密示意如图 2-2 所示。

- 非对称加密：也称为公钥加密，利用一组数学相关的密钥对，即公钥和私钥进行加密。公钥可公开分发，而私钥则需要严格保密。
- 加密与解密：发送者采用接收者的公钥加密数据；接收者使用自己的私钥解密密文。

❑ 算法：常见的非对称加密算法有 RSA、椭圆曲线加密（ECC）算法及数字签名算法（DSA）。
❑ 非对称加密的优点：密钥的管理简单，可以自由分发公钥，不需进行安全密钥交换；可扩展性，在网络中有较多参与者的情况下非对称加密也能处理；数字签名实现身份验证、完整性与不可否认性。

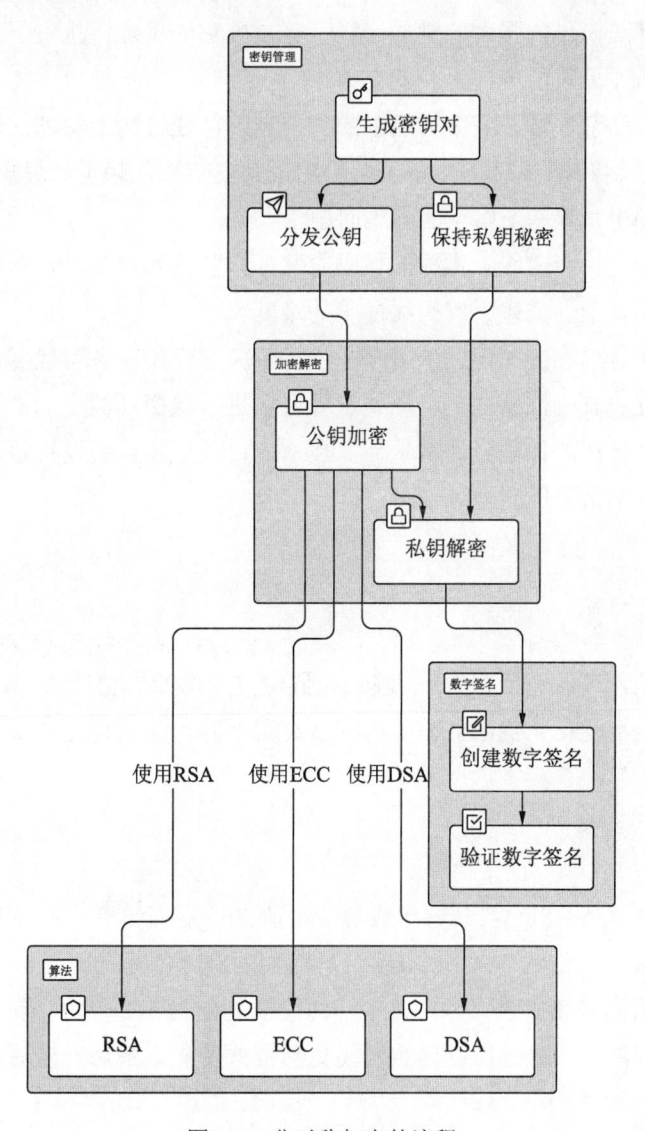

图 2-2　非对称加密的流程

3. 混合加密

混合加密结合对称加密、非对称加密的优势，用对称加密批量加密数据，用非对称加密实现密钥交换。混合加密的过程如下：

首先，随机生成一个对称密钥，利用接收者的公钥给对称密钥加密然后发给接收者；其次，接收者利用自己的私钥解密，获得对称密钥，利用对称密钥实现对批量数据加密。

混合加密融合了对称加密、非对称加密的密钥管理优势，广泛用于各种应用程序，如HTTPS、电子邮件。

4．抗量子加密

现有的加密算法在日益强大的量子计算下有被破解的可能。抗量子加密算法正在研究中，即使面对量子计算攻击也认为是安全的。

例如基于格的加密，格是高维空间中的一个点阵，通过构造特殊的格，将明文嵌入格中，再通过线性变换将其隐藏起来。基于格的加密其安全性依赖于如最短向量问题（SVP）、最近向量问题（CVP）等基于格上的困难问题。

基于代码的加密将明文嵌入生成的代码内并加入随机噪声提供信息隐藏和保护功能。基于代码的加密其安全性依赖于解码线性码的难度。

对称加密、非对称加密在现代密码学中发挥着关键作用，各有优劣，至于两者如何选择，可从运算速度、安全性及密钥管理要求等方面进行权衡。混合加密提供了一种平衡的方法，结合了两种方法的优势；而量子计算技术的日益进步，研发抗量子加密算法愈发重要，以保障未来数字信息的安全性。

2.1.2 哈希算法

哈希算法的输入可以为任意大小，输出是固定大小即哈希值或摘要，是一种数学函数。即使输入仅存在微小变化，输出的哈希值也会显著不同。这使得它非常适合验证数据的完整性、真实性。

1．SHA-256

安全哈希算法 256（SHA-256）生成的哈希值 256 位长，是一种应用广泛的加密哈希函数。其与 SHA-224、SHA-384 和 SHA-512 等都是 SHA-2 系列算法中的一员。

SHA-256 算法由多轮压缩组成，其中，消息被划分为 512 位块。在每一轮中，将消息块和链式变量进行混合，依据压缩函数结构更新链式变量，最后一轮后的最终链式变量是 SHA-256 哈希值。

2．Merkle树

Merkle 树是一种数据结构，能验证大量数据的完整性且效率高。Merkle 树用于验证区块、交易的完整性。Merkle 树的执行流程如图 2-3 所示。

Merkle 树是一棵二叉树，交易的哈希值存储在树的叶子节点中。中间节点通过获取两个子节点对应的哈希值，按一定顺序将两个子节点的哈希值连接起来，然后对连接后的字符串进行哈希计算得到哈希值。Merkle 根节点代表整个树的哈希值。Merkle 树的叶子节点所存储的是交易数据的哈希值，而不是原始交易数据本身。

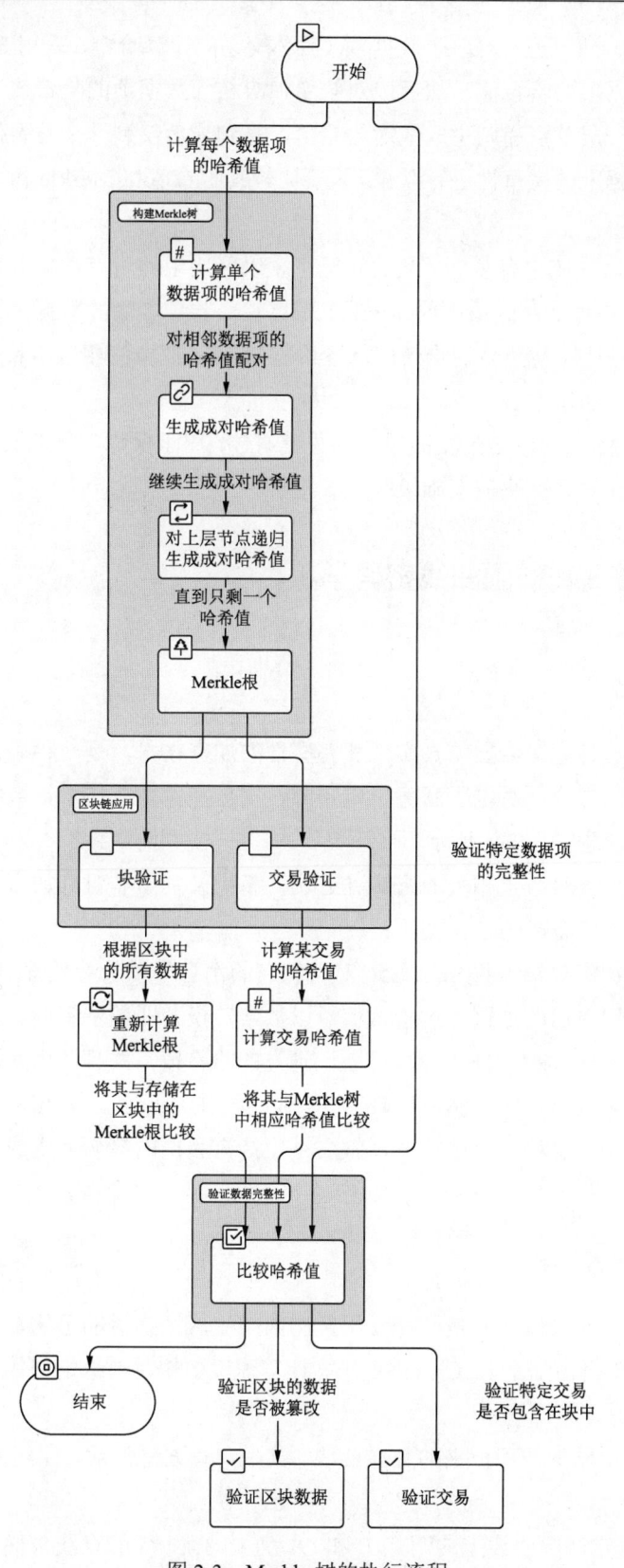

图 2-3 Merkle 树的执行流程

Merkle 树的构建过程：对单个数据项（具体交易）计算哈希，采用 SHA-256 加密哈希函数计算每个数据项的哈希值；然后成对哈希，对相邻数据项的哈希值进行配对并计算哈希值；接着对上一层节点递归生成成对哈希值，直到最后仅剩一个哈希值，即 Merkle 根。

要对特定数据项的完整性进行验证，只要比较其哈希值与 Merkle 树中所对应的哈希值是否一致即可。

Merkle 树在区块链中有多个应用：块验证，以区块中的所有数据为基础重新计算一次 Merkle 根，然后与存储在区块中的 Merkle 根比较，验证区块的数据是否被篡改；接着进行交易验证，通过计算某交易的哈希值，将其与 Merkle 树中的相应哈希值进行比较，验证特定交易是否包含在块中。

SHA-256 和 Merkle 树是区块链技术的关键组件，用于保障数据的真实性和可靠性。这些算法的原理对于理解区块链基础机制至关重要。

2.1.3 数字签名和椭圆曲线密码学

1. 数字签名

数字签名是一种验证数据的真实性和完整性的加密技术，是一种确保消息或文档从签名以来未被修改的方法，对电子商务、电子邮件安全和区块链技术，数字签名非常重要。数字签名与验证流程如图 2-4 所示。

数字签名利用一对数学相关的密钥（公钥、私钥）基于非对称加密。

创建和验证数字签名的过程如下：

签名者利用加密哈希函数 SHA-256 对待签名的消息予以哈希处理，哈希值类似消息的指纹。签名者利用自己的私钥，对哈希值予以数学转换，即数字签名。验证者采用与签名者相同的哈希算法如 SHA-256，计算待验证消息的哈希值，并且利用签名者的公钥对数字签名解密，从而得到哈希值。然后比较这两个哈希值是否一致，若相同则说明签名是有效的，表明消息在传输过程中未被篡改，签名是由持有私钥的签名者生成的，签名者承认发送了该消息。

2. 椭圆曲线密码学

椭圆曲线密码学（ECC）是一种使用椭圆曲线生成密钥对的公钥加密类型。与传统的公钥算法（如 RSA）相比，ECC 密钥更小、计算速度更快，当给定密钥大小时有更高的安全性。

椭圆曲线是由以下方程定义的数学曲线，其中，a、b 是常数。曲线上的点由 (x,y) 表示。

$$y^2 = x^3 + ax + b$$

- 点加：假定椭圆曲线上的两点 P 和 Q，连接 P 和 Q 的直线与椭圆曲线相交于第三点 R。然后，R 关于 x 轴对称而得到点 R'，R' 就是 $P+Q$ 的结果。

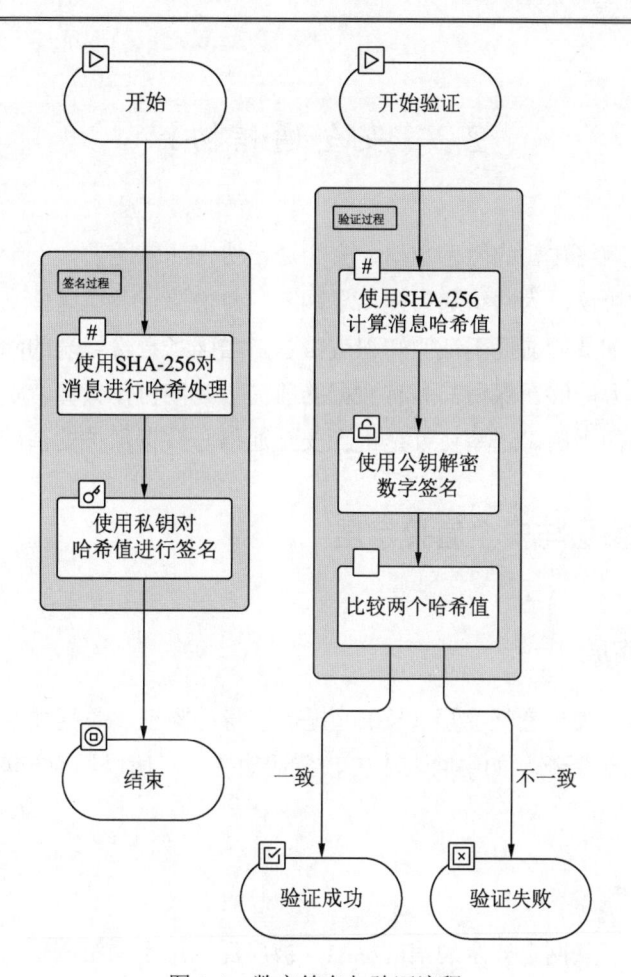

图 2-4 数字签名与验证流程

- 点倍：假定椭圆曲线上的一个点 P，过点 P 作切线与椭圆曲线交于点 R。然后，R 关于 x 轴对称得到点 R′，R′ 就是 2P 的结果。
- 密钥生成，选择椭圆曲线上的基点 G，基点是椭圆曲线上一个具有特殊性质的点，由基点 G 必须能生成椭圆曲线上的一个大子群，这个子群中的所有点都可以通过 G 反复相加自身得到；随机选择一个大素数 k 作为私钥；将基点 G 乘以私钥 k 得到 kG，kG 作为公钥。此处乘法是椭圆曲线上的点乘法，一种特殊运算，kG 表示将点 G 自身相加 k 次，例如 $2G = G + G$，$3G = G + G + G$。
- 单向性：椭圆曲线上的点乘法具有单向性。给出 G 和 k，要计算 kG 很容易；但给出 G 和 kG，要计算出 k 却非常困难。椭圆曲线密码学安全性正是基于此单向性的。
- 利用椭圆曲线密码学的数字签名：在生成数字签名的过程中，使用椭圆曲线数字签名算法（ECDSA）。

数字签名和椭圆曲线密码学是保障数据安全性和完整的重要工具。理解底层原理，可以更好地应用在电子商务和区块链技术中。

2.2 安全通信协议

为了保护通过网络传输的敏感数据,安全通信协议非常重要。安全传输层和安全套接字层是广泛使用的协议,为网络通信提供了加密、身份验证及完整性支持。零知识证明使各方在不透露任何细节的前提下证明知识或信息,增强了身份管理的隐私性与安全性。安全多方计算允许各方能够在保留其私有数据的前提下共同协作计算特定函数,从而实现隐私保护与协作目标的平衡。这些协议是进行安全通信与数据保护的基础。

2.2.1 安全传输层与安全套接字层

1. 安全套接字层

在网络通信中,安全套接字层(SSL)提供了身份验证、数据加密及完整性功能。但因 SSL 存在一些安全漏洞,如中间人攻击、会话劫持等,所以逐渐被安全传输层(TLS)取代。

2. 安全传输层

安全传输层是互联网上安全通信的标准,被广泛应用于网络浏览器、服务器及其他应用程序中。安全传输层采用了比安全套接字层更强大的加密算法以及改进的密钥交换机制和增强的对各种攻击的保护。

安全传输层的关键特性包括:安全传输层建立通信双方的身份,防止中间人攻击,即进行身份验证;安全传输层对两方传输的数据予以加密,保证数据的机密性,防止未经授权对数据的访问和数据损坏被篡改,提供完整的数据验证机制;握手协议包括加密参数的协商、身份验证及安全会话的建立。

- 安全传输层握手过程:客户端通过发送问候消息来启动握手,指定支持的协议、密码及压缩方法,即客户端问候;服务器发送问候消息予以响应,指明其选择的协议、密码套件和压缩方法,即服务器问候;服务器将证书发给客户端,允许客户端验证服务器身份,即证书交换;密钥交换指加密参数在客户端与服务器间交换,生成共享密钥;客户端、服务器双方同意切换到加密通信模式;客户端、服务器双方都发送"完成消息",确认握手完成。安全传输层的握手流程如图 2-5 所示。
- 安全传输层的记录协议:将数据封装成记录,并使用加密、压缩及消息认证码(MAC)来保护数据;利用对称加密算法(如 AES)对数据进行加密;能够可选地压缩数据,以降低传输开销,计算消息认证码,保证数据的完整性并防止篡改。
- 安全传输层和超文本传输协议安全(HTTPS):HTTPS 是一种利用安全传输层提供

网络浏览器、网络服务器间安全通信的 Web 协议；HTTPS 网站采用 SSL/TLS 证书来验证服务器的身份并建立安全连接。

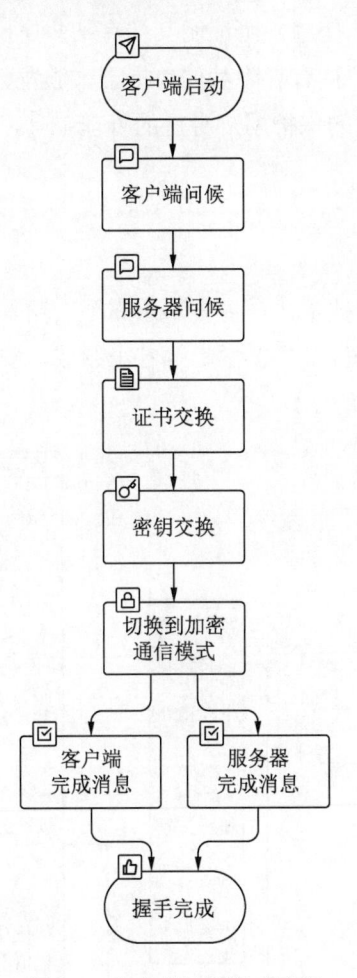

图 2-5 安全传输层握手流程

安全传输层和安全套接字层在保证在线通信安全方面起到了关键作用。通过了解与安全传输层相关的原理和协议等，可以有效地保护敏感数据且保障数据在线交互的安全性。

2.2.2 零知识证明

零知识证明（ZKP）是一种加密协议，在不用透露任何关于特定知识的细节前提下，允许证明者向验证者证明他们拥有该知识、信息。

零知识证明的类型：
- 交互式零知识证明：证明者、验证者间需要进行多轮通信；
- 非交互式零知识证明：只需要证明者一条消息验证；
- 简洁零知识证明：生成数据量小的证明。

零知识证明在身份管理中的应用场景如下：

- 身份验证：在不透露凭证的情况下，如密码或生物特征数据等，可对用户进行身份认证；
- 基于属性的访问控制，使用户可证明其拥有某些属性、凭证，而不用透露具体值；
- 隐私保护凭证：在保护持有者隐私的前提下，颁发、验证凭证。

零知识证明作为一种强大的保护用户身份的管理工具，能提升其安全性。

2.2.3 安全多方计算

安全多方计算是一种加密技术，在多方不透露个人输入的情况下，对私有数据共同进行函数计算。在金融、医疗保健及机器学习等各个领域，安全多方计算都有一定的应用。安全多方计算示意图如图2-6所示。

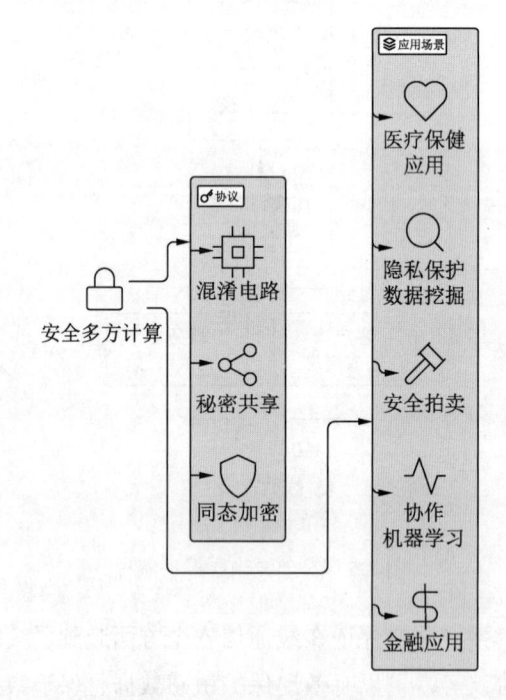

图2-6 安全多方计算示意

安全多方计算有几种不同的协议，每种协议各有其优缺点。
- 秘密共享：秘密值被分成多个份额并分发给各方，仅结合足够多的份额才可重建秘密；
- 同态加密：在不解密时，对加密数据进行计算，无须透露底层数据，各方对加密数据进行计算并共享结果；
- 混淆电路：是一种基于电路的安全多方计算协议，把要计算的函数表达为一个布尔电路，加密逻辑门的真值表，将混淆后的真值表和密钥打包成一个混淆表，将混淆后的电路分发给参与计算的各方，各方分别计算，最后计算结果被解密，得到最终的输出。

安全多方计算已应用于多种实际场景，具体包括：
- 隐私保护的数据挖掘技术，在实现信息挖掘的同时，数据点的敏感信息不会被泄露；
- 安全拍卖：投标人在出价的同时保护个人隐私；
- 协作机器学习：训练机器学习模型时，多方不需要共享本地数据集；
- 金融：安全信用评分、风险评估等任务；
- 医疗保健：安全基因组分析、药物发现及临床试验。

安全多方计算是一种强大的加密技术，可对共享数据进行安全及私密的计算，在金融、医疗保健及机器学习等领域有广泛的应用。

2.3 区块链中的密码学实现

密码学在保证区块链网络的安全性、完整性方面发挥着非常重要的作用。数字签名方案用于验证交易的真实性、有效性；密钥管理策略可以保护私钥且防止未授权的访问；抗量子密码学旨在应对量子计算带来的潜在威胁，逐渐成为一个关键的研究领域。数字签名方案、抗量子密码学这些加密技术构成了区块链安全的基础，不仅可以有效保护数字资产，还可以维护网络的稳定性。

2.3.1 用于交易验证的数字签名方案

数字签名可保障交易的真实性和完整性，是区块链技术的重要组成部分，提供了一种验证交易是否来自合法发送者且在传输过程中没有被篡改的加密机制。

1. 数字签名的原理

数字签名依赖于公钥加密算法，涉及一对数学相关的密钥，即公钥、私钥。在签名过程中，发送者采用自己的私钥签署交易，创建数字签名。在验证过程中，接收者采用发送者的公钥来验证签名，确保其与交易对应，且发送者是合法的发起者。

2. 常见的数字签名方案

- RSA 算法：是一种非对称加密算法，其是最早及应用最广泛的公钥加密算法之一。
- 椭圆曲线数字签名算法（ECDSA）：采用椭圆曲线加密技术生成密钥对、签名，是比 RSA 更有效的替代方案。
- Schnorr 签名：一种比较新的签名方案，比椭圆曲线数字签名算法的效率更高，安全性也更高。

3. 区块链系统中的数字签名实现

为区块链网络中的每个参与者生成公钥、私钥对，即密钥生成。在创建交易时，发送者使用自己的私钥对交易予以签名。当网络中的节点收到交易时，采用发送者的公钥进行签名验证，即交易验证。仅当交易有效且符合网络的共识规则时，交易才会被包含在区块中且添加到区块链中。区块链中的交易流程如图 2-7 所示。

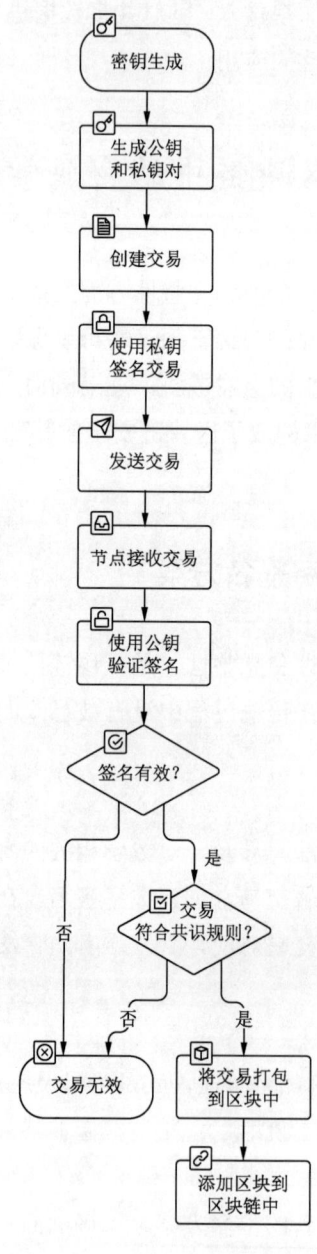

图 2-7 区块链中的交易流程

4. 比特币签名

比特币利用椭圆曲线数字签名算法进行数字签名。每个比特币地址都与一个公钥相关联，但在签署交易时采用相应的私钥。创建交易时，发送者用其私钥签署交易，而后将交易广播到网络。网络中的节点采用发送者的公钥、交易数据来验证签名。若签名有效并符合其他验证标准，就将交易打包到区块中且将新区块添加到区块链中。

在确保区块链与其他应用程序交易的安全性和完整性方面，数字签名起着重要的作用。通过了解与数字签名有关的原理及算法，能有效地保护数据并构建安全的系统。

2.3.2 区块链网络中的密钥管理策略

密钥管理是区块链安全性的重要部分，密钥包括公钥、私钥和对称密钥等。私钥必须保密，这些私钥是控制与访问数字资产所必备的。对于防止未经授权的访问、盗窃与资金损失，有效的密钥管理策略至关重要。

区块链中的密钥分为以下几种：
- 私钥：用于控制区块链上数字资产访问的秘钥；
- 公钥：用于验证签名、接收付款，是从私钥派生而来；
- 钱包地址：从公钥生成的易于人阅读的地址，用于发送和接收交易。

密钥生成与存储方法：
- 安全随机数生成器：对于生成加密安全的私钥是必不可少的；
- 硬件钱包：使用硬件钱包冷存储被认为是最安全的存储私钥方法，它是离线设备，可最大限度降低被入侵的风险；
- 软件钱包：使用很方便，但需要严格的安全措施来预防恶意软件、黑客攻击；
- 云钱包：基于云的钱包提供了可访问性，但也引入了额外的安全风险。

下面是一些最佳的密钥管理方法。
- 强密码短语，使用长、复杂且不可预测的密码短语来保护钱包访问；
- 多因素身份验证，要求额外的因素，如生物特征或代码，以增加额外的安全层；
- 定期备份，定期备份私钥和钱包数据，以防止硬件故障或盗窃；
- 避免钓鱼诈骗，警惕诱骗用户泄露私钥的钓鱼；
- 更新最新的安全补丁，升级钱包软硬件。

目前出现的一些高级密钥管理技术有：
- 分层确定性钱包：可以从单个种子派生多个公钥、私钥对，简化密钥管理；
- 阈值签名：将签名交易权力分布在多方，提升安全性，降低单点故障；
- 多签名钱包：多方控制单个钱包，需要多个签名才可交易；
- 生物特征认证：利用指纹与面部等生物特征，为密钥管理增添额外的安全层。

对于区块链网络、数字资产的安全性，有效的密钥管理非常重要。通过遵循密钥管理方法，使用安全存储方法和实施技术，用户能保护好私钥且减少密钥管理风险。

2.3.3 后量子密码学

后量子密码学也称抗量子密码学，指能抵抗量子计算机攻击的加密算法。许多现有的公钥加密、数字签名算法有可能被量子计算机在相对较短的时间内破解。为应对此威胁，研究人员正积极研究抗量子密码学算法。

量子计算对传统加密的威胁表现有：Shor 算法，能比经典计算机更快地分解大数，从而破解基于公钥加密算法或椭圆曲线密码学的加密系统；Grover 算法，通过加速密钥搜索过程，能加速向对称密钥加密算法发起暴力攻击。

后量子密码学的特征有：依赖于对经典计算机及量子计算机都难以解决的数学问题，即数学难题；抗量子攻击，抵抗量子计算机所发起的攻击；高效率，适用于实际应用。

主要的后量子密码学候选算法包括：基于格的密码学，使用数学格即空间中的一组规则排列的有规律结构的点来构建加密原语（密码学基本构件，创建复杂密码系统的一些基本单元），实现基于格的签名和公钥加密方案；基于代码的密码学，基于纠错码创建公钥加密、数字签名方案；多变量密码学，利用多变量多项式系统来创建加密原语；基于同源的密码学，使用称为同源的数学对象间的映射关系来构建公钥密码方案。

后量子密码学可以用于以下几个方面：
- 安全通信，保护通信信道，防止窃听、篡改敏感数据；
- 基于后量子密码学的数字签名可用于验证文档的真实性与完整性；
- 密钥交换，在网络上安全地交换加密密钥；
- 后量子密码学算法加密硬件，提高系统性能与安全性。

后量子密码学通过后量子密码学算法主动保护敏感数据，使系统免受量子计算机可能带来的威胁。

2.4 密码学实践

多种编程语言及库都提供了密钥生成、数字签名等算法。例如，在 Python 中，可使用加密库生成私钥、公钥，处理公钥加密算法、椭圆曲线数字签名算法等。

下面是使用 Python 加密库生成密钥、椭圆曲线数字签名算法签名及验证消息的示例。

```
from cryptography.hazmat.primitives.asymmetric.ec import generate_private_key, SECP256R1, ECDSA
from cryptography.hazmat.primitives import hashes
from cryptography.hazmat.primitives import serialization

# 生成一对 ECDSA 密钥对
private_key = generate_private_key(curve=SECP256R1())
```

```
public_key = private_key.public_key()

# 输出私钥
pem = private_key.private_bytes(encoding=serialization.Encoding.PEM,
    format=serialization.PrivateFormat.PKCS8, encryption_algorithm=
    serialization.NoEncryption())
print("Private Key (PEM Format): ")
print(pem.decode('utf-8'))

# 输出公钥
pem = public_key.public_bytes(encoding=serialization.Encoding.PEM,
    format=serialization.PublicFormat.SubjectPublicKeyInfo)
print("\n Public Key (PEM Format): ")
print(pem.decode('utf-8'))

# 用私钥对消息进行签名
message = b"Hello, world!"
signature_scheme = ECDSA(algorithm=hashes.SHA256())
signature = private_key.sign(message, signature_scheme)
print("Signature:", signature)

# 使用公钥验证签名
try:
    public_key.verify(signature, message, signature_scheme)
    print("Verification successful!")
except Exception as e:
    print("Verification failed:", e)
```

2.5 小　　结

本章首先介绍了区块链技术的密码学基础，包括对称加密、非对称加密、哈希算法、数字签名及椭圆曲线密码学等。这些加密原语是区块链网络中安全通信、数据保护的基石。

然后介绍了多种安全通信协议，如安全传输导和安全套接字层，这些协议对于保护通过网络传输的数据非常重要。此外又介绍了零知识证明，这一个强大的工具，用于隐私保护身份管理。而安全多方计算协议允许多方对共享数据进行协作计算且不透露个人输入，进一步增强了隐私信息的安全性。

最后介绍了加密实现在区块链系统中的重要性。数字签名方案可保障交易的真实性和完整性，而密钥管理策略用于保护私钥且可以防止未经授权的访问。后量子密码学旨在应对量子计算带来的潜在威胁，正逐渐成为一个关键的研究领域。

通过理解区块链技术的加密学基础，我们可以了解保证区块链网络安全和完整性的复杂机制。随着对加密学研究的不断进步，掌握最新发展、最佳实践对维护基于区块链系统的安全性至关重要。

本章为深入理解加密学原理提供了坚实的基础。掌握这些概念，可以创建和保护区块链应用程序，并为推动这项技术的进步做出贡献。

2.6 习　　题

1. 对称加密与非对称加密有哪些区别？
2. 哈希算法怎样保障区块链中数据的完整性？
3. 数字签名在基于区块链的交易中的作用是什么？
4. 安全传输层握手协议的关键组件是什么？
5. 简要说明零知识证明在选择性披露信息中的应用。
6. 评估安全多方计算用于隐私保护计算的好处及挑战。
7. 在区块链网络中有哪些策略保护私钥？
8. 简要表述一下在量子计算的背景下后量子密码学的未来。

第 3 章　分布式账本技术基础

分布式账本技术（DLT）是一种创新性的数据管理方法，是对传统集中式系统的挑战。本章将介绍分布式账本技术的基本概念，包括去中心化、共识机制及区块链架构。去中心化是指由参与者一起维护账本的完整性。共识机制保障网络参与者之间达成一致并防止欺诈性交易。区块链架构提供了安全透明的基础，利用区块存储数据将区块链接起来保证数据的不可变性，并对区块头、交易等进行哈希运算，保障数据的完整性。

3.1　分布式：范式转变

去中心化将决策权分散在多个参与者间，提升了系统透明度、弹性及对审查的抵抗力。去中心化系统通常构建在区块链技术之上，此技术给交易记录与数据提供了安全、不可变的分类账。分布式去中心化示意如图 3-1 所示。

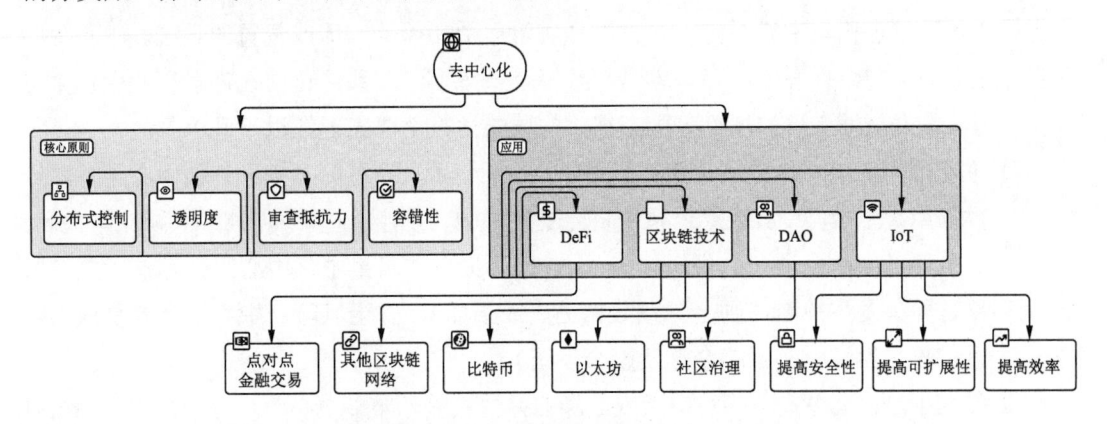

图 3-1　分布式去中心化示意

1. 去中心化的核心原则

- 分布式控制：由网络中的参与者控制，而非单个实体控制。
- 透明度：全部参与者都能看到交易、数据，提高了系统透明度及问责制。
- 审查抵抗力：去中心化使得任何一个实体都难以控制或操纵系统。
- 容错性：去中心化系统对故障和攻击有更好的弹性。

2. 去中心化应用

比特币、以太坊及其他区块链网络是去中心化系统的典型应用案例；去中心化金融应用程序可进行不需要中介参与的点对点金融交易；去中心化自治组织运行在区块链技术之上，是由社区治理的组织；去中心化的物联网（IoT）能提高系统的安全性、效率及可扩展性。

3. 去中心化的未来发展趋势

去中心化的未来趋势体现在以下几个方面：
- 混合模式：融合集中式与去中心化的混合模式将会变得更加普遍；
- 推广应用：去中心化技术有在更多行业进一步应用的潜力；
- 监管框架：制定明确的去中心化系统的监管框架将是非常重要的；
- 技术发展：区块链和其他去中心化技术的日益进步将推动创新和应用。

去中心化是一种变革性范式，有重塑各个行业并赋予个人更多权力的潜力。通过理解去中心化系统的原则、应用及趋势，我们可以更好地了解其对社会的影响并为去中心化系统的未来做好准备。

3.1.1 中心化系统和单点故障的局限性

中心化系统也称集中式系统，是控制、决策集中在单个实体或位置的系统。单点故障是指系统中的关键组件发生故障，容易导致整个系统崩溃。系统目前在许多行业中占主导地位，但其在安全性及可扩展性方面有很大的局限性，主要表现在以下几个方面：
- 单点故障是集中式系统存在的显著缺点之一。如果系统的关键组件如中心服务器或数据库发生故障，那么整个系统将会受到影响，可能导致系统中断（系统完全关闭，导致服务中断及潜在的经济损失）、数据丢失（如果集中化中心组件存储了关键数据，如果发生故障，则会导致数据丢失或损坏）、安全风险（中心节点容易成为被重点攻击的目标，可能会危及整个系统）。
- 弹性不足：集中式系统对中断或故障的弹性较差，如果中心节点受到损害，则难以恢复正常运营，导致系统可用性低，成本增加并且信任受到损害等。
- 可扩展性有限：中心机构难以处理工作负荷突然增加，导致出现性能瓶颈、效率降低，并且难以引入新功能。
- 易受过度审查和被控制：集中式系统容易受到外部实体的过度审查和控制。导致自由度缺失、透明性缺乏、信任降低，削弱其合法性。

单点故障如云计算，依赖单个云提供商，如果该云提供商出现停机，则容易出现单点故障；集中的社交媒体平台容易被过度审查、控制；过度集中的金融服务器系统易受到网络攻击。

在了解集中式系统的局限性后,可以采取相应的策略来降低单点故障风险。一些策略包括:对关键组件实施冗余,可降低故障的影响;制订恢复预案,帮助组织有效应对中断并最小化停机时间;定期备份预防故障导致的数据丢失;从技术及管理上实施强大的安全措施,帮助防止网络攻击和未经授权的访问;对系统的某些方面、关键部分进行去中心化,可以大大减少单点故障的风险,从根本上解决问题。

通过了解集中式系统的局限性,并采取相应的措施降低这些风险,可以提高系统的安全性、弹性及可扩展性。

3.1.2 拜占庭问题和分布式共识

1. 拜占庭将军问题

拜占庭将军问题是一个经典的分布式计算问题,其问题是如何让军队的将军们必须全体一致地决定是否攻击某支敌军。这些将军在地理上是分隔的,并且将军中存在叛徒,叛徒可随意行动或者欺骗某些将军采取行动,从而使他们做出错误的决定。

2. 共识算法

为了解决拜占庭将军问题,业界研发了各种共识算法。这些算法确保即使存在节点故障或恶意节点的情况,诚实节点可以就共同状态或决策达成一致。共识算法示意图,如图3-2所示。

工作量证明:要求节点竞争执行某些复杂的计算工作以创建新块。第一个有效构建新区块的节点,将获得一些新创建的代币奖励。工作量证明对攻击具有抵抗力,因为需要巨大的计算资源潜在操纵区块链,因此工作量证明可能会消耗大量能源,不适合广泛应用。

权益证明:通过节点在网络中持有的权益来决定谁有权创建新区块。持有更多代币的节点更有可能有被选中生成新区块。在共识机制中,拥有最大总权益的最长有效链被视为规范链;与权益证明相比,工作量证明更节能,但其更容易受到富裕节点产生的中心化风险影响。

委托权益证明:允许用户将投票权委托给代表,由代表构建新区块。在共识机制中,代表就系统状态及交易的有效性达成一致;委托权益证明比权益证明更高效,更具可扩展性;如果设计不当,则容易受到恶意代表的攻击。

实用拜占庭容错:一种经典的共识算法,要求网络中的大多数节点是诚实节点,要求超过三分之二的节点达成一致,即如果系统中有 N 个节点,则至少需要达成一致的节点数为 $2N/3 + 1$。在共识机制中,节点通过交换消息并对提议的值(如区块或交易集)进行投票,当至少有 $2N/3 + 1$ 个节点同意该值时,则该值便达成共识。拜占庭容错对拜占庭故障具有很强的抵抗力,但可能并不高效。由于其通信开销大,拜占庭容错不适用于大规模的网络。

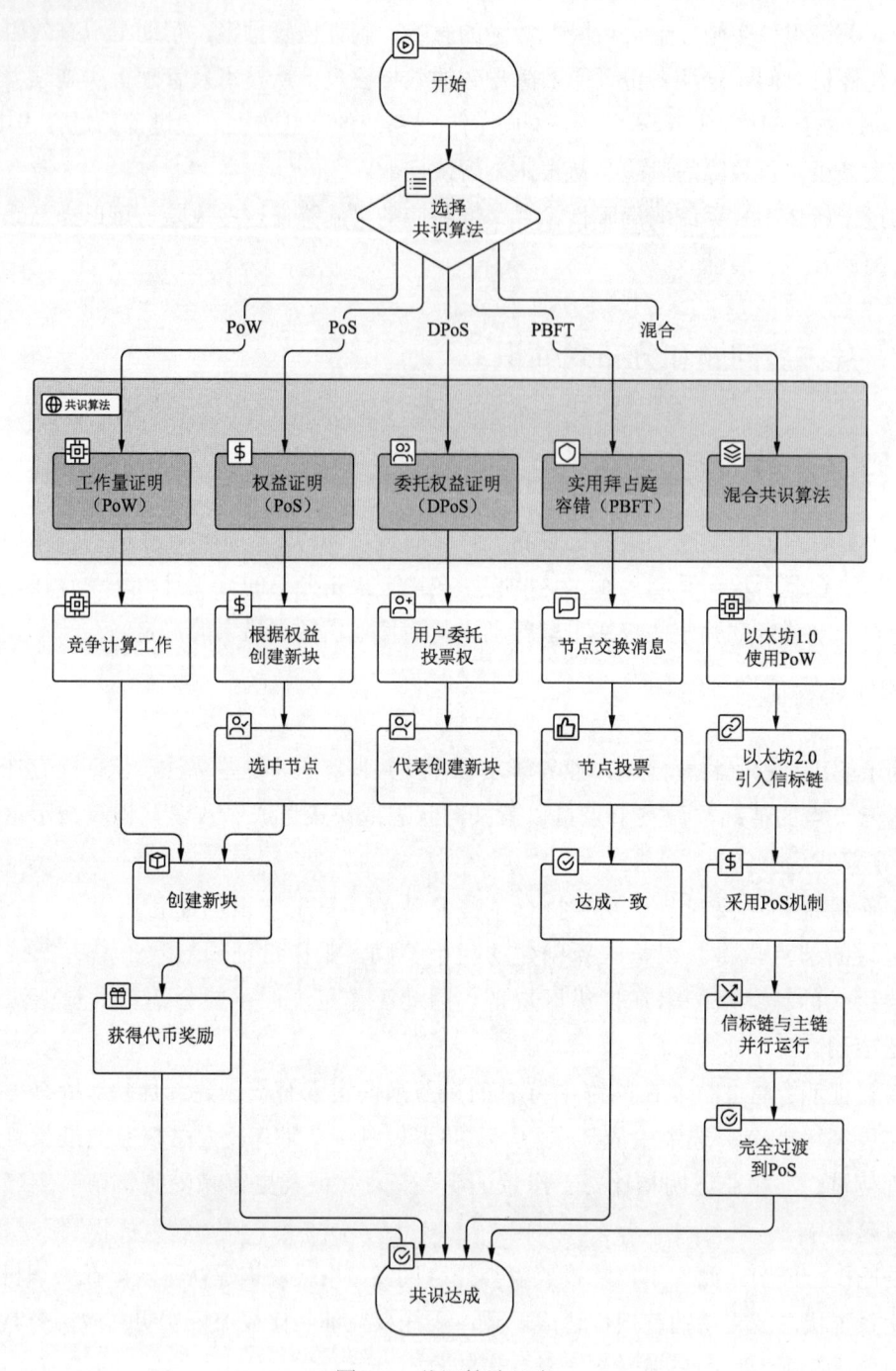

图 3-2 共识算法示意

混合共识算法，一些系统融合多种共识算法来满足特定的需求与挑战。例如，以太坊 1.0 使用工作量证明机制，而以太坊 2.0 引入信标链，采用权益证明机制，以太坊 2.0 的信标链与以太坊 1.0 的主链并行运行一段时间，最终实现完全过渡到权益证明机制。

拜占庭将军问题是分布式系统的基本挑战之一，共识算法是这一挑战的解决方案。通过了解不同的共识算法，研发者能根据不同应用程序选择合适的算法。随着技术进步，会涌现出更多新的共识算法以应对可扩展性、安全性及隐私保护等方面的挑战。

3.1.3 分布式网络的信任模型：拜占庭容错与概率信任

去中心化网络使用信任模型来保证操作的完整性和安全性。模型定义了参与者如何交互，如何建立与维护信任。两种主要的信任模型有拜占庭容错和概率信任。分布式网络的信任模型如图 3-3 所示。

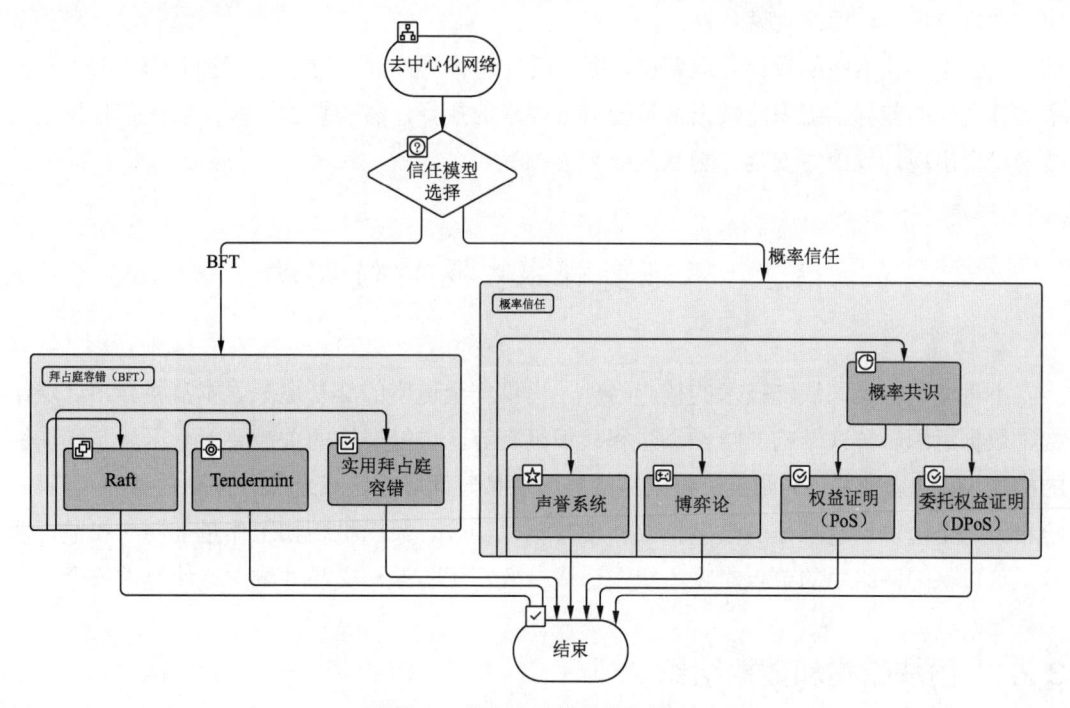

图 3-3 分布式网络的信任模型

1. 拜占庭容错

拜占庭容错（BFT）是一种确定性信任模型，即使在故障节点、恶意节点的情况下，也可以保证分布式系统中的诚实节点达成共识。它假定大多数节点是诚实节点，并通过技术来识别并隔离故障节点。

拜占庭容错算法包括：实用拜占庭容错、Tendermint（是在 Cosmos 区块链网络中使用的共识算法，以其效率与可扩展性著称）和 Raft（是一种流行的共识算法，比实用拜占庭容错更简单、高效）。

2. 概率信任

概率信任模型：假定节点一般情况下都是诚实节点，但偶尔会偏离协议。其使用概率技术来评估节点的可信度，并根据正确行为的可能性做出决策。

概率信任算法包括声誉系统（跟踪节点的行为，并根据其历史行为给出信任分数）、博弈论（分析对节点的激励并预测其行为）、权益证明、委托权益证明等概率共识算法，依赖于概率信任来确保共识。

概率信任的优势是可以更加灵活地应对网络条件变化；通常比拜占庭容错效率更高；概率信任模型能适用于大型网络，可扩展性好。

如何选择正确的模型，取决于去中心化网络的具体需求。需要从多方面权衡：对恶意攻击的抵抗力；高性能和可扩展性需求；参与者的隐私及匿名性的重要程度；遵守相关法律、法规及标准，即法规遵从性。

在去中心化网络的设计及运营中，信任模型起着至关重要的作用。通过理解 BFT 和概率信任之间的差异，组织能做出最符合自身需求的抉择，随着技术进步，新的信任模型与技术将会出现，以应对安全、隐私及效率的挑战。

3.2 不可变账本：区块链架构

不可变账本是区块链技术的核心组件，提供安全透明的交易记录。本节将介绍区块结构、数据组织、链式结构、哈希算法和共识机制等区块链架构的关键要素。区块是区块链的构建块，包含交易、元数据。链式结构将区块按时间顺序链接起来，保障数据的完整性。哈希给每个区块创建唯一的数字指纹，使其难以篡改。共识机制如工作量证明、权益证明等，可以保障网络中的节点对账本状态达成一致，预防欺诈交易并维护区块链的安全。

3.2.1 区块结构和数据组织

区块链是一种分布式数据库，以安全、透明的方式存储及验证数据。区块链的基本单位是区块，它包含交易和元数据的集合。区块的结构及组织方式对区块链网络的完整性、安全性及效率非常重要。

1. 区块头

区块的元数据部分是区块头，包括区块本身的信息以及与之前区块关系的信息。Bitcoin 区块头中的元素如图 3-4 所示。

| 版本号 | 前一个区块哈希 | Merkle 根 | 时间戳 | 难度目标 | 随机数 |

图 3-4　Bitcoin 区块头中的元素

Bitcoin 区块头中的元素包括：
- 版本号（version）：使用的区块链协议的版本，允许向后兼容及未来升级。
- 前一个区块哈希：区块链中前一个区块的哈希值，从而建立区块之间的链接。每个区块引用之前的区块，保证不可变性。
- Merkle 根：Merkle 树的哈希值。Merkle 树是一种数据结构，可验证交易是否在区块中。
- 时间戳（timestamp）：创建该区块的时间，有利于按时间顺序对区块进行排序。
- 难度目标（bits）：表示挖矿难度。难度越高，就越难找到有效的哈希值。
- 随机数（nonce）：在挖矿过程中进行矿工调整、遍历随机数，以找到有效的哈希值。

2. 交易

交易是存储在区块中的核心数据元素，代表区块链上地址之间的价值和资产转移。交易通常包括交易的发送方地址、交易的接收方地址、转移的价值、验证交易真实性的数字签名。一些交易还可能包括附加数据，如智能合约代码和元数据等。

3. Merkle 树

Merkle 树是一棵二叉树，它的每个叶子表示一个交易的哈希值，每个非叶子节点表示其子节点的哈希值。Merkle 树的根哈希被包含在区块头中。

4. 区块大小

为防止区块链过度增长并保证高效地处理交易，区块的大小通常有限制。如果区块大小超过限制，则将被拆分成多个区块或被网络拒绝。

5. 隔离见证

隔离见证（SegWit）指将交易中的签名部分从区块中分离出来，放在一个单独的地方，签名部分通常占用了区块的大部分空间，这种分离可以有效减小区块大小，从而提高交易处理能力。隔离见证为闪电网络等第二层解决方案的实现提供了基础，提高了比特币网络性能。

6. 工作量证明和权益证明

共识机制决定了如何创建和验证区块。工作量证明要求矿工解决加密难题，而权益证明允许节点根据其在网络中的权益大小创建区块。

7. 分片

分片是一种扩展技术，它将区块链网络的负载分散到多个分片上，从而提高网络处理能力。分片类型分为：水平分片，将数据按照一定规则进行水平分割，如按账户地址分割，每个分片包含一部分完整的账户数据；垂直分片，将数据按功能进行垂直分割，每个分片处理特定的交易类型。

8. 未来趋势

等离子体（Plasma）是一种侧链扩展解决方案，是基于以太坊主链的扩容方案。通过创建大量的子链来分担主链的交易处理压力。交易数据主要存储在子链中，只有它的状态根，即子链中 Merkle 树的根节点的哈希值会定期提交到主链上。主链只需要验证状态根的有效性，而不需要验证每笔交易的细节，从而大大提高交易吞吐量。

状态通道是通过链下交易提高区块链可扩展性的技术，它允许参与方在线下频繁地进行交易，只需要在交互开始和结束时将最终状态更新到链上即可。

有向无环图（DAG）是一种图数据结构，它的边是有方向的且不存在任何环路。有向无环图被用来作为一种潜在的替代传统区块链的底层数据结构。传统区块链采用链式结构，除创始区块外，每个区块都链接到前一个区块，从而形成一条链。而有向无环图采用图结构，每个区块能有多个父区块，从而构成一个网状结构。物联网应用（IoTA）是知名的基于有向无环图的区块链项目之一。

区块结构与数据组织是区块链网络运行的基础。通过了解区块的组件、Merkle 树的作用及各种共识机制，研发人员可以构建安全、高效及可扩展的区块链应用程序。

3.2.2　哈希链接和防篡改记录

链式结构、哈希算法是确保记录完整性、防篡改性的基础概念。区块链系统将区块之间链接在一起并使用加密哈希，建立了一个安全且透明的分类账。

1. 链式结构

链式结构将区块按顺序链接在一起，形成区块链。每个区块包含对前一个区块的引用，从而建立一个时间顺序，保障区块链中交易的顺序及完整性。因为任何修改都会使链无效，链式结构能防止篡改现有区块。

2. 哈希算法

哈希算法能将任意大小的数据转换为固定长度的哈希值，是一种加密函数。哈希算法能为每个区块、交易创建数字指纹，验证数据的完整性并检测任何修改。

3. 实践实施

区块链中实现链式结构和哈希算法的流程如图 3-5 所示。

实现链式结构和哈希算法通常需要如下步骤。

（1）构建创世区块，即链中的第一个区块，也称为创世区块。

（2）创建后续区块，每个后续区块都包含对前一个区块的哈希值的引用、一个随机数及区块内的交易数据等。

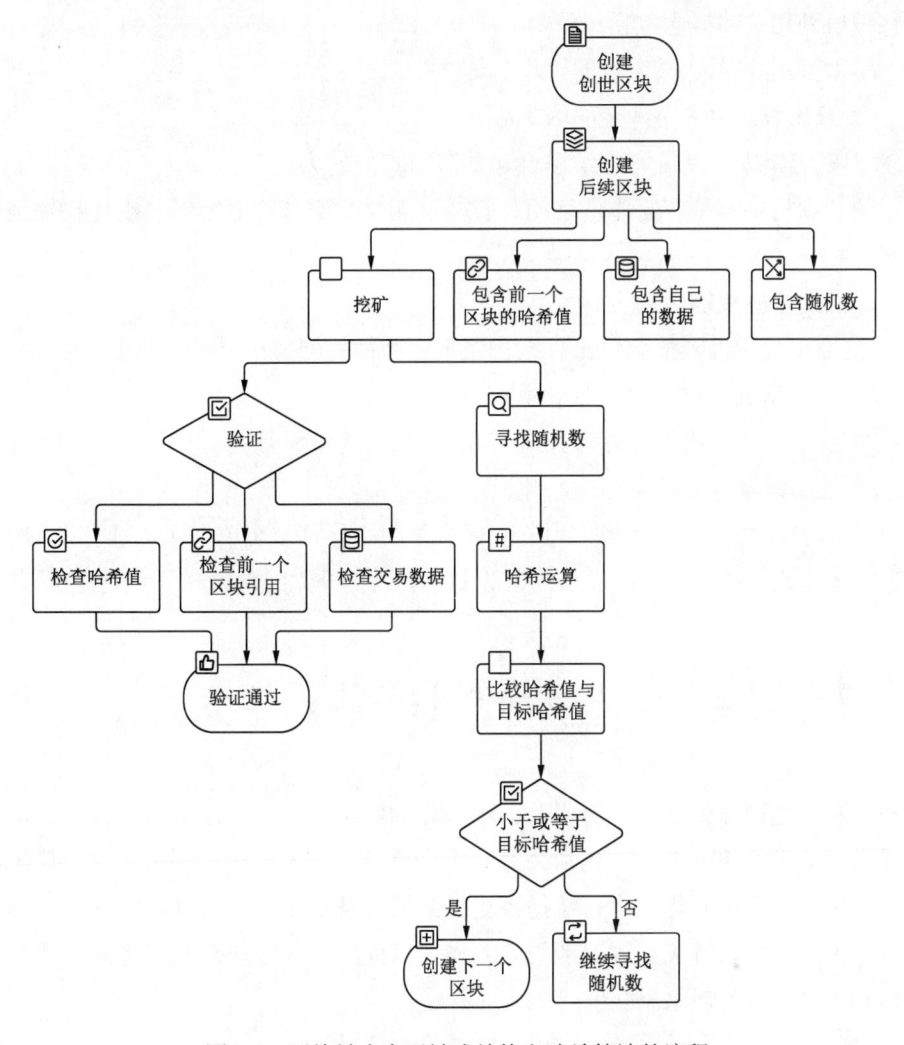

图 3-5 区块链中实现链式结构和哈希算法的流程

（3）挖矿，节点争夺生成一个随机数，该随机数使得将包含随机数在内的区块头数据进行哈希运算，所得的哈希值小于或等于当前网络的难度级别所对应的目标哈希值，找到有效哈希值的第一个节点将创建链中的新区块。

（4）验证，当将新区块添加到链中时，其他节点通过检查哈希值、前一个区块引用及交易数据来验证其有效性。

理解链式结构、哈希算法的工作原理，有利于开发出健壮的且防篡改的区块链应用程序。

3.2.3 共识机制

共识机制是区块链网络安全性与完整性的基础。它能够预防双重支付，保障节点就系统状态达成一致，保证交易有效性，维护网络安全。

与共识机制相关的概念包括：
- 节点就账本状态达成一致的过程，即共识；
- 分叉意味着创建多个冲突的账本版本；
- 拜占庭容错表示系统可容纳恶意、故障节点的能力。

常用的共识机制类型有工作量证明、权益证明、实用拜占庭容错、委托权益证明和混合共识等。

共识算法的一些权衡因素有：
- 安全性，共识机制抵御攻击且维护账本完整性的能力；
- 效率，共识机制相关的计算成本、通信开销；
- 可扩展性，共识机制可处理大量节点和交易的能力；
- 公平性，激励分配并防止中心化；
- 去中心化，共识机制在多大程度上促进去中心化且防止单个实体拥有控制权。

随着技术进步，业界正在研发新的共识算法，以提升系统的效率、安全性及可扩展性。

3.3 分布式账本的实施

分布式账本通过提供安全、透明及去中心化的解决方案，正在革新各行业。本节介绍了分布式账本技术的相关知识，包括公有链、许可链、智能合约、互操作性协议等。公有链提供公开访问并去中心化，许可链提供更多的控制及隐私。智能合约实现了可编程及自动化交易，扩展了区块链应用程序能力。互操作性促进了各区块链网络之间的通信及资产交换，提升了协作和创新水平。

3.3.1 公共区块链与许可链简介

区块链以安全、透明的方式存储和验证数据，是一种分布式数据库。区块链分为公有链和许可链等，它们各自优势，适合于不同的应用场景。

1. 公有链

公有链如比特币、以太坊及莱特币等，对任何愿意参与的人开放。任何人都可以加入网络、查看交易及竞争创建新区块。

公有链的关键特征包括：任何人无须许可都可以加入网络，即无许可；所有交易和数据都是公开可见，透明度高；去中心化，控制权分散在网络的参与者之间。因其去中心化和加密机制，公有链通常被认为非常安全，随着交易量的日益增长，公有链将面临可扩展性挑战。

2．许可链

许可链仅限特定参与者加入，只有授权用户能加入网络并参与交易。超级账本 Fabric、面向金融的 Corda 和企业以太坊 Quorum 都是许可链的例子。

许可链的关键特征包括：许可，限于授权参与者访问网络；隐私，交易和数据在网络内是私密的；许可链网络由联盟或组织控制（联盟或组织制定政策和规则，提供对许可链网络的治理）。

3．公有链与许可链的比较

公有链与许可链的比较详见表 3-1。

表 3-1　公有链与许可链的比较

特　　征	公　有　链	许　可　链
访问	任何人都可加入	仅限授权参与者
透明度	公开可见	隐私级别可以不同
去中心化	高度去中心化	可以更加集中
安全性	通常很高	可根据特定安全需求定制
可扩展性	面临可扩展性的挑战	通常更具可扩展性
治理	去中心化治理	由联盟、组织治理

4．应用场景

公有链多应用于加密货币、去中心化金融与去中心化应用等。许可链可应用于供应链管理以及金融服务和医疗保健行业。

公有链和许可链的选择由用例的具体要求决定。公有链提供更高的透明度和去中心化功能，而许可链提供更多的隐私和控制功能。

公有链和许可链各有优势。随着技术不断进步，有望涌现更多的创新应用。

3.3.2　智能合约集成和可编程区块链

智能合约将条款直接写入代码中，是一种自执行的合同。它部署在区块网络上，在符合预定条件时自动执行。智能合约对传统的合同、协议进行了大革新，在金融、供应链管理等领域有广泛应用。智能合约集成和可编程区块链的示意图如图 3-6 所示。

1．智能合约的原则

自执行指在符合预定义条件时，自动执行条款；透明度指智能合约编译后的字节码，存储在区块链上；不可变性指一旦部署，智能合约就不能修改，保障执行约定的条款；安全性指智能合约安全且抗攻击。

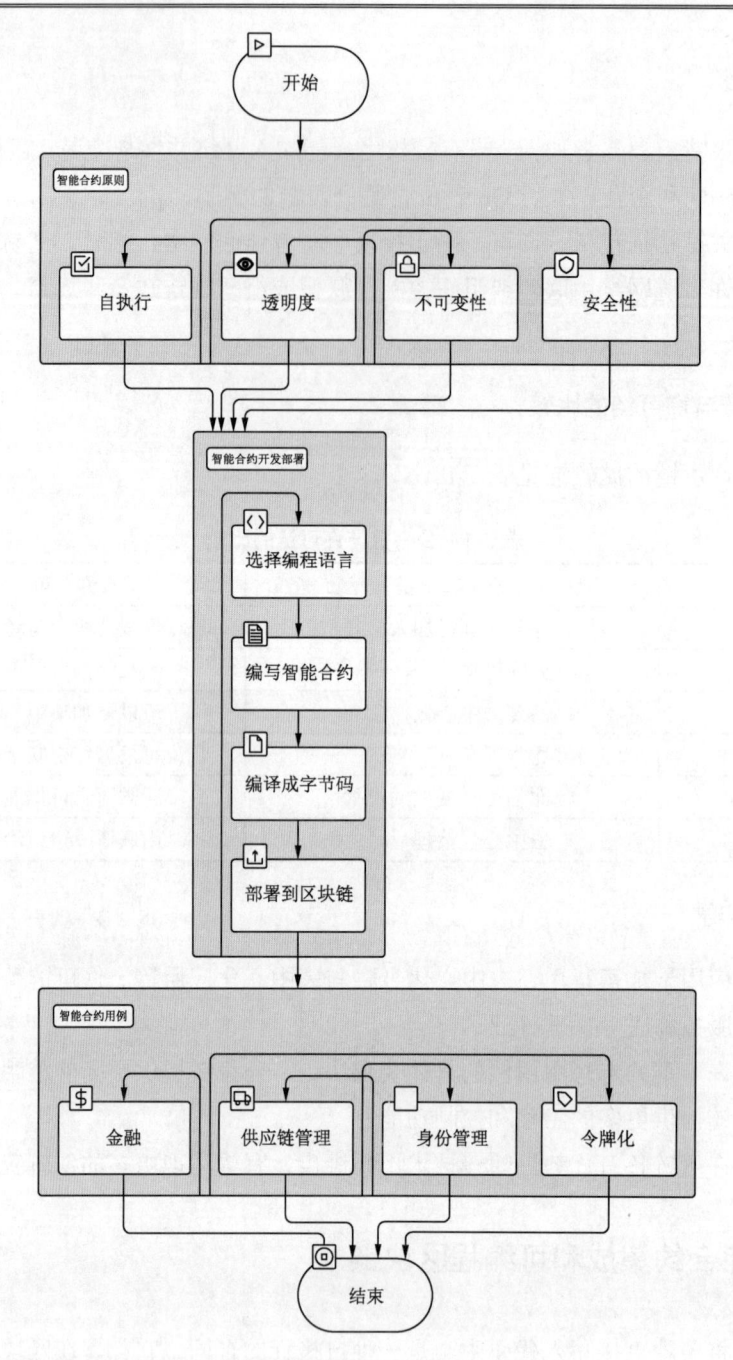

图 3-6　智能合约集成和可编程区块链示意

2. 智能合约的开发部署

通常采用 Solidity、Vyper 或 Rust 等编程语言开发智能合约。这些编程语言允许开发者定义合约的逻辑规则，并可与区块链网络中的其他部分交互。

智能合约一旦被开发出来，就可以编译成字节码且部署到区块链网络上。智能合约可以读取、写入区块链中的数据，并与其他合约交互。

3. 智能合约的应用场景

- 金融：去中心化金融应用程序如贷款平台、交易所及衍生品等依赖智能合约的功能；
- 供应链管理：智能合约可用于跟踪商品的移动状态，保障供应链中的透明度及可追溯性；
- 身份管理：智能合约用于管理数字身份及凭证；
- 令牌化：智能合约可用于创建、管理代表资产或权利的数字令牌。

4. 未来趋势

混合智能合约将智能合约与传统法律合同相结合，为应用提供更全面的解决方案；互操作性提高区块链平台与智能合约之间的交互；智能合约增强了隐私保护和敏感数据的保护；抗量子密码学的发展可以保护智能合约抵御量子计算的攻击。

智能合约彻底改变了我们与合同协议的交互方式，是一种强大的工具。在了解智能合约的原理与开发部署后，研发者能创建新的应用程序，充分挖掘区块链的技术潜力。

3.3.3　互操作性和跨链通信协议

区块链生态系统日益扩大，区块链网络之间的互操作性至关重要。在多个区块链网络之间，通过互操作性，可交换价值、资产和信息，从而促进协作和创新。

1. 互操作性的重要性

互操作可结合各区块链的特性，创建更加强大的应用程序，允许在不同区块链网络间转移资产、信息，降低成本，提升效率，使不同系统间更易协作，促进区块链技术的应用，也使开发利用多个区块链优势的应用程序成为可能。

2. 互操作性的关键方法

区块链互操作性的关键方法如图 3-7 所示。

达成互操作性有如下方法：

- 侧链：是与主链挂钩的独立区块链，可用于从主链卸载交易且提高系统的可扩展性；
- 原子交换：允许在不同区块链间直接交换数字资产的技术，它确保交易的原子性，即要么双方都成功完成交易，要么双方都失败，不需要第三方中介，直接在链上完成交易；
- 互操作协议，Cosmos-SDK、Polkadot 等专门的协议旨在促进不同区块链间的互操作；桥梁，连接不同的区块链，允许在它们之间转移代币；
- 预言机网络（OracleNetwork）：可以向不同的区块链网络提供链下数据。

互操作性是区块链技术成功应用的关键因素之一。通过利用互操作性，可以创建一个更加互联、互通且高效的区块链生态系统。

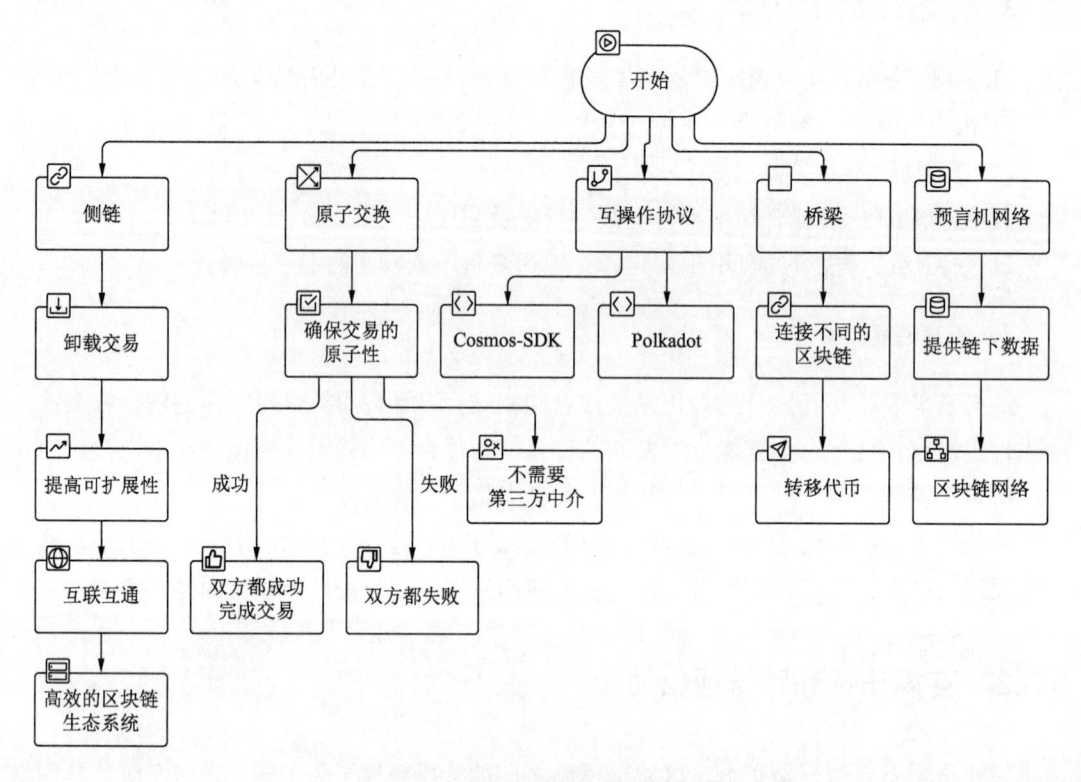

图 3-7 区块链互操作性的关键方法

3.4 分布式账本技术实践

下面分别从比特币创世区块原始数据及字段分解、编程计算区块头哈希值等方面进行技术实践，加深对分布式账本技术的理解。

3.4.1 比特币创世区块的原始数据及其字段分解

比特币创世（Genesis）区块即第一个区块，在比特币网络中被编号为区块 0，即 Bitcoin Block 0。比特币创世区块的原始十六进制版本如下：

```
0100000000000000000000000000000000000000000000000000000000000000000000
03ba3edfd7a7b12b27ac72c3e67768f617fc81bc3888a51323a9fb8aa4b1e5e4a29ab5f
49ffff001d1dac2b7c0101000000010000000000000000000000000000000000000000
00000000000000000000000000ffffffff4d04ffff001d0104455468652054696d65732030
332f4a616e2f32303039204368616e63656c6c6f72206f6e206272696e6b206f66207365
636f6e6420626169696c6f757420666f722062616e6b73ffffffff0100f2052a01000000
434104678afdb0fe5548271967f1a67130b7105cd6a828e03909a67962e0ea1f61deb64
9f6bc3f4cef38c4f35504e51ec112de5c384df7ba0b8d578a4c702b6bf11d5fac00000000
```

00

上面的这些十六进制值代表比特币区块的各个字段，描述了区块的基本信息和交易内容，详细分解如下：

01000000-版本号，区块头中的版本号，标识区块格式，不同版本号对应不同的区块格式

0000000000000000000000000000000000000000000000000000000000000000-前一个区块哈希，即前一个区块头的哈希值。由于创世区块的特殊性，它不存在前一个区块，该处用全0表示

3ba3edfd7a7b12b27ac72c3e67768f617fc81bc3888a51323a9fb8aa4b1e5e4a-Merkle 根

29ab5f49-时间戳

ffff001d-比特，难度值，表示难度目标，即难度比特

1dac2b7c-随机数，在挖矿过程中，矿工们不断调整区块中的随机数，并对区块头进行哈希运算

01-交易数量

01000000-版本号，即交易中的版本号

01-输入，表示这笔交易只有一个输入，即这笔交易只花费了之前的一笔交易的输出，比特币使用未花费交易输出（UTXO）模型来记录比特币的所有权，每个UTXO代表一笔未花费比特币，能作为下一笔交易的输入

0000000000000000000000000000000000000000000000000000000000000000ffffffff-前一个输出，前一个输出的交易哈希值，表示这笔交易消耗了之前交易的输出。即本笔交易的输入部分，会指向之前某个交易的输出部分。由于创世区块的特殊性，它没有前一个输出，此处用该值作为特殊标记，系统就可以明确地识别出来

4d-脚本（Script）长度

04ffff001d0104455468652054696d65732030332f4a616e2f32303039204368616e63656c6c6f72206f6e206272696e6b206f66207365636f6e64206261696c6f757420666f722062616e6b73-脚本签名（scriptsig），包括资产转出者（Spender）地址对应的私钥对这笔交易进行的签名，及其对应的公钥

ffffffff-序列号

01-输出数量

00f2052a01000000-50 BTC，比特币的最小单位是聪（satoshi），1比特币等于1亿聪，此处即50亿聪

43-公钥脚本长度

4104678afdb0fe5548271967f1a67130b7105cd6a828e03909a67962e0ea1f61deb649f6bc3f4cef38c4f35504e51ec112de5c384df7ba0b8d578a4c702b6bf11d5fac-公钥脚本（pk_script），一段代码，包括操作码、数据，接收者（Recipient）的公钥的哈希值是数据的一部分

00000000-锁定时间，指定了一个区块高度或一个UNIX时间戳，只有超过这个时间后，交易

• 45 •

才能被包含在区块中，此处的值代表没有锁定时间限制，即这个交易可以立即被包含在区块中，不需要等待任何特定时间

3.4.2 编程计算区块头哈希值

我们已经获取了 Bitcoin Genesis 区块头的各字段信息，接下来按照以下步骤计算其哈希值。编写程序 calculate_genesis_block_hash.py。

```python
import hashlib

def calculate_block_hash(version, prev_block, merkle_root, timestamp, bits, nonce):
    """计算区块头的哈希值

    Args:
        version: 版本号
        prev_block: 前一个区块哈希
        merkle_root: Merkle 根
        timestamp: 时间戳
        bits: 比特
        nonce: 随机数

    Returns:
区块头哈希值，十六进制字符串
    """

    # 把十六进制字符串转换成字节序列
    hex_str = version + prev_block + merkle_root + timestamp + bits + nonce
    bytes_str = bytes.fromhex(hex_str)

    # 进行两次 SHA-256 哈希运算
    sha256_hash = hashlib.sha256(bytes_str).digest()
    sha256_hash = hashlib.sha256(sha256_hash).digest()

    # 把哈希结果转换成十六进制字符串
    hex_hash = sha256_hash.hex()

    # 将计算得到的哈希值按照字节进行翻转，大端转小端，比特币协议规定了字节序，通用采用
    # 小端序
    reversed_hex_hash = ''.join(reversed([hex_hash[i:i+2] for i in range(0, len(hex_hash), 2)]))

    # return hex_hash
    return reversed_hex_hash

# 替换为实际的字段值，下面示例的是 Bitcoin Genesis（Block 0）区块头数据
version = '01000000'
prev_block = '0000000000000000000000000000000000000000000000000000000000000000'
merkle_root = '3BA3EDFD7A7B12B27AC72C3E67768F617FC81BC3888A51323A9FB8AA4B1E5E4A'
```

```
timestamp = '29AB5F49'
bits = 'FFFF001D'
nonce = '1DAC2B7C'

# 计算哈希值
block_hash = calculate_block_hash(version, prev_block, merkle_root,
timestamp, bits, nonce)
print("区块头哈希值:", block_hash)
```

运行程序，输出结果如下：

```
python.exe calculate_genesis_block_hash.py
区块头哈希值: 000000000019d6689c085ae165831e934ff763ae46a2a6c172b3f1b60a8ce26f
```

将以上输出结果与互联网公开数据进行比较，如果与 https://www.blockchain.com/explorer/blocks/btc/0 上相应数据（哈希，此处是 Block 0 的区块头哈希值）比较，则其哈希结果是一致的，说明程序是正确的。

另外，比特币 Block 0 的区块头哈希值，被存储在 Block 1 的"前一个区块哈希"字段中，保证了 Block 1 与创世区块的正确链接，构成了比特币区块链的基础。

3.5 小　　结

本章深入介绍了分布式账本技术的核心架构，以及不可变账本及底层原理。不可变账本是一种去中心化数据库，以防篡改的方式记录交易。

区块是区块链的核心概念。区块采用加密技术进行保护，是交易的集合。区块头与区块主体组成区块。区块头包含前一个区块的哈希值、时间戳及随机数等元数据，而区块主体包含交易本身。

通过链接和哈希达成区块链的不可变性。每个区块引用前一个区块头的哈希值，区块与区块之间相链接，构成一个区块链。这种链接机制使得篡改链中的任何交易都极其困难，因为这将影响所有后续的区块。哈希函数是一种用于数据映射和完整性验证的函数，其为每个区块生成唯一的数字指纹。若修改区块中的任何一个数据，其生成的哈希值将不同，从而暴露了篡改企图。

共识机制可确保网络完整性且防止欺诈性交易。这些机制在网络参与者之间建立对区块链有效状态的共识，包括工作量证明、权益证明和委托权益证明等多种机制。

分布式账本的关键技术包括：公有链与许可链（如比特币与超级账本 Fabric）；智能合约集成（具有自我执行能力的合约，条款直接写入代码中）；互操作性和跨链通信（实现不同区块链之间的无缝通信与资产交换）。

理解去中心化、共识机制及区块链架构，我们可以深入理解分布式账本技术未来的潜力。

3.6 习　　题

1. 在分布式账本技术的背景下解释去中心化的概念。
2. 描述拜占庭将军问题，分析分布式共识算法如何解决该问题？
3. 解释区块的结构，哈希算法如何确保区块链的不可变性？
4. 共识机制在区块链网络中的作用是什么？
5. 公有链与许可链有什么区别？
6. 简述区块链互操作性的机遇与挑战。
7. 如何提高区块链网络的可扩展性？
8. 简述计算区块头的哈希值的步骤。

第 4 章 共 识 机 制

在确保区块链系统的安全性和完整性方面,共识机制起着至关重要的作用,其约定了验证交易和创建区块的规则并在整个网络中保持一致。本章将介绍各种共识机制。其中,工作量证明是依赖计算能力实现共识的开创性方法,权益证明基于币权验证区块,是一种更节能的替代方案。此外,新兴的共识机制,如授权证明、经过时间证明及燃烧证明等纷纷出现,本章也会介绍它们的原理和优缺点。

4.1 工作量证明:先驱方法

在区块链技术的发展中,工作量证明共识机制发挥着重要作用。工作量证明系统验证交易并构建新的区块,其依赖于矿工解决复杂的加密谜题。哈希率用来权衡解决这些谜题所需的计算能力,定期调整挖矿难度,以使区块生成时间间隔维持一致。在确保区块链网络安全性方面,工作量证明虽然发挥了重要作用,但是也面临挑战。业界越来越关注与之相关的 51%攻击问题及能源消耗问题。权益证明和混合共识机制等替代挖掘策略,得到了逐步应用。随着区块链技术的发展,了解工作量证明知识、工作量证明影响及替代策略非常重要。

4.1.1 挖矿基础:哈希算力和难度调整

1. 哈希算力

哈希算力即哈希率,是工作量证明系统中的一个关键指标。它表示网络中矿工可用的计算能力。该能力用于解决复杂的加密谜题,首个解决谜题的矿工将获得新铸造的货币奖励。哈希算力示意图,如图 4-1 所示。

- 测量单位:哈希率通常以每秒哈希(H/s)来权衡矿机在一秒内能计算的加密哈希值数量。
- 硬件要求是高性能硬件,比如专用集成电路(ASIC)、强大的图形处理单元(GPU),对实现显著的哈希率即算力是必不可少的。
- 矿池:为了提高解决谜题的机会,矿工们经常加入矿池。这些矿池聚集了许多矿工的哈希率，然后按比例共享奖励。

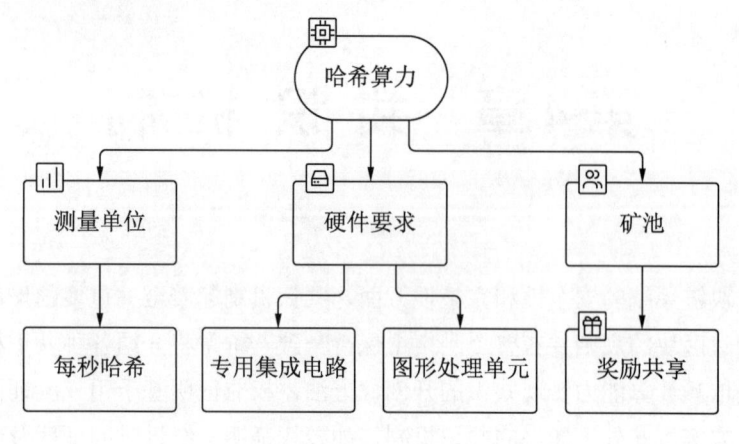

图 4-1 哈希算力示意

2. 难度调整

采用难度调整机制，旨在 PoW 系统中保持一致的区块生成时间。该机制定期重新校准加密谜题的难度。不同区块链网络调整难度的频率不同。例如，比特币系统规定，每 2016 个区块就调整一次挖矿的难度系数。依据前面生成 2016 个区块经历的时间进行调整。如果花费时间短于目标时间，则提高难度，反之亦然。若按照平均 10 分钟生成一个区块，1 小时平均新生成 6 个区块来计算，则平均 14 天比特币就调整一次挖矿难度系数。

挖矿难度越高，为了解决加密谜题，矿工需要执行更多的计算，意味着更难获得奖励。相反，若是难度较低，则矿工更易找到解决答案。

3. 哈希算力与难度调整的关系

哈希算力和难度调整之间有直接关系。在网络中的总哈希算力增加的情况下，谜题的难度将被调高，以维持稳定的目标区块的生成时间。如果网络的总哈希算力减少，为了防止区块生成间隔时间过长，将向低调整挖矿难度。哈希算力与难度调整的关系如图 4-2 所示。

难度调整机制在保证工作量证明区块链网络的安全性方面发挥重要作用。通过可用哈希率调整难度，使系统在激励矿工参与、抵御恶意攻击之间维持平衡。

图 4-2 哈希算力与难度调整的关系

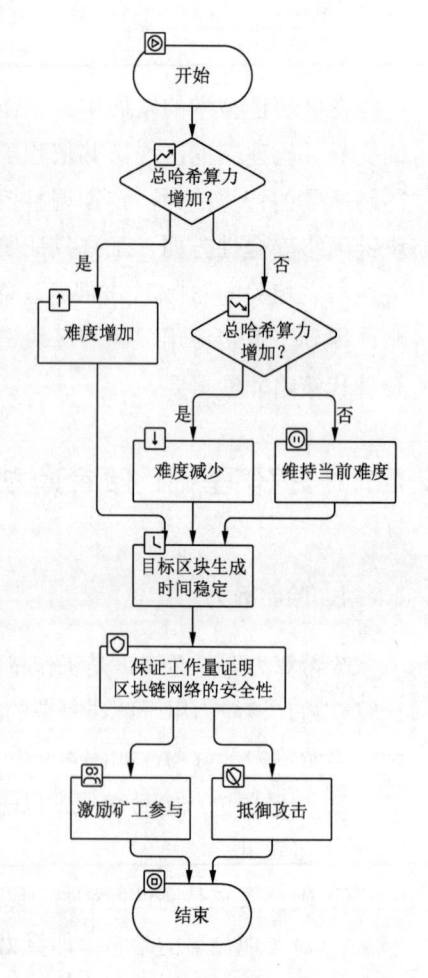

工作量证明挖掘机制可能非常耗能，特别是在大量采用高性能矿机的场景中。这引起了加密货币挖掘对环境影响的担忧。另外工作量证明挖掘机制也存在集中化风险，如果少数矿工控制了大部分哈希算力，则易引起集中化风险，影响网络的去中心化和安全性。为了解决与工作量证明能源消耗和潜在集中化问题，出现了如权益证明共识机制等替代方案。

4.1.2 安全分析：51%攻击和安全权衡

1. 51%攻击

51%攻击指工作量证明区块链网络中超过50%的总哈希率，被单个实体或一组实体共同控制。这使得恶意攻击者能通过以下方式操纵网络：
- 双重消费，允许他们花费相同的费用，通过创建冲突的交易使得他们的版本得到网络的验证和接受；
- 撤销交易，撤销先前确认的交易，给其他参与者造成经济损失。

2. 安全权衡

- 能源消耗，工作量证明网络所需的计算能力需要消耗大量的能源，存在环境问题；
- 集中化风险，一小群矿工控制大部分哈希算力，网络变得更加集中；
- 经济成本，矿机成本高昂，这会限制普通矿工参与且增加集中度；
- 可扩展性限制，工作量证明的高计算需求，使其难以处理高交易量并保持低交易费用。

3. 缓解51%攻击

采取各种策略缓解51%攻击：
- 网络设计，包括如增加挖掘难度，使得单个实体或一组实体难以获得大部分哈希算力；
- 经济激励，使得攻击者获取大部分哈希率变得昂贵；
- 技术措施，监控网络的哈希率分布、识别区块生成时间的异常，研发实施对攻击更具抵抗力的共识算法等。

51%攻击是对基于工作量证明的区块链网络的安全威胁，可以采取各种策略减轻其影响，保护网络安全。

4.1.3 能耗问题和节能型挖矿策略

1. 能源消耗问题

解决加密谜题所需的计算能力需要消耗大量的电能，存在环境和可持续性的问题。用于挖掘的高性能ASIC、GPU都是能耗高的设备，加密货币挖掘的总能源消耗已经引起了人们的高度重视。同时，高昂的能源成本使得加密货币挖掘不是很有利可图，从而限制普通矿工参与。

2. 替代挖掘策略

- 权益证明用基于质押的系统取代对能源密集型挖掘的需求。根据参与者所质押的金额多少获得区块打包权利和铸币奖励。
- 混合共识机制结合工作量证明、权益证明元素创建混合共识机制，平衡工作量证明安全优势与权益证明能源效率。
- 研发低功耗 ASIC、优化能源使用的 GPU 等专门用于加密货币挖掘的更节能硬件。
- 利用太阳能、风能等可再生能源产生加密货币挖掘所需的电能，减少对环境的影响。
- 优化挖掘算法和软件，提高硬件利用率，从而降低能源消耗。

目前迫切需要解决基于工作量证明的能源消耗问题。虽然工作量证明的替代挖掘策略带来了一些希望，但是它们也面临挑战并且需要全面权衡。为了确保区块链的长期和可持续发展，研究人员需要继续探索和评估各种方法。

4.2 权益证明：更环保的替代方案

权益证明共识机制是一种比工作量证明更节能的替代方案。权益证明系统依靠参与者（称为质押者）来验证交易，并基于他们对加密货币的所有权的多少获得创建新区块的权力。实用拜占庭容错和委托权益证明为达成区块链网络的一致性并防止恶意攻击提供了强大的保护机制。通过分析权益证明机制、委托权益证明原理和拜占庭容错的变体算法，研发者能够理解共识机制的设计思路，权衡考量其面临的挑战。

4.2.1 基于代币所有权的权益证明机制和区块验证

基于代币所有权的权益证明机制和区块验证示意如图 4-3 所示。

1. 质押机制

权益证明是一种共识机制，采用基于加密货币所有权系统，代替了工作量证明的能源密集型的挖掘过程。在权益证明中，参与者质押他们持有的加密货币，以验证交易且构建新的区块。

简单质押是最简单的质押机制，只涉及持有一定数量的加密货币。参与者被选为验证、生成区块的可能性大小，取决于他所质押的货币量多少。

在委托权益证明中，参与者将其质押的权益委托给可信赖的见证人或具有代表性的个人、组织。这些代表负责验证区块，然后分发奖励。

混合质押结合简单质押与委托质押来创建混合机制，平衡了这两种方法的优缺点。

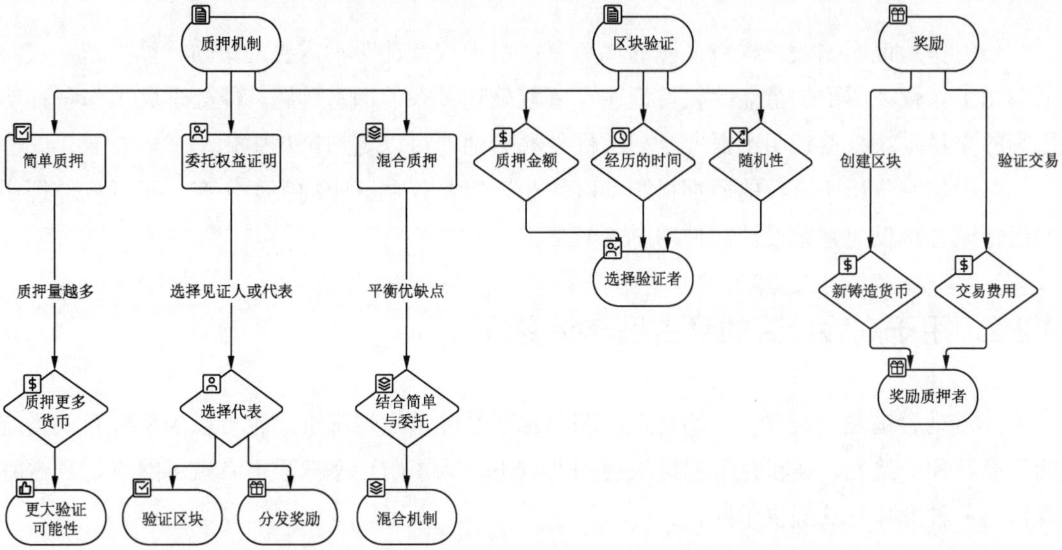

图 4-3　基于代币所有权的权益证明机制和区块验证示意

2. 区块验证

权益证明节点出块概率理论模型：在权益证明共识机制下，节点 i 的出块概率 $P(i)$ 与该节点的权益 s_i 相关，其公式为：

$$P(i) = \frac{s_i}{\sum_{j=1}^{n} s_j}$$

其中，s_i 表示节点 i 的持币量，n 表示节点总数。该模型说明持有更多权益的节点有更大的机会参与共识过程。

在权益证明系统网络的实际运行中，区块验证过程基于加密货币的所有权和随机性。这种选择通常基于多种因素，包括：质押金额（参与者质押的加密货币数量）、经历的时间（参与者质押的时间长度）、随机性（通过一个加密随机数生成器，在选择过程中引入随机元素）。

3. 奖励

被选中创建区块的质押者将获得新铸造的加密货币奖励。奖励金额通常与质押的加密货币数量成正比。此外，质押者可能会从他验证的交易中获得交易费用。

4. 经济激励

权益证明系统激励诚实行为并且阻止恶意活动。通过以下经济机制实现：如果质押者从事恶意行为，如试图双重消费、攻击网络，他们的质押可能会被削减，导致损失；质押者能对网络治理相关的提案进行投票，从而影响区块链网络的发展方向。

5. 权益证明与工作量证明比较

与工作量证明比较，权益证明的优势有：由于权益证明不需要密集的计算工作，权益证明比工作量证明更加节能；权益证明不依赖处理复杂的加密谜题，能处理比工作量证明更高的交易量；权益证明不需要专门的硬件和矿池，可以更加抗集中化。

基于加密货币所有权的质押机制和区块验证等是权益证明的关键所在。了解权益证明的运行原理可以更好地设计和使用 PoS 机制。

4.2.2 用于高吞吐量的拜占庭容错变体

拜占庭容错是一类算法，即使在存在恶意或故障节点情况下，也可以确保分布式系统的可靠性和一致性。在权益证明区块链的背景下，为了防止恶意攻击者破坏网络，拜占庭容错的各种变体算法提供了共识。

实用拜占庭容错是一种经典的拜占庭容错算法，需要大多数节点具有诚实性系统才可以正常运行。

Algorand 是一个区块链网络，开发者能在该生态中建立去中心化应用。它使用了一种被称为纯权益证明（PPoS）的共识算法。Algorand 的纯权益证明被视为一种基于拜占庭容错的权益证明算法。该纯权益证明依据参与者所质押的代币数量来选择验证者，此为权益证明的核心思想。而其 BFT 特性体现在通过随机选择委员会成员，并且应用加密签名来保证安全性，实现了该系统中即使存在部分节点故障、恶意攻击，依然能达成一致。

Casper 旨在结合 BFT 的安全性和权益证明的能源效率，它是一种混合了权益证明和拜占庭容错的共识算法。为了惩罚恶意验证者且维护网络安全，它使用了消减机制。信标链是以太坊专门为权益证明设计的共识层，其融合了 Casper 的一些核心思想，并在此基础上进行了优化与改进，以满足以太坊的特定需求。

在确保权益证明区块链的安全性和一致性方面，拜占庭容错变体起着非常重要的作用。解决与高吞吐量相关挑战并且优化拜占庭容错算法，可以构建可扩张、高效的系统。

4.2.3 委托权益证明和实用拜占庭容错

1. 委托权益证明

委托权益证明在共识机制中引入了委托层，是一种权益证明的变体。委托权益证明的关键特征如图 4-4 所示。

委托权益证明的关键特征包括：

- 利益相关者（Stakeholder）：可将他们的投票权委托给值得信赖的代表；
- 利益相关者，即委托方，通常不需要运行完整的全节点；

- ❑ 代表（Delegate）：受利益相关者委托，参与网络共识，通常需要运行完整的全节点；
- ❑ 见证人（Validator）：是一个经过验证的节点，负责验证交易、打包区块并维护区块链的完整性；
- ❑ 见证人的选拔方式，结合抵押机制、投票机制和随机性抽取等多种机制，以达到更好的平衡；
- ❑ 区块验证：见证人负责验证区块并向网络提出新的区块；
- ❑ 奖励：区块链网络会将大部分的区块奖励分配给成功打包区块的见证人。

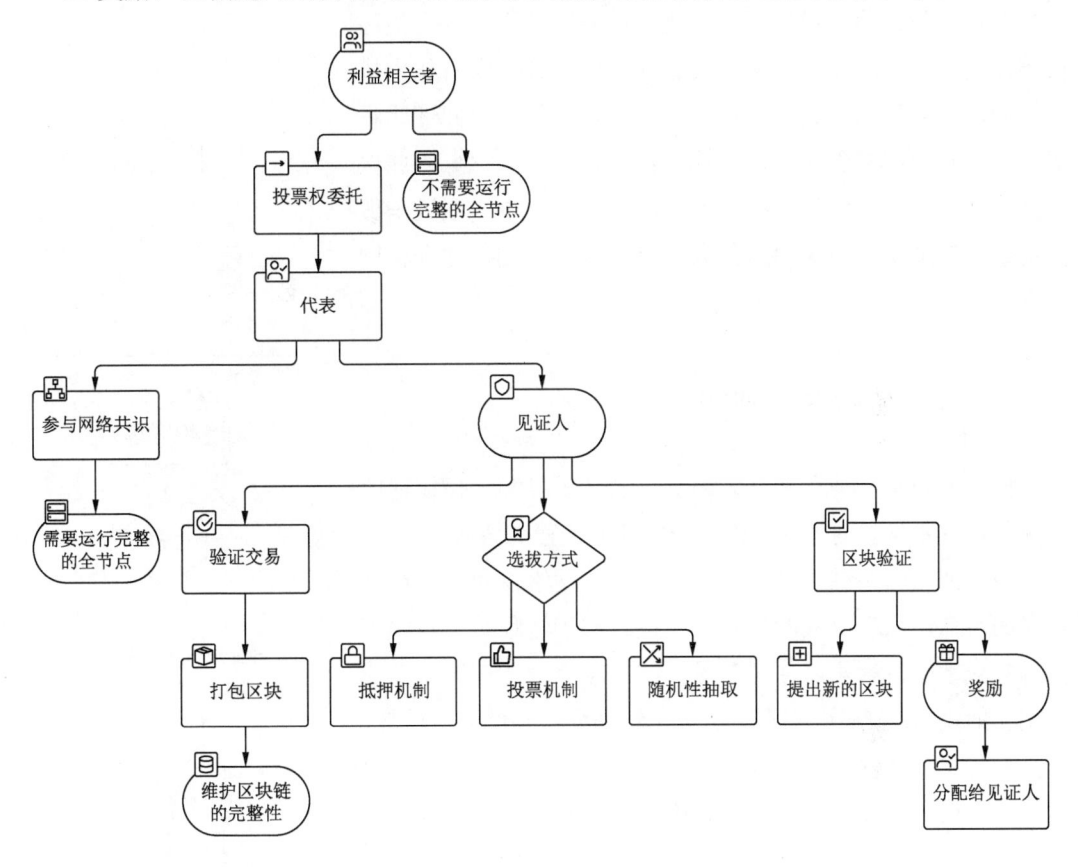

图 4-4 委托权益证明的关键特征

2. 实用拜占庭容错

实用拜占庭容错是一种经典的拜占庭容错算法。实用拜占庭容错包括 3 个阶段：预准备阶段，领导节点提出一个新的区块，并向其他节点发送预准备消息；准备阶段，领导节点收集到足够多的预准备签名后，会向所有节点广播准备消息；提交阶段，领导节点收集到足够多的准备签名后，会向所有节点广播提交消息，其他节点收到提交消息后，会将区块添加到本地状态中。

委托权益证明和实用拜占庭容错可以结合起来创建一个混合共识机制。这种组合能为区块链系统提供安全、可扩展的解决方案。

委托权益证明与实用拜占庭容错是构建区块链系统的强大工具，了解这些方法相关的特征、流程，可以设计、实施满足现代区块链应用需求的健壮共识机制。

4.3 新兴的共识机制

共识机制领域取得了显著进展，传统的工作量证明和权益证明之后出现了新的替代方案。在这些新兴的共识机制中，授权证明因适用于许可型区块链而受到关注。授权证明利用验证者的声誉、身份作为排名依据，排名最高者获得新建区块的权限。经过时间证明将随机性和时间因素引入共识过程，旨在减轻中心化风险并保证公平性。燃烧证明是一种基于资源的共识模型，通过销毁一定数量的加密货币令牌来获取创建新区块权利，这个机制颇有争议。

4.3.1 许可链的授权证明

授权证明是一种在许可区块链上的共识机制。授权证明要求节点具备参与网络的资格。授权证明流程如图 4-5 所示。

授权证明的关键特征包括：授权证明网络仅限于一组预定义的节点，只有授权的参与者能进行共识过程；节点根据其声誉或地位进行排名，排名最高的节点获得创建区块和验证交易的权限；授权证明不需要工作量证明级别的能源消耗，它是一种更环保的共识机制；由于参与节点减少、共识过程简化，授权证明实现了更快的交易时间。

授权证明通常使用拜占庭容错的变体，这保障网络可以容忍一定数量的故障或恶意节点，而不影响网络的安全。

授权证明存在一些安全挑战：仅有限数量的节点被授权参与，带来了集中化风险；授权证明使用的声誉系统必须健壮并且不易被操纵；Sybil 攻击可能会构成威胁，即攻击者可能会创建多个虚假身份进行攻击网络。授权证明系统虽然可以比无许可系统更安全，但也更集中。这种集中化会限制网络的可访问性并降低对审查的抵抗力。

授权证明共识机制为许可链提供了安全性与效率之间的平衡。研究者可评估其对不同区块链应用程序的适用性并探索潜在的提升。

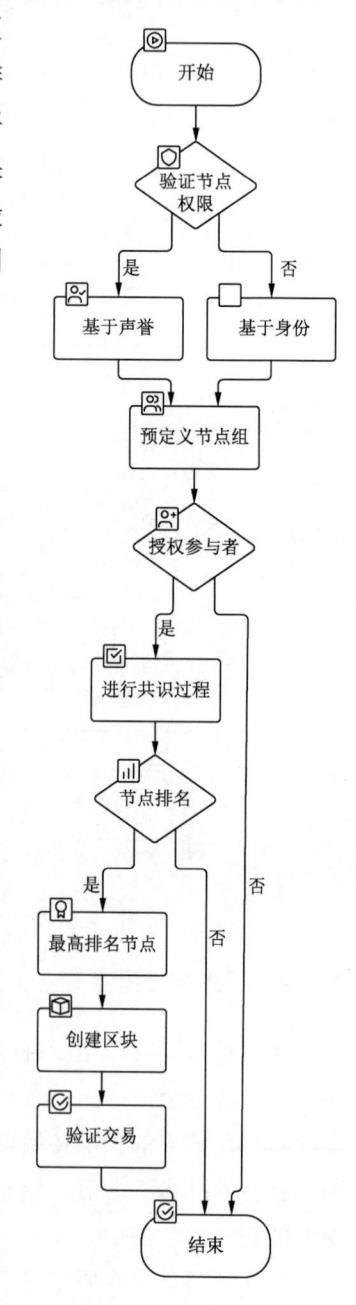

图 4-5 授权证明流程

4.3.2 经过时间证明和随机区块选择

经过时间证明（PoET）是一种共识机制。经过时间证明较适合许可区块链，其中网络参与者是已知、可信的。

1. 经过时间证明的原理

经过时间证明按照随机节点选择的原则进行运作。网络中的每个节点都分配一个随机等待时间，在等待时间过后，第一个醒来的节点被视为获胜者，获得创建下一个区块的权利。这个机制保证每个节点都有同等的获胜机会，无论其计算能力或网络中的股份有多少。

2. 经过时间证明的关键组件

经过时间证明的流程如图4-6所示。

可信执行环境（TEE）用于安全地生成和验证随机等待时间，有助于防止作弊，保证系统的公平性；随机等待时间指每个节点使用可验证随机函数（VRF）生成随机等待的时间；区块创建是指在等待时间过后首个醒来的节点负责构建新区块，它从网络中收集交易并添加到区块中；共识是指区块创建后被广播到网络中进行验证，其他节点验证其有效性并将其添加到区块链的本地副本中。

3. 经过时间证明的优势

经过时间证明不需要大量的计算能力，比工作量证明更节能；PoET确保每个节点都有同等的获胜机会；它可扩展以适用大量节点与交易；经过时间证明对多种攻击如Sybil攻击和合谋攻击具有抵抗力。

经过时间证明是一种很有前途的共识机制，提供了一种比传统工作量证明和权益证明算法更节能及可扩展的替代方案。通过了解经过时间证明的原理、组件，研发者可以深入理解其潜在的应用。

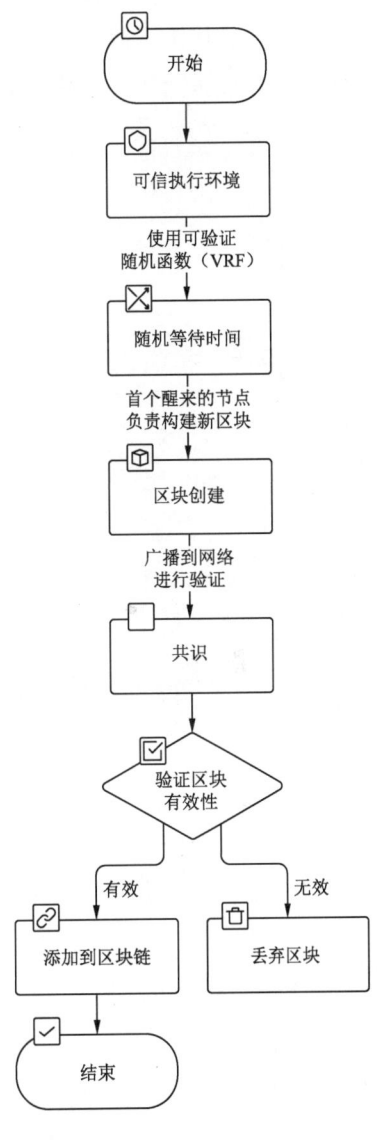

图4-6 经过时间证明机制的流程

4.3.3 燃烧证明和基于资源的共识模式

1. 燃烧证明

燃烧证明是一种共识机制，通过销毁加密货币令牌来获得构建新区块的权利。这个过程被称为燃烧令牌。参与者燃烧的令牌越多，被选为创建区块的概率就越大。但是为了保证系统的公平性，大多数燃烧证明系统都会引入随机性因素，也就是说，即使一个参与者销毁了大量的代币，他仍然有可能不被选中。一些燃烧证明系统还可能考虑其他因素，如参与者的在线时间和节点性能等。燃烧证明流程如图 4-7 所示。

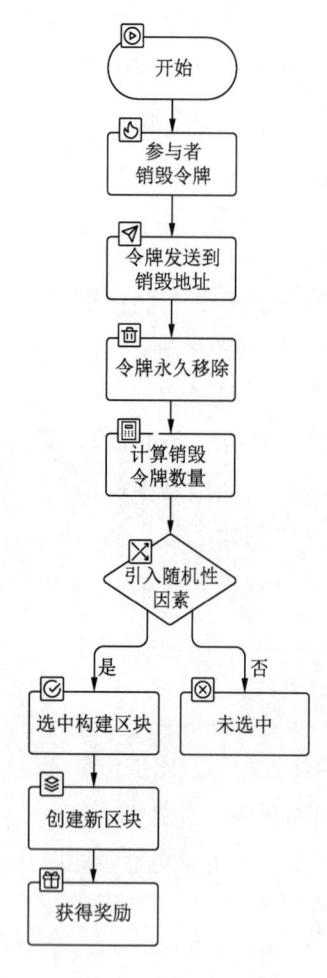

图 4-7 燃烧证明流程

燃烧证明的关键原则：参与者将令牌发送到指定的销毁地址来销毁令牌，这些令牌将永久地从流通中移除；销毁令牌最多的参与者被选中构建下一个区块；参与者通过销毁令牌获得激励，从而增加创建区块和获得奖励的机会。

但燃烧证明存在一些缺点：燃烧代币是一种资源浪费；拥有大量代币的参与者通过销毁代币获得更大的影响力，易导致网络中心化。

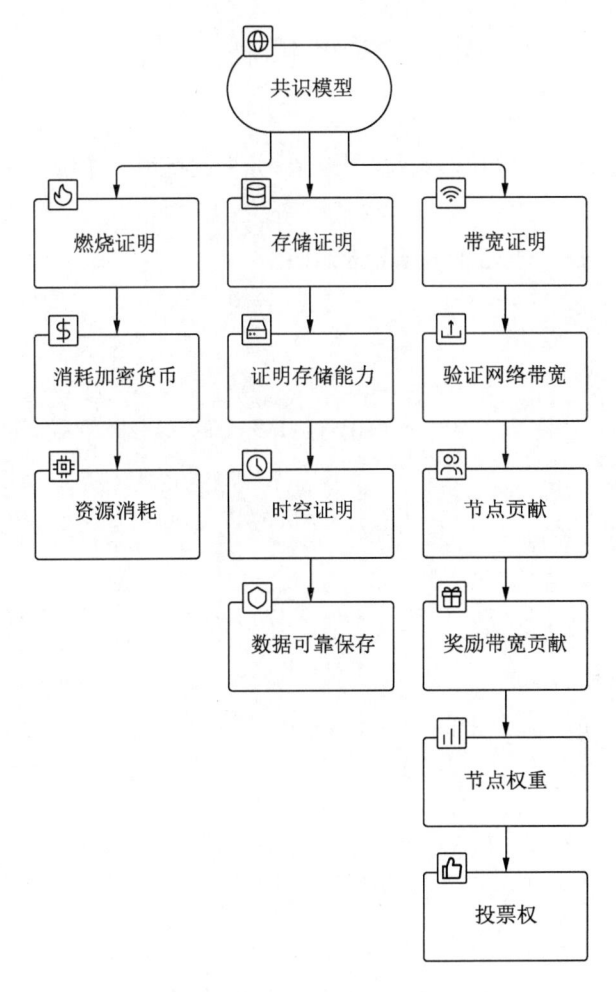

2. 基于资源的共识模型

基于资源的共识模型是一类共识机制，其使用各种资源，如计算能力、存储或网络带宽作为参与度的权衡标准。基于资源的共识模型如图 4-8 所示。

图 4-8　基于资源的共识模型

燃烧是一种对资源的消耗，本质上消耗了加密货币的价值，燃烧证明是一种基于资源的共识模型。

作为共识机制的一部分，存储证明（Storage Proof）是参与者证明其存储能力的一种方式。利用存储证明来保证用户存储的数据被可靠保存。例如 Filecoin 中的时空证明（PoSt），是一种"时间戳"加"存储证明"的结合，可证明数据在特定的时间段内一直被存储。

带宽是节点上传、下载数据的能力。带宽证明（Proof of Bandwidth）是一种用于验证节点网络带宽的机制，可作为共识机制的一部分。带宽证明是权衡节点贡献的机制，可以基于带宽证明，奖励参与者贡献网络带宽。带宽证明能与多种共识机制结合，如与权益证明结合，作为权衡节点权重的指标之一，带宽更大的节点可能获得更多的投票权，节点权重更大。

作为一种基于资源的共识机制，燃烧证明给区块链网络提供了一种独特的方法。理解燃烧证明和基于资源的共识模型，对于研发区块链系统的替代共识机制非常重要。

4.4　共识机制实践

工作量证明算法是多个区块链系统的核心。分析比特币工作量证明的源代码，涉及其算法和实现原理。

下面深入剖析 Bitcoin Core 的 pow.cpp 源码。

```cpp
#include <pow.h>

#include <arith_uint256.h>
//包含 arith_uint256.h 头文件，它定义了任意精度的无符号整数类型，可表示非常大的整数
#include <chain.h>         // 包含 chain.h 头文件，其定义了区块链相关的数据结构
#include <primitives/block.h>
// 包含 primitives/block.h 头文件，其定义了区块结构
#include <uint256.h>       // 包含 uint256.h 头文件，它定义了 256 位无符号整数类型

// 获取下一个区块所需的工作量难度
unsigned int GetNextWorkRequired(const CBlockIndex* pindexLast, const CBlockHeader *pblock, const Consensus::Params& params)
{
…
    return CalculateNextWorkRequired(pindexLast, pindexFirst->GetBlockTime(), params);
}

// 计算下一个区块所需的工作量难度
unsigned int CalculateNextWorkRequired(const CBlockIndex* pindexLast, int64_t nFirstBlockTime, const Consensus::Params& params)
{
…
}

// 检查新难度值是否在允许的限制范围内
bool PermittedDifficultyTransition(const Consensus::Params& params, int64_t height, uint32_t old_nbits, uint32_t new_nbits)
{
…
}

// 检查工作量证明
bool CheckProofOfWork(uint256 hash, unsigned int nBits, const Consensus::Params& params)
{
#ifdef FUZZING_BUILD_MODE_UNSAFE_FOR_PRODUCTION
```

```cpp
        // 此处用于模糊测试
        return (hash.data()[31] & 0x80) == 0;
#else
        // 调用 CheckProofOfWorkImpl 函数进行实际验证，适用于生产环境
        return CheckProofOfWorkImpl(hash, nBits, params);
#endif
}

// 检查区块哈希是否满足由 nBits 指定的工作量证明要求
bool CheckProofOfWorkImpl(uint256 hash, unsigned int nBits, const Consensus::Params& params)
{
    bool fNegative;                        // 是否为负数的标志
    bool fOverflow;                        // 是否发生溢出的标志
    arith_uint256 bnTarget;                // 存储目标难度值的 arith_uint256 对象

    bnTarget.SetCompact(nBits, &fNegative, &fOverflow);
    // 将表示目标难度的 nBits, 32 位无符号整数的压缩难度值（其中高 24 位表示指数部分，低
    // 8 位表示尾数部分），转换为 256 位 arith_uint256 对象，bnTarget 是 256 位的大整数

    // 检查难度值是否有效，负难度目标、零难度目标、发生溢出和超出最大难度限制等这些难
    // 度目标无效
    if (fNegative || bnTarget == 0 || fOverflow || bnTarget > UintToArith256(params.powLimit))
        return false;

    // 检查工作量证明是否匹配声明的难度值
    if (UintToArith256(hash) > bnTarget)
        // 如果区块哈希值大于目标难度值，则返回 false
        return false;
    // 如果区块哈希值小于或等于目标难度值，说明工作量证明有效，则返回 true
    return true;
}
```

由此可见，工作量证明定义了与其相关的函数和数据结构。它检查区块的哈希是否满足当前的难度目标，实现了工作量证明共识机制。

4.5 小　　结

共识机制是区块链系统运行的基础，它们保障着网络的安全、完整性及一致性。

工作量证明、权益证明及新兴的共识机制各有优势及缺点。工作量证明曾经是主导的方法，但面临着能源消耗、可扩展性的挑战。权益证明提供了一种更节能的替代方案，但引发了对集中化的担忧。授权证明、经过时间证明及燃烧证明等新兴机制探索了实现共识的新方法，以解决现有方法的局限性。

如何选择共识机制，取决于区块链系统的特定需求，如对安全性、可扩展性和环境因素等的综合考虑。

4.6 习　　题

1. 工作量证明中难度调整的目的是什么？
2. 从能源消耗、安全性和可扩展性方面比较工作量证明与权益证明机制。
3. 阐述权益证明共识机制的原理。
4. 讨论工作量证明的能源消耗影响，并讨论减少其环境影响的潜在方案。
5. 列举出拜占庭容错算法的几种变体算法。
6. 分析许可链的授权证明的关键特征。
7. 讨论新兴共识机制时间证明、燃烧证明的潜力。
8. 工作量证明如何编程实现：检查区块的哈希是否满足当前的难度目标？

第 5 章 智 能 合 约

智能合约是一种将合约条款直接写入代码中的自我执行协议，通过自动化流程，减少中介，提高合约执行过程的透明度，具有彻底改变各个行业的潜力。本章将深入探讨智能合约的原理、设计和实际应用，然后介绍智能合约的局限性，如它们对区块链网络的依赖和重入攻击等潜在漏洞，以及支持智能合约执行的以太坊虚拟机、EOS 和超级账本 Fabric 等各种平台与环境，最后介绍创建可跨不同区块链网络的、无缝通信的互操作智能合约的挑战与机遇。

5.1 智能合约的力量：自执行协议

本节将深入讨论智能合约的原理、方法及实际应用。包括智能合约的图灵完备性和局限性、基于智能合约构建的去中心化应用，以及智能合约的现实世界用例供应链管理与 DeFi 等。

5.1.1 智能合约的图灵完备性和局限性

图灵机是一种抽象的计算模型，它被认为是现代计算机的理论基础，用于研究算法及可计算性。图灵机的组件包括：磁带，无限长的单元格带，每个单元格都能容纳有限字母表中的单个符号；读写头，可以沿磁带左右移动、读取当前单元格中的符号并将新符号写入单元格的设备中；有限状态机，基于当前状态和从磁带读取的符号确定机器下一步操作的控制单元。

图灵机的工作原理：首先进行初始化，机器以特定的初始状态启动，输入数据写在磁带上；其次进行读写，读写头读取其下方的符号，有限状态机根据当前状态和读取的符号确定下一步操作，这可能涉及写入新符号、左右移动读写头或更改机器的状态；最后是重复前面的步骤，直到达到停止状态。

作为在区块链上执行的可编程协议，智能合约改变了人们与去中心化应用的交互方式。在理解智能合约的能力与限制方面，图灵完备性的概念起着关键作用。智能合约的图灵完备性示意图如图 5-1 所示。

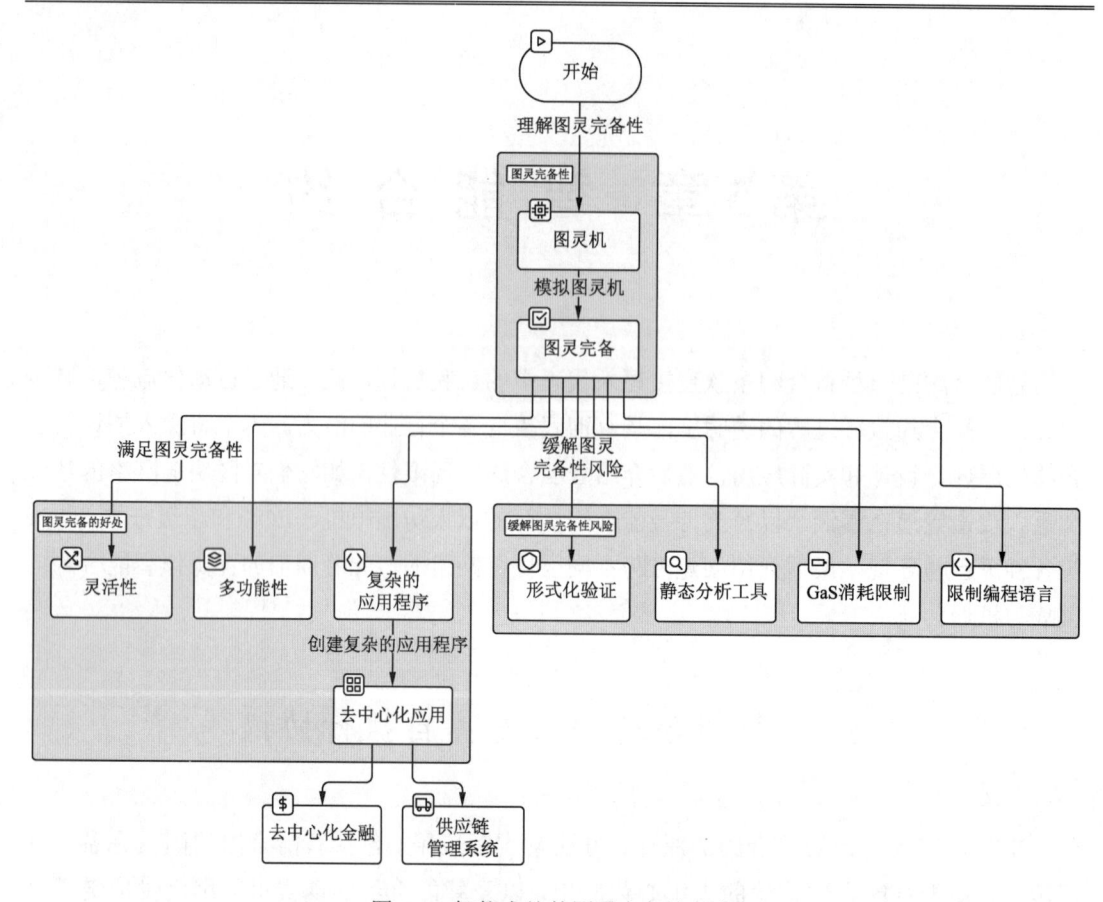

图 5-1 智能合约的图灵完备性示意

1. 图灵完备性：强大的计算能力

图灵机能执行任何可以用算法描述的计算，是计算的理论模型。若一种编程语言能模拟图灵机，那么它就被认为是图灵完备的。对智能合约而言，图灵完备意味着理论上可以使用智能合约创建任意复杂程度的应用程序，而底层虚拟机如以太坊虚拟机，可以执行任何类型的计算。

2. 图灵完备的好处

智能合约满足了图灵完备性，具备灵活性、多功能性。智能合约赋能开发者创立具备条件逻辑、循环及状态管理的复杂应用程序。基于智能合约能开发多种去中心化应用，包括去中心化金融（DeFi）、智能供应链管理系统等。

3. 图灵完备的挑战

虽然图灵完备的好处很多，但是也引入了挑战和限制。
- 复杂性与安全性，图灵完备的语言可能增加了开发的复杂度。如果没有经过细致的设计和测试，它的灵活性可能导致漏洞产生。

- 性能与可扩展性，复杂的智能合约有可能消耗大量的计算资源，可能影响区块链网络的性能及可扩展性。这有可能导致交易费用增加、执行时间变长。
- Gas 费用，许多区块链网络引入了 Gas 的概念，以应对资源密集型操作的风险。Gas 代表智能合约执行所需的计算资源。为避免资金耗尽并预防合约被撤销，开发者应仔细管理 Gas 消耗。

图灵完备系统可以表达不可判定性问题，即存在一些问题，无法通过有限步骤的算法来确定其答案，这将导致智能合约陷入无限循环或不良状态中。

4．缓解图灵完备性的风险

为了解决图灵完备性相关风险，可以采取如下策略：
- 智能合约的正确性和安全性可采用形式化验证技术来验证；
- 合约中的潜在问题、漏洞及低效之处，可利用静态分析工具自动识别；
- 为了确保网络的可持续运行，可设置适当的 Gas 消耗限制；
- 一些区块链网络通过限制使用特定的编程语言来限制智能合约的复杂性并降低漏洞的风险。

图灵完备是一个强大的概念，赋能构建复杂的智能合约。但是也引入了多种潜在挑战，如复杂性、安全性及不可判定性等。充分权衡这些因素，并且采取相应策略后，能降低执行风险并充分发挥图灵完备性的优势。

5.1.2 基于智能合约构建去中心化应用

去中心化应用是一种基于区块链的应用，利用智能合约的自动化流程执行协议并进行交互。基于智能合约构建去中心化应用的示意图如图 5-2 所示。

1．去中心化应用的开发原则

- 去中心化应用必须运行在去中心化的网络上，消除对中心化机构的依赖，确保其强大的容错性、审查抗性及透明性；
- 去中心化应用代码库应当是开源、公开可访问的，以促进社区的发展；
- 许多去中心化应用利用代币作为激励来促进交易，并在生态系统内创造经济价值；
- 应优先考虑用户资金和数据安全性，采取健壮的编码，遵循最佳安全实践。

2．去中心化应用的开发方法

去中心化应用开发通常使用的编程语言有 Solidity、Vyper 或 Rust 等。这些编程语言赋能开发者用智能合约来编写应用程序的规则和逻辑；

去中心化应用需要一个友好的用户及交互界面，包括直观的界面、清晰的说明和无缝的体验；去中心化应用使用区块链的 API 和库与底层区块链网络通信，执行交易、检索数据和与其他智能合约交互；去中心化应用依赖区块链的共识机制来确保交易和数据的安全性、完整性；去中心化应用通常利用经济模型来激励参与、分配奖励和管理生态系统，这涉及代币经济学、治理机制及其他经济激励措施；去中心化应用的代币经济，涉及代币的供应、分配和效用，即确定初始代币供应量、代币生成规则及在代币生态系统中如何使用等。

3. 成功的去中心化应用

一些成功的去中心化应用有：

- 去中心化金融（DeFi），Aave、Compound和Uniswap等平台，提供去中心化借贷、借款和交易；
- CryptoKitties、Decentraland等引入了新的游戏和虚拟现实空间模型，基于区块链技术实现所有权、稀缺性及互操作性；
- 在供应链管理中，去中心化应用跟踪商品的移动，保障供应链的透明度及真实性；
- 去中心化应用提供去中心化的身份解决方案，帮助用户控制自己的个人数据并减少对中心化机构的依赖。

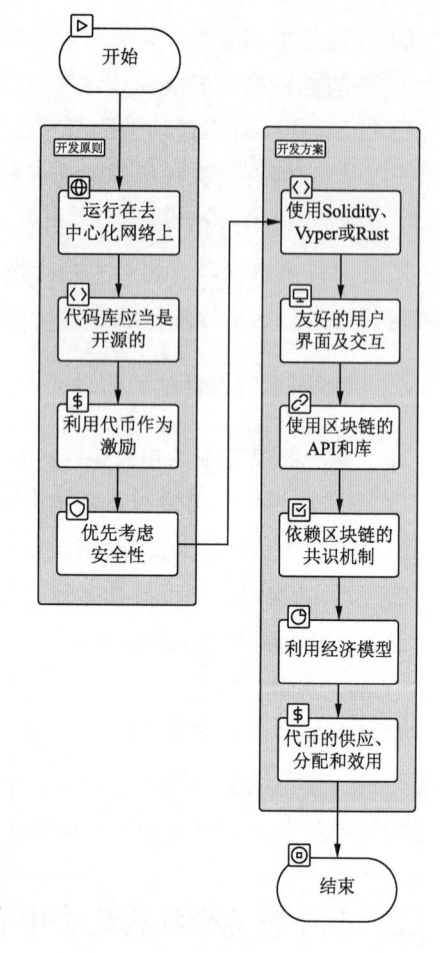

图 5-2 基于智能合约构建去中心化应用流程

去中心化应用是一种可能会彻底改变各行业的革命性技术。深入剖析它的原理和方法后，能够创建具有影响力的应用程序，充分发挥区块链技术的优势。

5.1.3 智能合约用例：供应链管理和去中心化金融

在供应链管理等领域，智能合约有广泛的应用。智能合约在提高效率、透明度及安全性等方面改善了传统业务流程，下面将充分阐述。

1. 供应链管理

智能合约用于跟踪产品从生产到消费的整个生命周期，保证供应链的透明度及可追溯性，有助于防止伪造、欺诈性交易以及不符合标准的产品进入市场；智能合约跟踪库存水平，触发补货订单并保障及时交付，有助于减少库存成本，避免缺货、超卖的情况发生；智能合约自动处理支付、结算业务，减少纸质文书工作，加快了流程，提高了供应链效率；

智能合约可以自动执行合同条款，保障各方履行义务，有助于减少争议纠纷，提高供应链的可靠性。智能合约在供应链管理中的应用如图 5-3 所示。

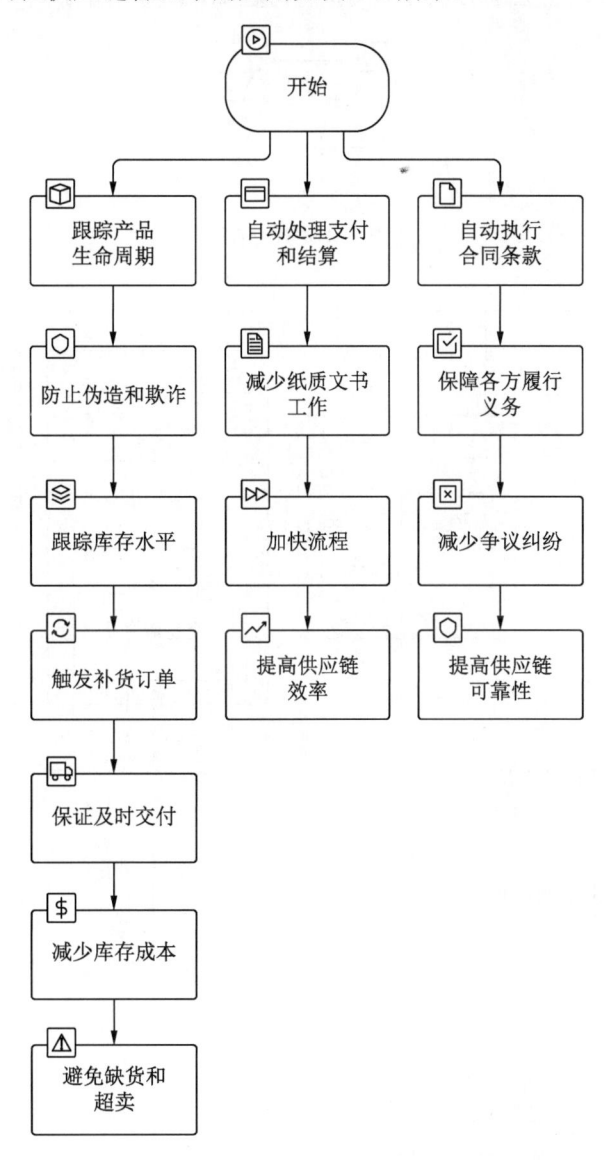

图 5-3 智能合约在供应链管理中的应用

区块链技术可以用于供应链金融，以改善现金流、降低融资成本。智能合约可以跟踪货物的运输、交付过程，依据预定条件触发付款，这使得供应商可以更快获得付款，减少资金周转时间且降低坏账风险。

2．去中心化金融

去中心化金融（DeFi）平台利用智能合约创建去中心化的借贷市场，用户在无中间人的情况下直接借贷、借款；去中心化交易所使用智能合约实现点对点的加密货币交易。智能合约用于创建、交易金融衍生品，如期权、期货和永续合约，为投资者提供了新的投资机会及风险管理工具；智能合约可进行自动化的投资管理，如基于预设条件的资产配置及再平衡。智能合约应用于去中心化金融的执行流程如图 5-4 所示。

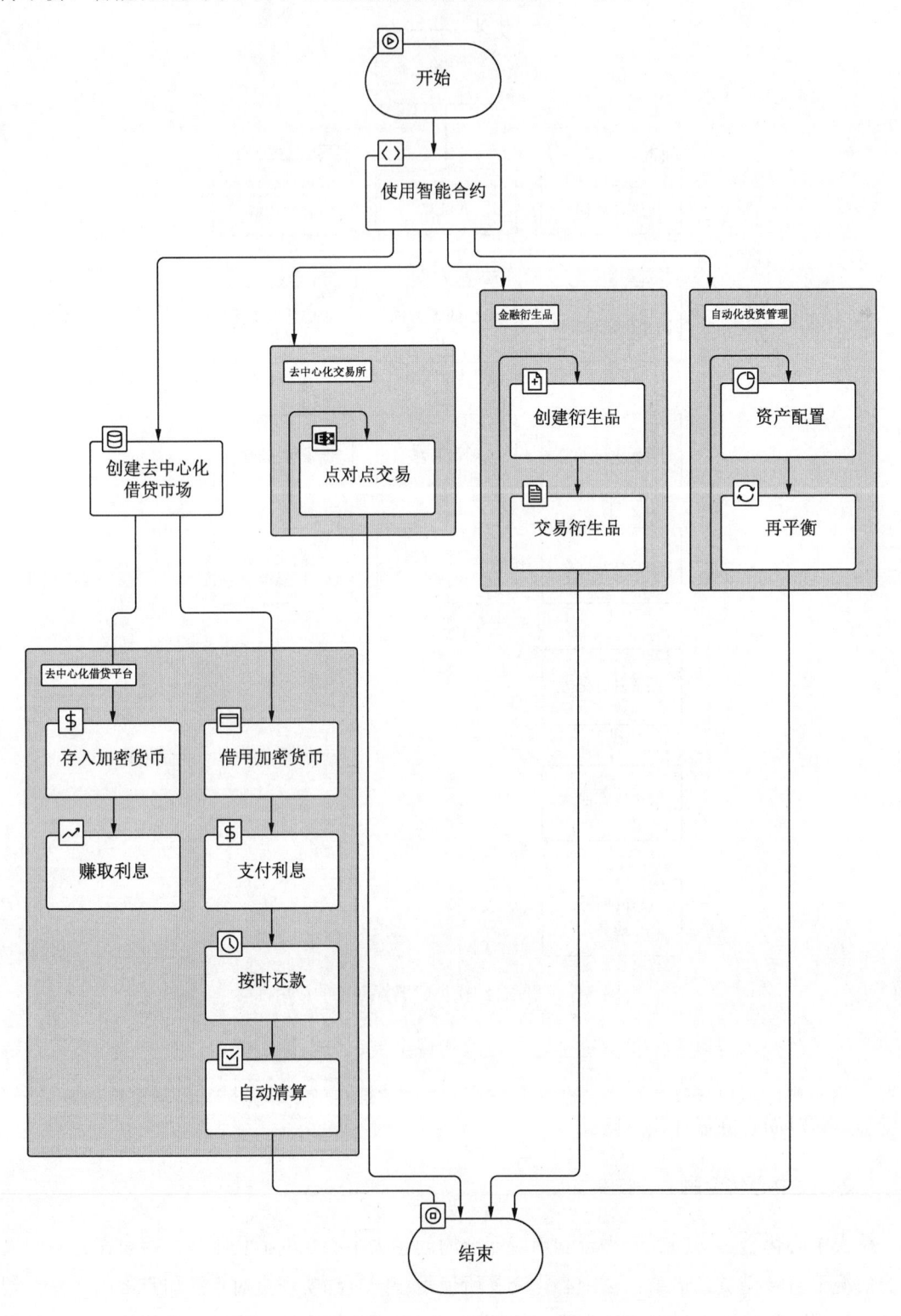

图 5-4　智能合约应用于去中心化金融的执行流程

领先的去中心化借贷平台：Aave 和 Compound。用户可以将加密货币存入平台来赚取利息。反之，用户也可以借用加密货币来支付利息。为保护贷方利益，智能合约能确保借款人按时还款，并自动清算。

随着区块链技术的发展，我们有希望看到更多的创新性智能合约应用。

5.2 智能合约设计与开发

本节将介绍智能合约的设计和开发的关键内容，如 Solidity 编程语言、安全事项以及稳健性测试等，掌握这些原则或方法，能够充分利用智能合约的潜力，构建创新、可靠的去中心化应用。

5.2.1 用于创建智能合约的 Solidity 编程语言

Solidity 是一种专门为在以太坊区块链上开发智能合约而设计的高级语言，它是一种静态类型编程语言。Solidity 合约被编译成字节码，其能在以太坊虚拟机上执行。以太坊虚拟机托管在连接到区块链的以太坊节点上。

1．Solidity的关键特性

- 静态类型，Solidity 执行严格的数据类型，有助于防止编程错误并提高代码可读性；
- 合约能从其他合约继承过来，允许代码重用及模块化；
- 支持创建和使用库，这些库是可重用代码集合，能导入其他合约中；
- 修饰符是自定义条件，用于在函数中控制访问权限和执行逻辑；
- 事件可以从合约中发出，以通知其他合约或外部应用程序合约状态的变化；
- 存储用于保存区块链上的持久数据，而内存用于保存函数调用期间的临时数据。

2．编写与部署Solidity合约

编写与部署 Solidity 合约流程如图 5-5 所示。
（1）创建一个新的.sol 文件来编写合约代码。
（2）用 contract 关键字定义一个新的合约。
（3）定义变量、函数，声明变量来存储数据，定义函数与合约交互。
（4）编写合约逻辑，应用 Solidity 语法，在函数中实现所需的逻辑。
（5）使用 Solidity 编译器，把合约代码编译成字节码。
（6）通过交易，将编译后的字节码部署到以太坊区块链上。这会在区块链上创建一个新的合约地址。

Solidity 是以太坊区块链上开发智能合约的强大工具。通过 Solidity，可开发出新的合

约并支撑各种去中心化应用。

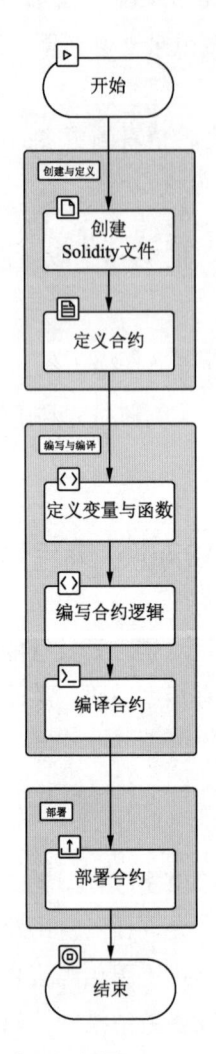

图 5-5 编写与部署 Solidity 合约流程

5.2.2 安全注意事项：重入攻击和缓解措施

重入攻击是智能合约的一个安全方面的威胁，它利用智能合约可以在同一交易中调用其他合约的能力，即合约在执行过程中可能会调用其他合约的函数从而被恶意合约利用，导致攻击者能够反复调用原合约并篡改其状态。重入攻击可能会导致资金损失或出现其他意料之外的结果。

1. 重入攻击

当一个合约调用另一个合约时，有发生重入攻击的潜在可能。恶意合约是指在目标合约（目标合约是被攻击的对象）的状态更新之前，再次调用目标合约函数，对目标合约多次操控，如多次提取资金。

比如一个简单的目标合约，它包含 withdraw 函数，该函数允许用户从余额中提取资金。而恶意合约循环将会调用 withdraw 函数所在的目标合约，在 withdraw 函数完成之前可能会多次提取资金。

2. 缓解重入攻击

可以使用多种技术缓解重入攻击的风险。缓解重入攻击的技术执行流程如图 5-6 所示。

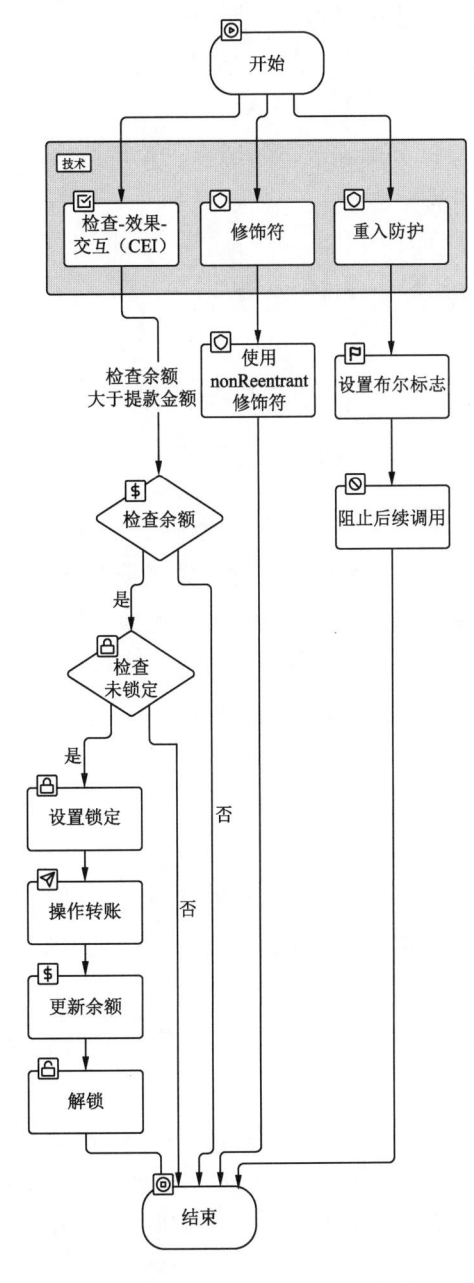

图 5-6　缓解重入攻击的技术执行流程

- 检查-效果-交互（CEI）模式要求按照这种方式执行函数：最先执行必要的检查代码，再执行操作合约状态的代码，最后执行与其他合约、外部账户交互的代码，即首先检查状态，再更新状态效果，稍后交互。通过在转账操作之前进行检查，如先检查余额大于提款金额，然后检查是否未锁定。然后使用设置锁定（如 locked = true）来防止重入，锁定后，进行转账操作，更新余额后解锁。若检查时已锁定，则不得再进行转账操作，防止重入。

Solidity 提供了应用在函数中强制执行某些条件的修饰符。例如，可以使用 nonReentrant 修饰符来防止同一事务中递归调用函数。

重入防护是布尔标志，用于跟踪函数当前是否正在执行。如果设置了标志，则会阻止对函数的后续调用。

通过了解重入攻击的原理并实施适当的缓解、预防技术，研发者可以显著降低漏洞风险，并确保智能合约应用的完整性。

5.2.3 测试和审计智能合约的稳健性

测试和审计是保证智能合约安全、可靠和其功能的重要流程。

1. 测试技术

- 单元测试，单独测试智能合约的某个函数、组件，从微观层面识别错误；
- 集成测试，评估合约不同组件间的交互，保障合约作为一个整体而运行；
- 模糊测试，生成随机输入，测试合约漏洞及意外行为；
- 安全测试，专门识别安全漏洞，如重入攻击、整数溢出及拒绝服务攻击等；
- Gas 估算，测试执行智能合约所要消耗的 Gas 量，预防产生意外成本，保障交易成功执行。智能合约测试序列图如图 5-7 所示。

2. 审计技术

- 手动审查代码，由经验丰富的研发者审查代码，识别潜在的漏洞等；
- 自动进行代码分析，使用自动化工具分析合约代码，发现常见漏洞；
- 形式化验证，使用数学方法证明合约行为的正确与否；
- 安全审计，由审计公司进行独立的安全性审计，对智能合约的安全性予以全面评估。

运用测试和审计工具，如 Solidity 测试框架、Mythril 静态分析工具等提高效率。

对于智能合约的健壮性、安全性，彻底的测试和审计是必不可少的。通过结合各种技术和工具，识别潜在漏洞，从而在智能合约应用中建立用户和参与者的信任和信心。

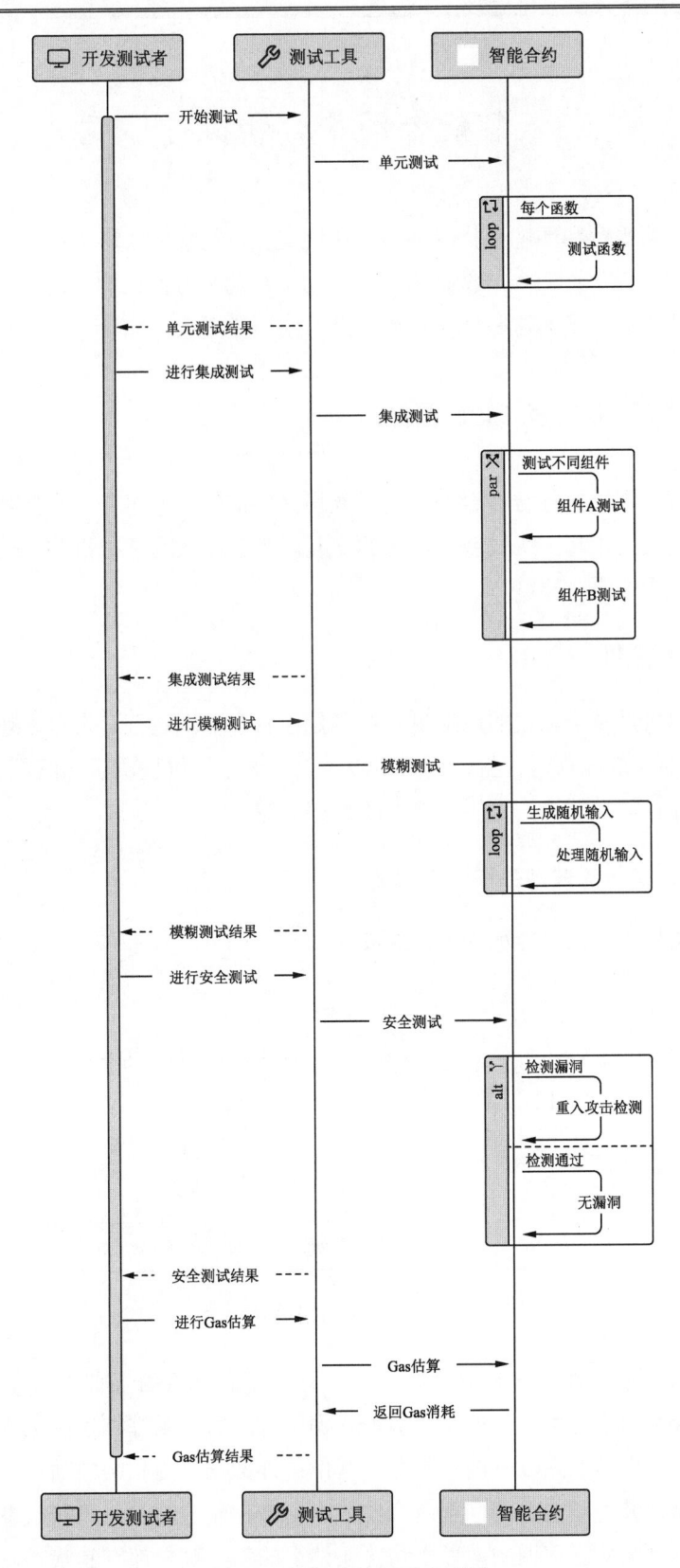

图 5-7 智能合约测试序列图

5.3 智能合约平台和执行环境

智能合约需要平台和环境来执行并与区块链交互，包括以太坊虚拟机、EOS 和超级账本 Fabric 平台及互操作性，本节将介绍智能合约平台的多方面内容。对于利用智能合约的研发人员和企业来说，了解这些概念、原理及方法至关重要。

5.3.1 以太坊虚拟机和 Gas 费用

以太坊虚拟机用于执行智能合约，是以太坊区块链的基本组件。它提供了一个沙箱环境，智能合约能在其中和区块链或其他合约交互。了解以太坊虚拟机和 Gas 费用，对于有效的智能合约开发非常重要。

1. 以太坊虚拟机

以太坊虚拟机是基于堆栈的虚拟机，在确定性状态机上运行，在以太坊虚拟机上执行 Solidity 或其他兼容的编程语言生成的字节码。以太坊虚拟机提供了一组预定义的操作码，用于各种执行操作，如算法、逻辑运算及数据存储等。

2. 以太坊虚拟机的关键组件

以太坊虚拟机的关键组件如图 5-8 所示。

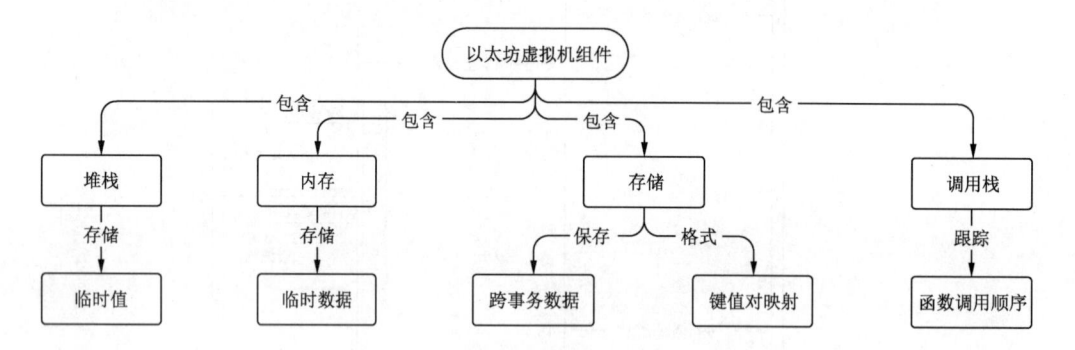

图 5-8 以太坊虚拟机关键组件

堆栈用于在执行操作码时存储临时值。内存用于存储仅在当前事务中需要的临时数据。存储用于保存跨事务可访问的持久数据。调用栈，用于跟踪在程序执行过程中各个函数的调用顺序。以太坊账户分为两种类型，其中：外部账户由私钥控制，可以发起交易，用于持有以太币，并与智能合约交互；合约账户用于存储合约的代码和状态，由部署的合约代码定义，被动响应外部调用。以太坊区块链上的每个账户都有其状态，如账户余额、存储等。余额即账户所拥有的以太币数量；存储是一个键值对的映射，键、值都是 256 位的数字,用于保存合约的状态变量,如投票权及合约的内部状态等。

3．Gas费用

Gas 是衡量以太坊区块链上交易消耗的计算资源的单位。

以太坊交易成本模型：以太坊单个交易的总费用与基础费、Gas 用量及其单价相关,计算公式如下：

$$T = b + (g \times p)$$

总费用 ＝ 基础费 ＋（Gas 用量 × 单价）

其中,T 代表总费用,交易的最终成本 Gas 即需要支付的以太币数量;b 为基础费用,是网络对每笔交易收取的固定费用;g 为 Gas 交易消耗的 Gas 数量,即计算资源的消耗量;p 为 Gas 单价,即每单位 Gas 的价格。

4．高级主题

- 预编译合约：以太坊提供了一组预编译合约,其他合约可以调用预编译合约,这些预编译合约提供了某些函数的优化实现,如加密操作。
- 状态转换：EVM 通过从一种状态转换到另一种状态来执行交易。
- 以太坊虚拟机操作码：有数百个可用的操作码,每个操作码都有其功能和 Gas 成本。例如：PUSH1 表示把一个字节的数据压入栈顶,即将其从指令中复制到栈顶;ADD 表示将栈顶的两个数字相加并将结果压入栈顶。

了解以太坊虚拟机和 Gas 费,对于开发高效、安全的去中心化应用至关重要。仔细考虑 Gas 成本并优化智能合约代码,可以保障交易成功执行且成本合理。

5.3.2 替代智能合约平台：EOS 和超级账本 Fabric

虽然以太坊是智能合约的主导平台,但是也出现了几个替代平台,它们各有其特点和优势。

1．EOS：高性能平台

EOS 是一个旨在实现高交易吞吐量和可扩展性的区块链平台。它利用委托权益证明（DPoS）共识机制及独特的架构并行执行交易。

2．EOS的关键特征

EOS 使用委托权益证明来选择一组验证交易并创建新区块的块生产者,验证者按照预定的轮次顺序轮流出块;EOS 能同时处理多个交易,可显著提高吞吐量及可扩展性;EOS 采用基于账户的模型,每个账户都有自己的余额和独立的存储模型;EOS 使用 WebAssembly 进行智能合约的执行,与以太坊虚拟机相比,WebAssembly 的灵活性和性能更高。EOS 的关键特征如图 5-9 所示。

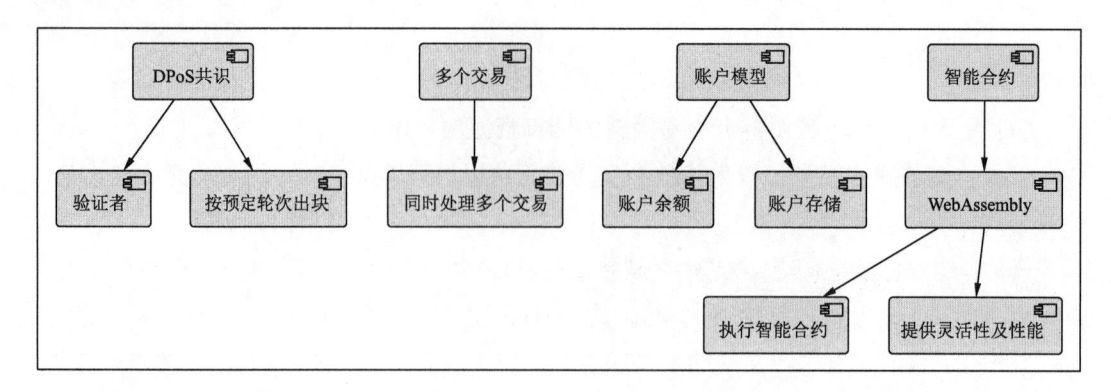

图 5-9　EOS 的关键特征

3．超级账本 Fabric：许可型区块链

超级账本 Fabric 是一个面向企业用例的许可型区块链平台。它高度模块化、可定制，允许组织根据其特定需求定制平台。

超级账本 Fabric 只有授权参与者才能加入网络；模块化架构提供包括共识机制、成员服务及链码执行环境等在内的多个模块化组件；链码是 Fabric 上的智能合约，它用 Go 或 Java 语言编写，在沙箱环境中执行；Fabric 支持各种插件，如身份管理、隐私和合规性等。

选择 EOS 还是 Fabric，是由去中心化应用的特定需求决定的。如果高吞吐量的公共区块链是一种强需求，则 EOS 是合适的选择；超级账本 Fabric 更适合需要许可型网络且对平台有更多控制的场景。

替代基于以太坊智能合约开发的两个方案 EOS 和超级账本 Fabric 各有优势，适用于不同的用例。在权衡平台的可扩展性、许可及开发者支持等因素后，研发者能为去中心化应用选择合适的平台。

5.3.3　互操作智能合约与跨链通信

不同区块链之间的互操作性是区块链被广泛使用所面临的挑战。

1．互操作性的原则

互操作智能合约需要在不同区块链平台之间安全地交换数据、信息，需要具备在不同区块链之间转移资产等能力，包括转移代币、NFT 等；互操作智能合约需要在共识机制、验证规则方面保持一致，采用不同共识算法的区块链需要找到一种兼容方式，如通过侧链、跨链桥来实现；互操作智能合约需要考虑安全及隐私，保护用户数据并防止恶意攻击。

2. 互操作性的方法

采用跨链协议、侧链、桥接、原子交换等方法实现不同区块链之间的互操作。

3. 互操作性的未来

- 预言机网络，向智能合约提供链下数据，使智能合约能与现实世界交互；
- 异构网络，互操作解决方案需要权衡具有不同共识机制、代币经济及治理模型的异构网络；
- 隐私与保密，保护用户隐私，确保在区块链上交互的数据的保密性是关键因素。

互操作智能合约、跨链通信对于释放区块链技术的潜力至关重要。利用多种方法解决面临的挑战，可以创建一个更加高效、互联的区块链网络和去中心化应用生态系统。

5.4 智能合约实践

下面编写并编译 Solidity 智能合约。

1. 设置开发环境

（1）安装 Node.js 和 NPM，确保你的系统上安装了 Node.js 及 Node 的包管理器 NPM。可以从如下网站下载并安装 https://nodejs.org/en。

（2）创建项目目录，给你的项目建立一个新目录。初始化 Node.js 项目，打开终端，导航到项目目录，然后运行以下命令：

```
npm init -y
```

2. 编写Solidity智能合约

在开发过程中，可使用一个集成开发环境（IDE），如 Visual Studio Code 搭配 Solidity 插件。

创建 Solidity 文件，在项目目录下创建一个新的.sol 文件，如 MyContract.sol。

编写合约代码，使用 Solidity 语法定义合约的变量、函数及逻辑。下面是一个简单的例子。

```
// SPDX-License-Identifier: MIT
// Author: Xingxiong Zhu, Email: zhuxx@pku.org.cn
pragma solidity ^0.8.0;

contract SimpleStorage {
    uint storedData;                    // 声明一个存储整数数据的变量
```

```solidity
    function set(uint x) public {              // 定义一个公共函数
        storedData = x;                         // 将传入的值存储到storedData变量中
    }

    function get() public view returns (uint) { // 定义一个公共视图函数
        return storedData;                      // 返回存储在storedData变量中的值
    }
}
```

3. 安装Solidity编译器solc

打开终端，运行下面的命令安装 Solidity 编译器 solc。

```
npm install -g solc
```

这会将 solc 安装到全局环境，方便在任意目录下使用。

4. 编译合约

```
solcjs MyContract.sol --bin --abi

MyContract_sol_SimpleStorage.bin
MyContract_sol_SimpleStorage.abi
```

solcjs 是 Solidity 编译器的一个版本，可以用它编译 MyContract.sol 文件。在终端中运行下面的命令编译文件：

```
solcjs MyContract.sol --bin --abi

MyContract_sol_SimpleStorage.bin
MyContract_sol_SimpleStorage.abi
```

编译后创建了两个文件，一个是.bin 文件，包含编译后的字节码，另一个是.abi 文件，其是合约的应用程序二进制接口。

5. 在线智能合约开发环境

Remix IDE 是一个线上的以太坊智能合约开发环境，网址是 https://remix.ethereum.org/。它不需要在本地安装，可以直接在浏览器中进行 Solidity 合约的编写、编译、部署和调试。

5.5 小　　结

本章介绍了智能合约的基本原理、设计事项及其实际应用，以及如何通过优化自动化流程、提高交易透明度、消除中介来改变传统的协议模式。

理论上，智能合约能执行图灵机可以执行的任何计算，这使得其功能众多且强大。智能合约是去中心化应用的关键构建块，可建立值得信赖、透明及安全的系统。它已经在供应链、金融等多个领域得到了应用。

Solidity 是一种专门为在以太坊区块链上编写智能合约而设计的高级编程语言。设计安全的智能合约对于预防重入攻击等漏洞至关重要。适当的测试、审计，对于识别和缓解潜在风险必不可少，有助于保障智能合约的可靠性和健壮性。

以太坊虚拟机是以太坊智能合约的执行环境，为执行字节码提供了沙盒环境。EOS 和超级账本 Fabric 为智能合约开发提供了不同的特性和权衡。

实现不同区块链平台之间的互操作性，在区块链间的无缝通信和资产转移至关重要。

智能合约代表区块链技术领域的重大进步，为开展新业务及自动化流程提供了新的模式，可以利用其强大的功能研发去中心化解决方案。随着技术不断发展，未来将会看到更多的智能合约突破性应用。

5.6 习　　题

一、选择题

1. 智能合约的主要功能是什么？（　　）

   A．在区块链上存储数据　　　　　　B．在区块链上执行代码

   C．创建新的加密货币　　　　　　　D．促进点对点交易

2. 以下哪个不是智能合约的限制？（　　）

   A．无法访问外部数据　　　　　　　B．重入攻击等潜在漏洞

   C．缺乏图灵完备性　　　　　　　　D．对区块链网络的依赖

3. 以下哪个是基于智能合约构建的去中心化应用的示例？（　　）

   A．社交媒体平台　　　　　　　　　B．加密货币交易所

   C．云存储服务　　　　　　　　　　D．文字处理器

二、论述题

1. 在智能合约的背景下论述图灵完备性对智能合约的能力及限制有哪些影响。

2. 比较以太坊虚拟机、EOS 和超级账本 Fabric 等平台在架构、共识机制和用例方面有哪些主要区别？

3. 论述创建跨不同区块链平台互操作的智能合约的挑战和机遇，这些挑战的潜在解决方案是什么？

4. 智能合约如何用于提高供应链管理中的透明度和可追溯性？

5. 论述智能合约的未来及其在各个行业中的应用潜力。

第6章 区块链的可扩展性和面临的挑战

区块链技术虽然具有创新性,但在可扩展性等方面面临着巨大挑战。本章将深入研究去中心化与可扩展性的权衡、增加块大小和交易吞吐量面临的挑战,以及应对这些问题的创新解决方案。了解这些限制,寻找解决方案,有助于研发者致力于创建可扩展性更高的区块链网络,释放创新技术的全部潜力。

6.1 当前区块链面临的技术瓶颈

本节将深入探讨限制当前区块链性能的瓶颈、去中心化与可扩展性之间的权衡、块大小和确认时间的限制,以及为解决这些挑战而开发的各种策略。

6.1.1 交易吞吐量限制与可扩展性困境

区块链技术在实现高交易吞吐量方面面临着巨大的挑战。下面将深入探讨基于交易吞吐量限制及解决可扩展性问题的权衡取舍。

1. 可扩展性三难困境

可扩展性三难困境是区块链设计中的一个基本概念,它假定难以同时实现以下3个属性:

- 去中心化:去中心化的区块链确保没有单个实体具有过度的影响力,而是在许多参与者之间维护对网络的控制。
- 可扩展性:可扩展的区块链能高效地处理大量交易。
- 安全性:安全的区块链能防止攻击并确保数据的完整性。

要平衡这3个属性,通常是增加一个会损害另一个。例如,增加去中心化,可能会降低可扩展性,而增加可扩展性,可能会损害安全性。

2. 当前区块链面临的限制

当前区块链面临以下几个限制，这些限制条件阻碍了它们实现高交易的吞吐量。

- 共识机制：工作量证明计算量大，限制了交易高吞吐量；权益证明可以提高可扩展性，但若财富过度集中则会损害去中心化；委托权益证明和实用拜占庭容错等在可扩展性、安全性及去中心化之间提供了不同的权衡。
- 块大小限制：单个区块的最大容量，限制了单块中的交易数量。增加块大小，可以提高区块链的可扩展性，但可能会导致区块生成时间延长并加剧网络拥塞。
- 网络延迟：交易在网络上传播所需的时间会限制交易吞吐量。改进基础设施及通信协议可以减少网络延迟。
- 数据存储：对于大型网络，存储整个区块链的历史数据是资源密集型的。修剪或分片有助于解决这个限制。

3. 解决可扩展性困境的方案

可扩展性解决方案如图 6-1 所示。

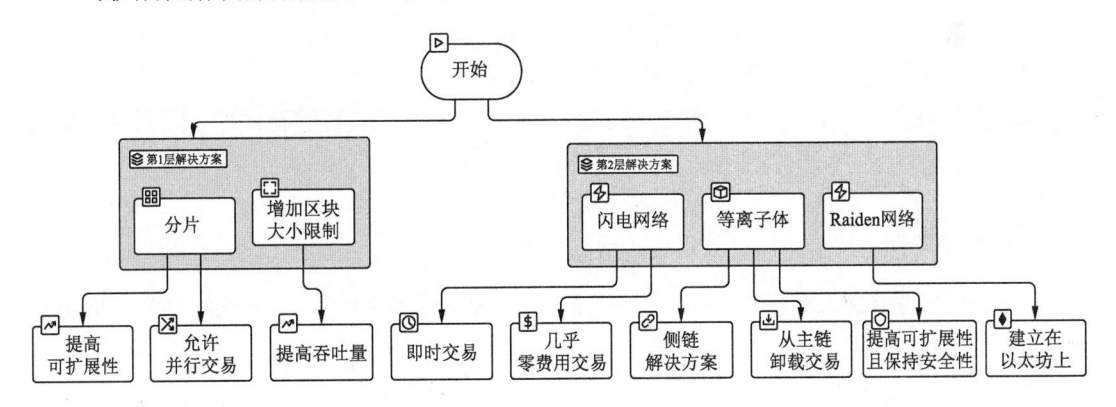

图 6-1 可扩展性解决方案

第 1 层解决方案是直接对区块链协议进行修改：将区块链划分成较小的分片，提高可扩展性和并行交易；增加区块的大小限制，提高吞吐量。

第 2 层解决方案是不改变底层区块链协议来提升性能。例如闪电网络是构建在比特币之上的支付网络，支持即时且几乎零费用的交易；Raiden 网络是建立在以太坊区块链上的支付网络；等离子体（Plasma）是一种侧链解决方案，从通过将交易卸载到侧链来提高可扩展性，同时保持主链的安全性。

混合解决方案是结合第 1 层和第 2 层解决方案，提供了一种平衡的方法来实现可扩展性，同时保持安全性和去中心化。

可扩展性三难困境是区块链技术面临的一项重大挑战。随着技术进步，有可能会出现新的解决方案，充分发挥区块链网络的潜力。

6.1.2 区块大小和交易确认时间

影响区块链网络可扩展性的两个关键因素是区块的大小和确认交易所需的时间。下面将探讨有关块大小限制和确认时间的持续争论。

1．区块的大小限制

区块的最大允许数据是许多区块链系统中的一个基本参数，它决定能包括在单个区块中的交易数量，进而影响整个网络的交易吞吐量。

2．增加块大小的论点

- 提高可扩展性，更大的块可容纳更多的交易；
- 降低交易费用，若块中包含更多的交易，竞争减少，可能会使交易费用降低。

3．反对增加块大小的论点

- 网络拥塞：更大的块可能会引起网络拥塞；
- 增加存储要求：更大的块会使节点存储成本更高；
- 安全问题：由于块中包含更多的交易，更难验证所有交易的有效性，因此网络更易受到攻击。

4．确认时间

确认时间是指交易被包含在一个块中并被视为安全所需的时间。更长的确认时间会影响用户体验并阻碍应用。

影响确认时间的因素有：
- 块大小：更大的块需要处理更多的交易，将增加确认时间；
- 网络拥塞：高网络流量将导致更长的确认时间，因矿工会优先处理交易费用更高的交易，这会增加普通交易的确认时间；
- 传播延迟：在网络上传播所需的时间也会影响确认时间。

5．平衡可扩展性和安全性

增加块大小可以提高区块链的可扩展性，但可能会损害其安全性；减少块大小可以提高区块链的安全性，但会限制其可扩展性。

6．解决方案

- 隔离见证：核心是将交易的签名数据从交易中分离出来，使每个区块可以包含更多的交易，从而提高区块链的交易处理能力。

- 分片：将区块链网络划分为多个子网络的技术，提高区块链的可扩展性，并行处理交易。分片技术可以分为网络分片（将网络中的节点分组，每个组负责维护一个分片）、交易分片（根据交易类型或账户地址将交易分配到不同的分片中）、状态分片（将区块链的状态数据如账户余额、智能合约数据等划分成多个子集，并划分到不同的分片中进行管理，类似于数据库分片）。

另外，潜在的解决方案有：等离子体（Plasma），属于侧链解决方案，其通过在主链之外创建多个子链来处理大量的交易和智能合约来减轻主链的负担。此外，状态通道允许参与者在链下交易并将最终状态提交到链上。

解决块大小和确认时间的矛盾，找到可扩展性和安全性的平衡至关重要。

6.1.3 去中心化与可扩展性：寻找恰当的平衡

去中心化与可扩展性之间的权衡是区块链设计中的一个挑战性问题。

1．去中心化面临的困境

去中心化对于区块链网络的安全性和信任度至关重要，确保没有单个实体控制网络。要实现高水平的去中心化非常有挑战性，尤其是在网络增长时。

2．影响去中心化的因素

- 节点分布：去中心化网络需要多样化且地理分布广泛的节点集合；共识机制的选择可以显著影响去中心化，通常认为工作量证明比权益证明更去中心化；
- 参与网络的经济激励应该旨在鼓励去中心化且防止集中化。

3．可扩展性的挑战

可扩展性指区块链网络处理大量交易的能力。随着用户和交易数量的上升，网络可能变得缓慢。

4．平衡去中心化和可扩展性

找到去中心化和可扩展性的恰当平衡是一项复杂的任务，需要仔细权衡网络的具体需求和目标。可以采用：将区块链划分成较小分片，提供其可扩展性；优化共识机制，提高区块链的可扩展性；采用状态通道、侧链等方案，将交易从主链上卸载，提高区块链的可扩展性。

5．区块链网络研究

- 比特币：优先考虑安全性、去中心化而不是可扩展性，在交易高峰时期网络速度较慢、费用高。

- 以太坊：通过使用状态通道、侧链、等离子体等方案，在提高可扩展性方面取得了重大进展。
- EOS：是一个优先考虑可扩展性的区块链平台，使用委托权益证明共识机制、分层架构来实现高交易吞吐量。

面对平衡去中心化和可扩展性的挑战，随着技术发展，将会出现更多的方案来解决这个难题。

6.2 第一层扩展解决方案

本节将探讨在协议层增强区块链网络可扩展性的关键方案，这些方案旨在解决当前区块链的限制，并释放其在各种应用中的潜力。

6.2.1 增加区块大小优化吞吐量

区块大小的增加及吞吐量的优化是提高区块链性能的关键策略。增加块大小的好处是可以将更多的交易打包进区块中，提高交易处理的效率。

1．增加块大小的具体方法

- 调整区块链协议参数：通过修改区块链协议中相关的参数来增加块大小。例如，增加最大块大小限制，调整块大小增长机制，即区块大小随时间或网络负载变化而调整的规则。
- 压缩交易数据：通过使用更有效的压缩算法，减少交易数据大小，从而将更多的交易放入一个块中。
- 优化共识算法：加快出块速度，从而提高吞吐量。

2．吞吐量优化技术

通过分片、状态通道、侧链等解决方案来提升整体吞吐量。通过批量交易，将多个交易合并成一个批次处理，减少交易处理时间和交易费用。

3．公式和计算

吞吐率表示每秒交易数，计算公式如下：

$$TPS = \frac{n}{t}$$

其中：TPS 代表吞吐率，表示每秒交易数；n 代表交易数量；t 代表处理这些交易所花费的时间，单位是秒；每秒处理的交易数量即吞吐率等于总交易数量除以所用的时间。

块大小与吞吐量的关系是块越大，可以容纳的交易越多，吞吐量就越高，但同时也易增加网络拥塞的风险。

交易费率与吞吐量的关系是较高的交易费率可以激励矿工优先处理交易，提高吞吐量，但是也会增加交易用户的成本。

4．应用分析

以太坊的扩容方案：以太坊正在积极探索各种扩容方案，包括分片、状态通道和侧链等。

比特币的扩容：比特币通过隔离见证（SegWit），即将交易的签名数据分离，存储在区块的见证数据区；通过闪电网络来提高可扩展性，交易不直接在主链上进行，而是两个用户开辟一个支付通道，交易在通道内进行，而通道内交易不记录在主链上，只有在通道关闭时，才将最终结算结果记录在区块链上。

通过合理的策略及技术的应用，可以显著提升区块链的交易处理能力，满足日益增长的需求。在优化吞吐量时，也需要权衡安全性、去中心化和用户体验等因素。

6.2.2　分片：跨节点分布式交易处理

分片是将区块链网络划分为多个较小的子网络（分片）的技术。每个分片能独立处理交易，从而显著提高网络的吞吐量。分片原理如图 6-2 所示。

1．分片的原理

- 数据分片，将区块链的状态数据划分为多个分片，每个分片包含一部分整体数据；
- 并行处理，在不同的分片上并行处理交易；
- 跨分片通信，在不同分片之间实现通信、协调；
- 共识，每个分片可使用自己的共识机制，确保分片内数据的安全性和一致性。

2．分片技术

分片技术可分为水平分片和垂直分片。其中，水平分片，根据交易类型或账户地址将数据进行分片，垂直分片根据数据类型进行分片；

- 状态分片根据账户或智能合约的状态进行分片。

3．分片的应用分析

以太坊正在开发一种名为以太坊 2.0 的分片解决方案，旨在显著提高系统的可扩展性。以太坊 2.0 的分片是将一个区块链网络分成多个子链，这些子链共享相同的共识机制。

Cosmos 使用模块化架构，允许不同的链进行分片。Cosmos 的分片是将多个独立的区块链通过 IBC 协议连接起来从而形成一个网络。

分片是扩展区块链网络扩展的一个比较有发展前景的方法，但仍面临许多挑战。未来的研究将会更多地提升分片技术，解决安全问题，并探索新的用例。

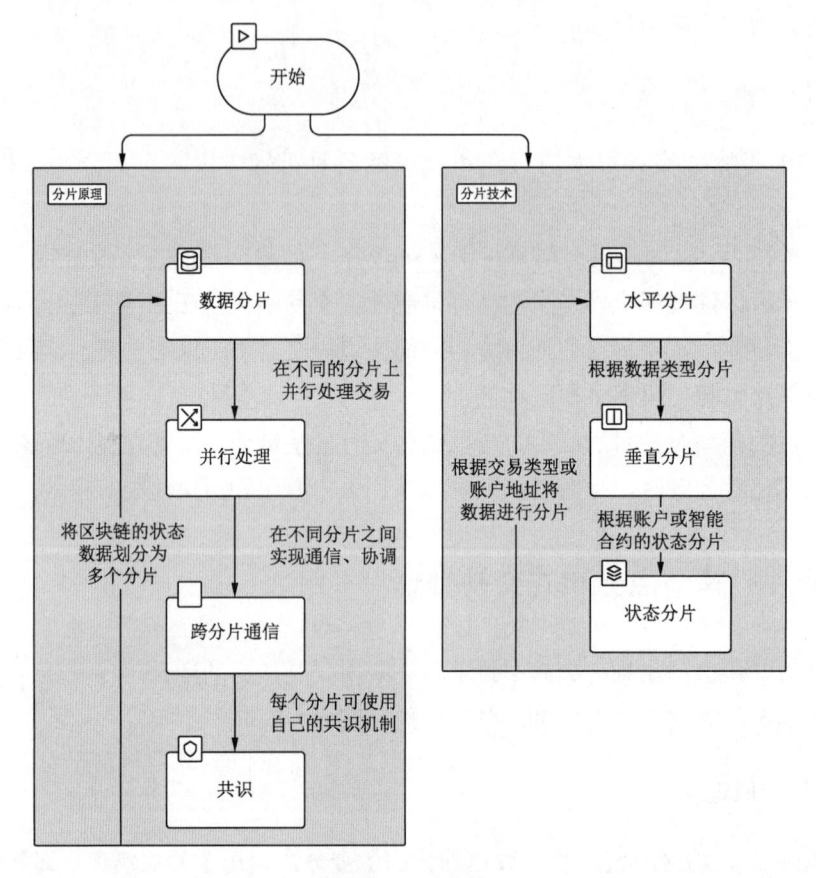

图 6-2 分片的原理

6.2.3 有向无环图用于更快的共识

有向无环图作为传统区块链结构的一种有前景的替代方案，具有更快的共识及更高的可扩展性潜力。

有向无环图是一种图数据结构，其中的节点代表交易或区块，边表示它们之间的依赖关系。与传统的区块链不同，有向无环图并行处理多个交易路径，从而提高交易吞吐量。

1. 基于有向无环图的共识机制

几种用于有向无环图的共识机制各有特点。

- Tangle 是物联网应用（IOTA）使用的有向无环图共识机制。它要求节点在创建新交易之前先验证两笔之前未确认的交易，从而形成一个有向无环图。它没有区块的概念,而是通过有向无环图的方式来记录交易。传统的区块链是线性结构,而 Tangle 是一个网状结构。
- Hashgrash 是一种基于 Gossip 协议的共识机制,通过节点间的信息交换来达成共识,使用有向无环图来表示网络中的事件顺序。

2. 有向无环图的优势

- 有向无环图能比传统的区块链结构更快地达成共识,因为多个交易可并行处理;
- 更高的可扩展性,有向无环图可以处理更多的交易且不会影响网络性能;
- 更快的确认时间,由于是并行处理,交易可以更快地得到确认。

3. 有向无环图的应用

有向无环图具有交易时间短及费用低的优势,适合微支付应用;有向无环图可以用于构建去中心化的物联网网络,实现设备间安全、高效地通信。

有向无环图是一个正在迅速发展的研究领域,未来的研究将专注于提高有向无环图共识机制的效率、安全性及可扩展性,探索有向无环图与传统区块链技术的集成也将是重要的研究方向。

6.3 第二层扩展解决方案

本节将探讨第二层扩展解决方案,包括用于链下交易的状态通道、支付通道,用于创建独立侧链的等离子体(Plasma)框架,以及用于批处理的交易汇总。这些方案旨在使区块链网络能处理更多交易,并支持更广泛的应用。

6.3.1 状态通道和支付通道用于链下交易

状态通道与支付通道是区块链扩容领域的两项重要技术,它们通过将部分交易转移到链下,而显著提高区块链的交易吞吐量并降低交易费用。状态通道流程图如图6-3所示。

1. 状态通道

状态通道是一种参与者在链下进行多次交易并在通道关闭时将最终状态提交到主链上的机制。它适用于频繁交易的场景,如支付、游戏及社交应用等。

2. 状态通道的工作原理

(1)通道创建,参与者在链上建立一个多签名合约,要求多个参与者共同签署交易后才能执行,并将资金锁定到该合约中,通道状态的更新需要所有参与者共同签署。

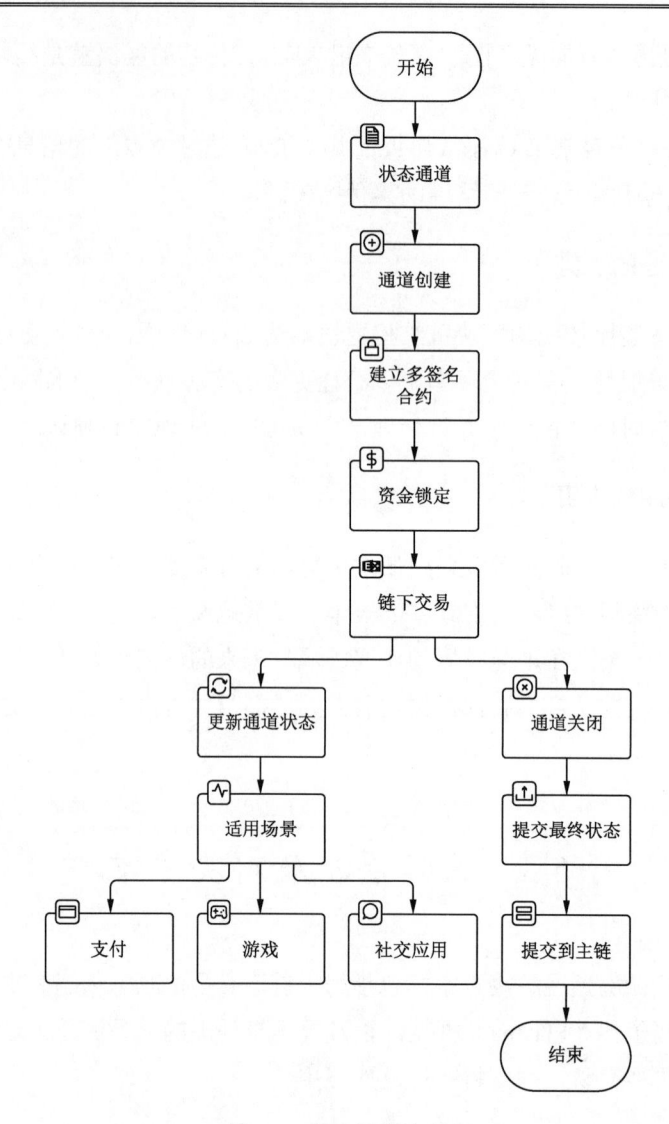

图 6-3 状态通道流程

（2）链下交易，参与者能在链下进行多次交易，更新通道的状态。

（3）通道关闭，当参与者要关闭通道时，将会在链上提交一个包含最终状态的交易。

3. 状态通道的优势

- 高吞吐量，链下交易可以实现即时结算，大幅提高交易速度；
- 低费用，链下交易不用支付链上交易费，降低了成本；
- 隐私性，链下交易可以提高交易的隐私性。

4. 支付通道

支付通道专门用于支付场景，是一种特殊的状态通道。支付通道通常为双向的，参与者能在通道内相互转账。

5．支付通道的工作原理

参与者在链上创建一个多签名合约，资金锁定在合约中。当参与者在链下多次转账时，将会更新通道中的余额。当参与者要关闭通道时，他们将会在链上提交一个包含最终余额的交易。

6．支付通道的优势

链下交易可以即时结算，支付通道交易的费用非常低且提高了交易的隐私性。

7．未来发展

扩展状态通道的功能，使状态通道能支持更加复杂的交易类型和应用场景；提高状态通道的安全性，探索新的安全机制，保护状态通道中的资金；降低状态通道的复杂性，开发更易使用的工具和框架。

通过进一步解决资金锁定、安全性和复杂性等挑战问题，状态通道、支付通道将在未来的区块链应用中发挥重要的作用。

6.3.2　等离子框架和交易汇总实现可扩展的智能合约

等离子体（Plasma）框架与交易汇总（Rollup）是两种重要的第二层解决方案，旨在提升区块链网络上的智能合约的可扩展性。通过这些技术将大量计算工作从主链中转移出来，从而提高了交易吞吐量且降低费用。

1．等离子体框架

等离子体框架用于创建各种侧链。等离子链是独立于主链运行的子链，但仍然锚定在主链上，以确保其安全性和方便结算。

2．等离子体框架的关键组件

- 等离子体现金：存储、交易非同质化代币（NFT）；
- 等离子体最小化可行产品即 MVP：提供了一种高效的支付系统；
- 等离子体组：一组能一起管理和协调的等离子体链。

3．交易汇总

交易汇总是指把多个交易捆绑到一个批次中并在链下处理，然后将此批次的处理结果发布到主链上进行网络验证。汇总的类型包括：乐观汇总，其是假设批次中的所有交易都是有效的，除非有人提出异议，则该批次交易受到质疑，然后转移到主链上解决；零知识证明汇总，其使用零知识证明来验证交易的有效性，无须公开交易数据。

通过将计算工作转移到侧链或进行批处理交易,可以提高交易吞吐量、降低用户的交易费用,并且支持更广泛的应用程序。

6.3.3 侧链:独立于主链的区块链

侧链是独立的区块链,锚定在主链,并在两条链之间转移资产和信息。侧链示意图如图 6-4 所示。

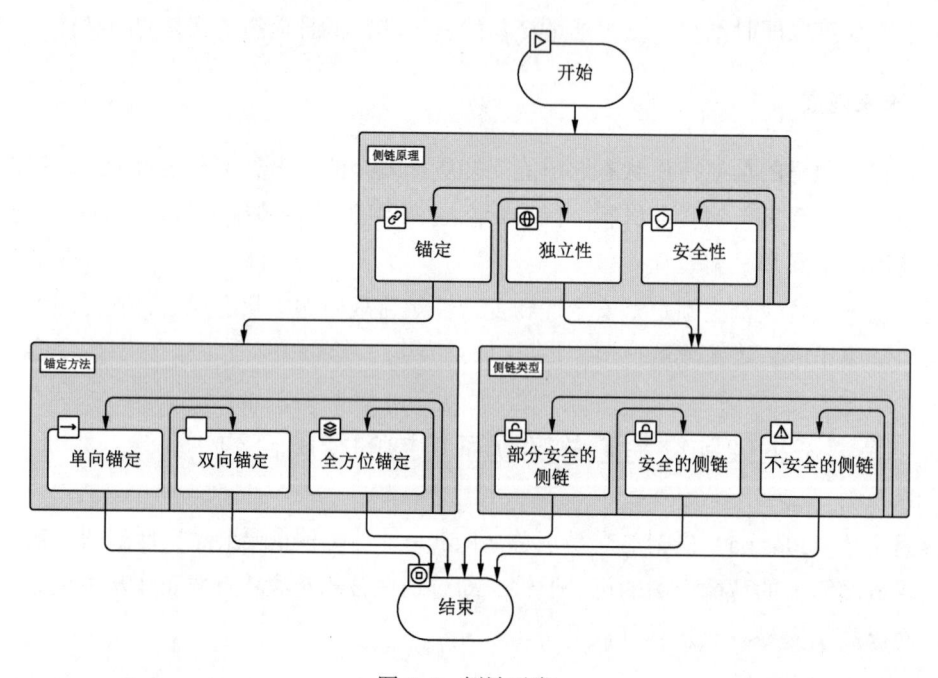

图 6-4 侧链示意

1. 侧链的原理

- 独立性:侧链作为独立的区块链网络,拥有自己的共识机制、交易验证规则及代币经济模型;
- 锚定:在主链上构建的锚定代表侧链上的资产,可以在两条链之间转移价值;
- 安全性:侧链的安全性源于主链的安全性,但侧链本身也面临安全风险,如安全漏洞。

2. 侧链的类型

- 安全的侧链,此侧链由主链完全保护,使用等离子体、乐观汇总等机制,确保交易的完整性;
- 部分安全的侧链,自身具有安全机制,但依赖主链解决争议;
- 不安全侧链,没有主链的安全保证,完全依靠自身的安全机制。

3. 锚定的方法

- 双向锚定，资产能在主链、侧链之间双向转移；
- 单向锚定，资产只能从主链转移到侧链；
- 全方位锚定，可在单个侧链上锚定多种不同的资产。

4. 侧链的用例

侧链可以从主链上卸载交易，提高网络的可扩展性并减少主链的拥塞；侧链能为交易提供高级别的隐私保护，将它们与主链隔离；侧链可以针对特定应用的需求进行定制。

侧链为区块链网络提供了新的扩展和创新机会。

6.4 区块链可扩展性实践

分片 Blob 交易，是以太坊 2.0 中引入的一种特殊的交易类型，旨在提高网络的可扩展性并降低用户的交易费用。它们专为有效地携带大量数据而设计。Blob 数据存储在链下（指非主以太坊链），它们不是直接在主以太坊链上执行。Blob 是一种用于存储大量数据的机制，能用于多种 Layer2 解决方案，包括 Rollup。Rollup 是一种通过将多个交易打包成一个批次来提高交易吞吐量的解决方案，它可以利用 Blob 来存储一些不适合在 Rollup 链上计算的数据。

分片 Blob 交易的工作原理：用户创建一个分片 Blob 交易，指定要包含的数据及所需的分片；交易在指定的分片上执行，该分片是以太坊 2.0 网络中的并行链；分片根据交易更新其状态，记录对账户、合约或其他数据的任何修改，然后生成一个默克尔证明，以证明交易已在分片上正确处理；分片将状态承诺（commitment）和 Merkle 证明提交到主以太坊链上；主链验证 Merkle 证明和状态承诺，如果有效，则认为交易已确定。

下面是 go-ethereum 软件库中 blobpool.go 的部分源码分析。

```
package blobpool
import (
    "container/heap"
    …
)

const (
    // blobSize 是单个Blob的字节大小，一个交易可以嵌入多个Blob中
    blobSize = params.BlobTxFieldElementsPerBlob * params.BlobTxBytesPerFieldElement
    // 一个交易允许包含的最大Blob数量
    maxBlobsPerTransaction = params.MaxBlobGasPerBlock / params.BlobTxBlobGasPerBlob
    // txAvgSize 代表每个Blob交易的平均元数据大小，以字节为单位
    txAvgSize = 4 * 1024
```

```go
    // 单个交易的最大大小
    txMaxSize = 1024 * 1024
    // 从单个账户接收的 Blob 交易的最大数量
    maxTxsPerAccount = 16
    // 存储当前排队的 Blob 交易的子文件夹
    pendingTransactionStore = "queue"
    // 存储未最终确定的 Blob 交易的子文件夹
    limboedTransactionStore = "limbo"
)

// blobTxMeta 是 types.BlobTx 的最小子集，用于验证和调度 Blob 交易
type blobTxMeta struct {
    hash common.Hash          // Blob 交易的哈希值
    id uint64                 // Blob 交易的唯一标识符
    size uint32               // Blob 交易的大小，以字节为单位
    // 交易 nonce 为一个计数器，用于标识交易顺序，确保交易在账户内按正确顺序执行
    nonce uint64
    costCap *uint256.Int      // 成本上限，用于验证累计余额是否充足
    execTipCap *uint256.Int   // 表示用户愿意为一个交易支付的最大 Gas 提示
    execFeeCap *uint256.Int   // 执行费用上限
    blobFeeCap *uint256.Int   // Blob 费用上限
    execGas uint64            // 交易执行所需的 Gas 数量
    blobGas uint64            // 在读取 Blob 数据之前检查 Blob Gas 的有效性
    basefeeJumps float64      // 达到指定交易费用上限所需的基础费用调整次数
    blobfeeJumps float64      // 达到 Blob 费用上限所需的费用调整次数
    evictionExecTip *uint256.Int // 先前所有交易的最低 Gas 提示
    // 先前所有交易的最低基本费用（调整基本费用的增量变化）
    evictionExecFeeJumps float64
    // 先前所有交易的最低 Blob 费用（调整 Blob 费用的增量变化）
    evictionBlobFeeJumps float64
}

// 根据共识规则，检查交易是否有效，以及是否符合条件限制
func (p *BlobPool) validateTx(tx *types.Transaction) error {
    // 确保交易符合基本池过滤器（类型、大小及提示等）和共识规则
    baseOpts := &txpool.ValidationOptions{
        Config: p.chain.Config(),
        Accept: 1 << types.BlobTxType,      //只接受 Blob 类型的交易
        MaxSize: txMaxSize,                  // 最大交易大小
        MinTip: p.gasTip.ToBig(),            //最小 Gas 提示
    }
    if err := txpool.ValidateTransaction(tx, p.head, p.signer, baseOpts); err != nil {
        return err
    }
    // 确保交易符合状态池过滤器（nonce、余额）
    stateOpts := &txpool.ValidationOptionsWithState{
        State: p.state,

        FirstNonceGap: func(addr common.Address) uint64 {
            return p.state.GetNonce(addr) + uint64(len(p.index[addr]))
        },
        UsedAndLeftSlots: func(addr common.Address) (int, int) {
            have := len(p.index[addr])       // 已经存在的交易数量
            if have >= maxTxsPerAccount {
```

```
                return have, 0                        // 达到该账户允许的最大交易数
            }
            return have, maxTxsPerAccount - have      // 还可以放入的交易数量
        },
        ExistingExpenditure: func(addr common.Address) *big.Int {
            if spent := p.spent[addr]; spent != nil {
                return spent.ToBig()                  // 已经花费的金额
            }
            return new(big.Int)                       // 没有花费
        },
        …
    }
    return nil
}
```

blobpool.go 负责管理 Blob 交易池。它的关键功能包括交易存储、交易验证、交易选择、批次创建、状态管理、与主链的通信和驱逐策略等确保 Blob 交易得到有效、公平的处理。

6.5 小　　结

本章探讨了当前区块链面临的可扩展性挑战和解决这些挑战的各种方案，以及如何在去中心化、安全性与可扩展性之间权衡、传统区块链设计的限制条件等。分片和基于有向无环图旨在提高底层区块链协议的性能。而状态通道、Rollup 和侧链专注于链下处理以减少主链上的负载。

了解这些扩展解决方案，有助于为设计、实现可扩展的区块链应用程序做出明智的决策。随着区块链技术的进步，我们有望看到结合使用第 1 层和第 2 层的解决方案来解决区块链的可扩展性面临的挑战。

6.6 习　　题

一、选择题

1．以下哪个不是区块链可扩展性的核心挑战？（　　）
   A．交易吞吐量限制　　　　　　　　　　B．块大小争论
   C．共识算法　　　　　　　　　　　　　D．网络延迟

2．什么是可扩展性三难困境？（　　）
   A．安全性、去中心化和可扩展性之间的权衡　　B．增加块大小的方法
   C．分片区块链技术　　　　　　　　　　D．用于更快处理交易的共识机制

3. 分片的主要目的是什么？（　　）

A. 增加块大小　　　　　　　　　　B. 在多个节点间分发交易处理

C. 使用有向无环图进行更快的共识　D. 创建链下支付通道

4. 使用侧链进行扩展的主要的优势是什么？（　　）

A. 降低交易费用　　　　　　　　　B. 提高安全性

C. 提高去中心化　　　　　　　　　D. 更快的共识

二、论述题

1. 论述区块链系统去中心化、安全性和可扩展性的权衡。
2. 比较不同的区块链扩展方法，包括第1层和第2层解决方案。
3. 有向无环图共识算法的优势和潜在应用是什么？
4. 区块链可扩展性的潜在未来趋势和发展是什么？

第 7 章 区块链高级架构

本章将详细介绍高级区块链架构的相关内容，研究用于企业用例的许可区块链，分析超级账本 Fabric 平台和实用拜占庭容错、Raft 等共识机制，然后探讨互操作区块链及其在塑造未来 Web3 中的作用，以及 Cosmos 和 Polkadot 等协议在孤立区块链网络之间的通信。此外，还将介绍零知识证明、环签名和机密交易等技术，在实现区块链功能的同时，如何保护好用户隐私。

7.1 企业应用许可链

本节将介绍企业应用许可链的相关知识，包括超级账本 Fabric 联盟链平台、许可链共识机制、身份管理和访问控制机制等内容，透彻解析面向企业应用的许可链。企业应用许可链示意图如图 7-1 所示。

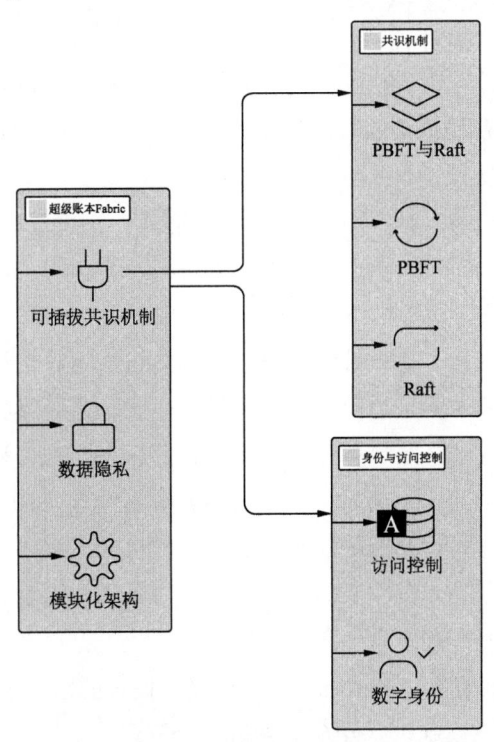

图 7-1 企业应用许可链示意

7.1.1 超级账本 Fabric：联盟链平台

在不断发展的区块链技术领域，超级账本（Hyperledger）Fabric 作为专为企业应用设计的许可型区块链平台应运而生，不同于比特币或以太坊等公共区块链，超级账本 Fabric 实现了联盟的业务需求，即一组预定义的组织能够在共享账本上协同工作。本节将介绍超级账本 Fabric 的架构、核心功能以及它在联盟环境中的潜力。

1. 模块化架构，增强灵活性

超级账本 Fabric 具有模块化架构，允许高度的灵活性和可配置性。这种模块化方式将平台分解成各种组件。超级账本 Fabric 模块化架构如图 7-2 所示。

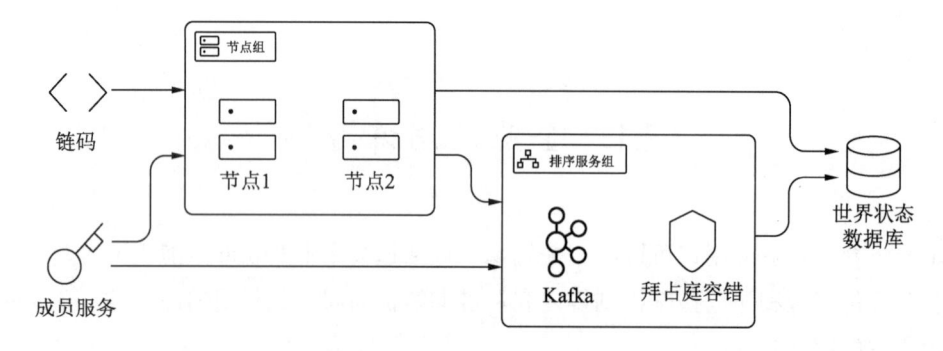

图 7-2　超级账本 Fabric 模块化架构

- 链码（Chaincode）：是 Fabric 上应用逻辑的可编程化。链码是智能合约，用于定义联盟内交易要符合的规则流程。开发者能使用包括 Go、Java 与 Node.js 等各种编程语言编写链码，实现互操作性。
- 对等节点（Peer Nodes）：网络的基本构建模块，负责运行链码、存储账本及背书交易。联盟中的每一个成员组织能够托管一个或者多个对等节点实现账本的分布式特征。
- 排序服务：和依靠工作量证明或权益证明等共识机制对交易进行排序的公共区块链不同，超级账本 Fabric 采用可插拔排序服务，该服务确保交易在添加到账本中之前按照特定顺序排序。排序服务组包括多个排序服务节点，联盟成员可以根据其特定需求选择最合适的排序服务，如 Kafka 或拜占庭容错（BFT）共识机制。
- 世界状态数据库（World State Database）：用作分布式账本，存储联盟管理的所有资产和数据的当前状态。在各个对等节点维护 World 状态数据库的本地副本，确保数据信息的一致性和备份。
- 成员服务：管理联盟参与者的身份，保障仅被授权的组织能够加入网络，参与交易，利用公共密钥基础设施进行安全的身份识别管理。

超级账本 Fabric 模块化架构使开发者可以依据联盟的特定需求，选择合适的部件和配置来创建安全、可扩展且高效的平台进行协作活动。

2. 敏感数据的隐私性

在联盟环境中运营的企业面临的重要问题之一是数据隐私性。超级账本Fabric采用多管齐下的办法来解决这个问题。

- 私有通道，超级账本Fabric上的交易发生在私有通道上，对参与者的可见性有限制，确保敏感数据对未授权方保密，仅参与特定交易的联盟成员才能查看该私有通道上的信息详情。
- 机密交易，可对交易数据选择性展示。尽管交易是透明的，但仅拥有适当解密密钥的授权参与者方能查看交易的特定细节，比如价值、内容等。
- 超级账本Fabric运用隐私保护机制有效地处理好各种类型的敏感数据，包括财务记录、知识产权信息和供应链信息等敏感内容，保护用户的隐私和商业机密。

3. 可插拔共识机制

超级账本Fabric利用可插拔的排序服务，让联盟可以选择最适合的共识机制。下面是一些流行的选项。

- Kafka排序服务：Kafka提供一种轻量级并可扩展的排序服务，适用于需要低延迟和高吞吐量的联盟应用场景。Kafka在交易排序的基础上再分发到对等节点上，以保证数据的完整性和正确性。
- 拜占庭容错共识：该共识机制具有较强大的容错能力，对安全性有较高要求的联盟应用来说较适用。拜占庭容错保障即使某些节点出现故障或企图操纵系统，其他达到一定占比的诚实节点也可以同意交易的顺序并执行。其是业界目前较为可靠的共识机制之一。

超级账本Fabric在不断地进化中，以融合新的创新共识机制，为满足各种联盟的需求而不断发展。

7.1.2 许可链的共识机制：实用拜占庭容错和Raft

许可链在企业联盟和去中心化应用开发中占有举足轻重的地位，而共识机制是保障参与者之间账本状态达成一致的关键要素之一。本节将围绕实用拜占庭容错算法和Raft算法进行介绍，并对其应用的业务场景予以剖析，帮助读者了解并选择适用的共识算法。

1. 实用拜占庭容错

实用拜占庭容错是一种经典的共识机制，设计初衷用于容忍拜占庭将军问题中出现的拜占庭故障。在拜占庭将军问题中，将军需要就攻击计划达成一致，但其中一些将军可能是叛徒（拜占庭节点）或无法通信（崩溃节点）。实用拜占庭容错可以确保当节点存在恶意行为或者节点出现故障时，诚实节点还能够针对消息达成一致。

1）实用拜占庭容错的工作原理

实用拜占庭容错的工作原理如图 7-3 所示。

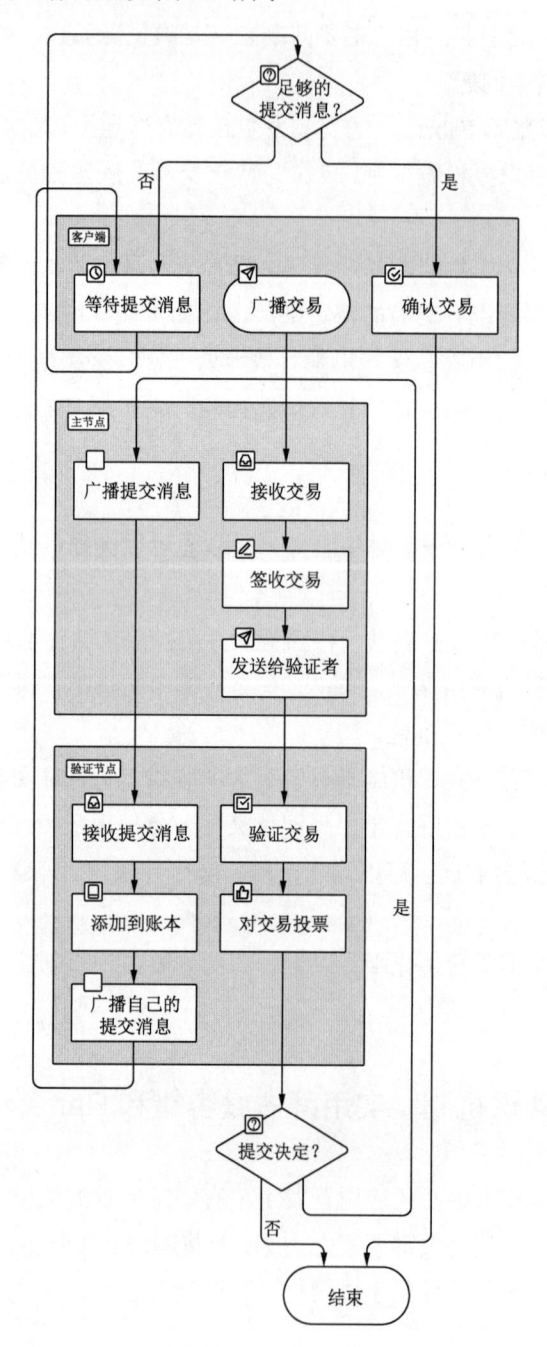

图 7-3 实用拜占庭容错的工作原理

实用拜占庭容错协议遵循以下基本步骤：

（1）广播交易信息，客户端向各验证节点广泛传播交易信息。

（2）预备阶段，主节点（由共识机制选定）在向其他验证节点发送消息前接收交易并签名。各验证节点对该交易的有效性进行独立核查，投票是否受理该交易。

（3）提交阶段，如果超过 2/3 的验证节点对该交易投了赞成票，则主节点会广播一条"提交"消息。也就是说，如果系统中有 N 个节点，那么至少需要达成一致的节点数为 $2N/3 + 1$。在收到"提交"信息后，其他验证节点也会在账本中加入该交易，并广播自己的"提交"消息。

（4）回复阶段，客户端等待来自足够数量的验证节点的"提交"消息，然后确认交易已成功提交给账本。

实用拜占庭容错的核心思想是通过冗余通信和投票机制来确保诚实节点就交易达成一致。恶意节点的欺骗行为将被其他诚实节点识破，并最终被系统排除在外。

2）实用拜占庭容错的优缺点

❏ 优点：效率高，实用拜占庭容错是一种相对高效率的共识机制，可应用于需要较快达成交易的许可链网络；容错，实用拜占庭容错在即使出现一定数量的故障节点或者存在部分恶意行为，也能维持网络的正常运行；易懂，对于开发人员，实用拜占庭容错的核心概念易理解。

❏ 缺点：可扩展性受限，实用拜占庭容错的性能随着验证节点数量的增加而下降，限制了其在大规模网络中的应用；单点故障风险，主节点扮演着关键角色，如果主节点发生故障，则整个网络可能会停止运行。

2．Raft算法

Raft 是一种用于分布式一致性问题的共识算法，与实用拜占庭容错相比，它更容易扩展，实现也更简单。Raft 算法通过选举出一个称为领导者（Leader）的节点来协调其他节点跟随者（Followers）的行为。

1）Raft 算法的工作原理

Raft 算法的工作原理如图 7-4 所示。Raft 算法按照以下基本步骤执行：

（1）选举领导节点。系统会对领导节点进行周期性选举，通过心跳信号和其他机制来确保最终仅一个领导者被选出。

（2）客户端发出提案，客户端向领导者发送交易。

（3）领导节点复制提案。领导节点向跟随者节点广泛传播收到的交易信息。

（4）跟随节点投票。跟随节点会验证提案的有效性并将投票信息发送至领导节点。

（5）领导节点提交提案。如果领导者收到来自各跟随者过半数量的赞成票，即系统有 N 个节点，则至少需要 $N/2 + 1$ 个节点同意，然后会将该交易提交到自己的账本中并且广播"提交"消息。

（6）写入账本：跟随节点收到领导节点"提交"的信息后，将该交易信息写到自己的账本上。

Raft 算法通过领导者-跟随者模型简化了共识过程，并且领导者的选举和更换机制提高了系统的可扩展性和容错性。

2）Raft 算法的优缺点

Raft 算法的优势：可扩展性高，随着节点数量的增加，Raft 算法的性能并不会大幅下降，这使得其在大规模许可链网络中占有优势；领导节点的选出过程去中心化、动态化，降低了单点失效风险；Raft 算法的实现比 PBFT 更高效、更易理解和部署。

Raft 算法的劣势如下：在小规模网络中，Raft 算法的性能略低于 PBFT；虽然 Raft 具有领导者选举机制，但是领导者故障可能会导致系统性能下降或短暂中断。

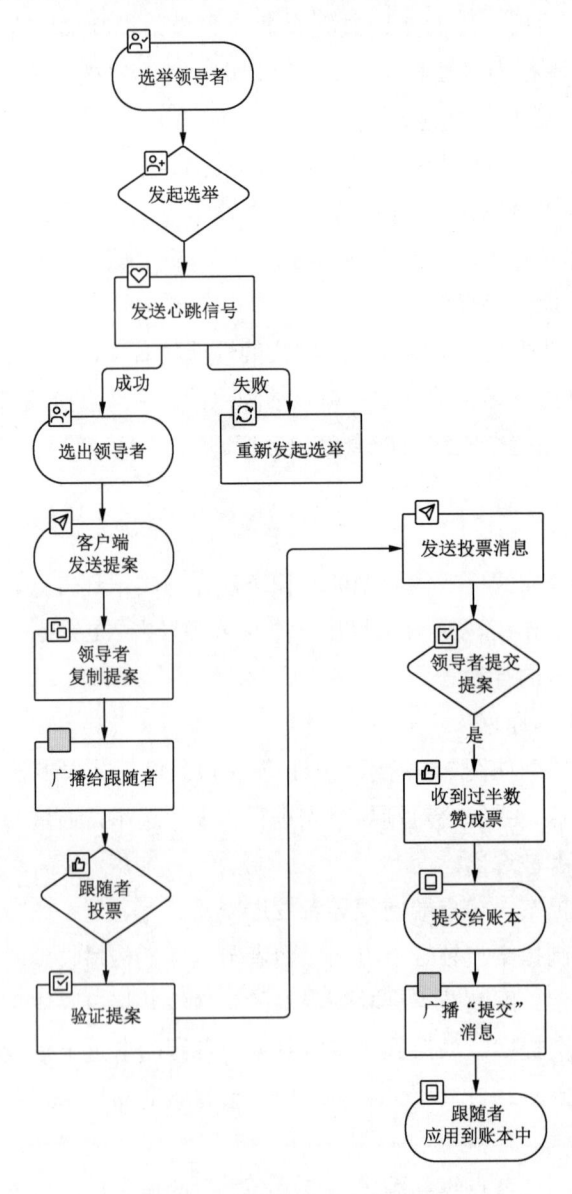

图 7-4 Raft 算法的工作原理

3. 实用拜占庭容错与Raft：应用场景抉择

实用拜占庭容错和Raft都是高效且实用的共识机制，可用于不同的业务场景。以下是共识机制选型依据。

- 网络规模：在较小的应用规模中，实用拜占庭容错有较高的性能与确定性。但在较大规模网络中，Raft由于具有高可扩展性而更有优势。
- 容错需求：实用拜占庭容错能够提供更强的容错能力，确保系统顺利运行。
- 实现复杂性：Raft的实现相对较简单，研发难度较低，开发者容易实现。

在实际应用中，规划设计者应综合考虑网络应用规模、节点容错需求、交易性能需求和研发成本等多种因素，选择和业务相适应的共识机制。

4. 许可链共识机制的发展

许可链技术正在不断发展，以下是值得关注的几个发展新趋势：

- 提高系统交易吞吐量并减少延迟；
- 对拜占庭容错算法进行优化并提升系统对恶意攻击的健壮性；
- 研究异构共识机制，发挥各种算法优势，创新更加高效灵活的共识机制。

许可链共识机制是区块链技术的重要基石，应增强共识机制的效率，推动许可链发挥更大的作用，促进去中心化应用蓬勃发展。

7.1.3 身份管理与访问控制机制

在基于区块链技术的应用网络中，对参与者的身份识别与管理非常重要。有效的身份管理和访问控制机制，能保障仅授权用户可以访问特定的资源和执行相应的操作，提高系统的安全性和可信赖性。本节将介绍许可链常用身份管理和访问控制机制，并剖析其优缺点，分析未来发展趋势。身份管理与访问控制机制示意图如图7-5所示。

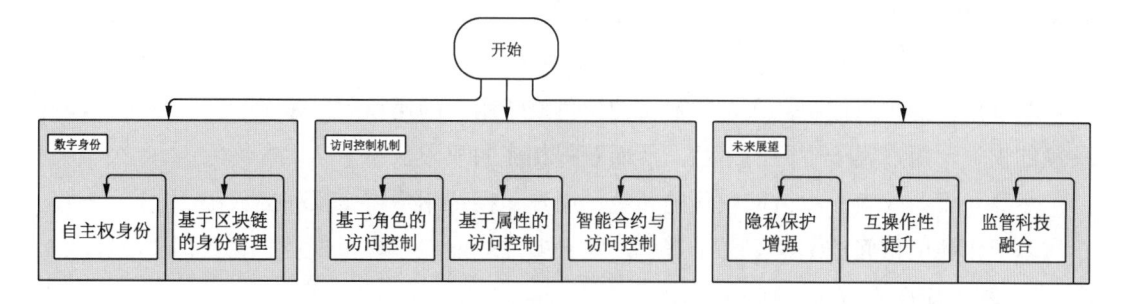

图7-5 身份管理与访问控制机制示意

1. 数字身份

数字身份是一种虚拟凭证，它既包含基本的用户信息，又涵盖用户的角色、属性与权限等信息,用于标识区块链应用中的参与者。有效的身份识别管理服务能确保身份的真实性与不可伪造性。

1)自主权身份

自主权身份赋予用户对自身数字身份的完全控制权,是一种新型身份管理范式。用户可以自主进行数字身份信息的创建、管理和共享,打破原来由中心机构完全掌控身份的模式。

- 核心原则:用户控制,用户对身份信息予以管理;易移植性,用户能够将数字身份在不同的区块链之间应用;互操作性,可在不同自主权身份系统之间识别和验证数字身份。
- 身份技术栈:分布式身份标识符是去中心化识别符,用于唯一标记用户;可验证凭证是由可信的发行者签发,证明用户具有某种属性或权限;分布式的身份钱包用于对用户的分布式身份进行标识及可验证凭证的软件程序的存储和管理。

自主权身份的应用前景广阔,可用于打造更加安全、透明和用户自主掌控的数字身份生态系统。

2)基于区块链的身份管理

区块链已经成为构建可信赖的数字身份系统的理想平台,其优势有:保障用户身份数据的不可篡改;在区块链上公开可查询所有身份相关操作和变更记录;区块链上的可信赖发行者将可验证的凭证发放给用户。

面临挑战:身份信息的可用性与用户信息隐私保护的适度平衡尚待解决;需增强技术创新,以满足监管要求。

区块链身份管理技术的创新发展,将对身份认证和信任建立方式产生深远影响。

2. 访问控制机制

访问控制机制是一个定义和执行访问权限的策略集合,用于控制用户或应用程序访问特定资源的权限。在区块链系统中,访问控制机制能确保仅授权用户进行特定的操作,防止未经授权的使用。

1)基于角色的访问控制

基于角色的访问控制,通过预定义的角色授予用户使用权限。每个角色具备一组与其关联的权限,用户属于不同的角色,从而获得相应的权限。

主要元素:代表一组访问权限的角色、用户、授予用户特定操作的权限。

基于角色的访问控制模型易于理解,对一般的企业应用许可链业务场景都适用。

2)基于属性的访问控制

基于属性访问控制模型根据用户的属性动态给予访问权限。其访问控制基于用户的属性和资源特征进行定义。

基于属性访问控制的元素有:主体属性,包括身份、角色与信用评分等用户拥有的属性;对象属性,包括数据类型、敏感级别等被操作对象的属性;行为属性,如读取、写入、删除属性；环境属性，包括时间、地点等属性；控制策略，定义操作控制规则的策略，如信用评分大于 800 的用户可以查询高级别的数据。

基于属性的访问控制更加灵活，可实现细粒度的访问控制，对安全性和合规性要求高的业务较适用。

3）智能合约与访问控制

智能合约既能执行业务逻辑，又能定义和实施访问控制策略。利用智能合约可以动态地评估用户属性和资源属性，并依据访问控制规则授予或拒绝访问权限。

智能合约的优势：智能合约的可编程性使其能够对复杂的访问控制逻辑进行灵活定义；智能合约能够以自动化的方式减少人工干预；智能合约具备高透明度和公开的访问控制细则，并支持审计与验证。

智能合约的挑战：存在合约漏洞被恶意利用的风险；易升级性方面存在部署后修改困难的问题。

许可链智能合约与访问控制的结合，提供了更加灵活高效的访问控制手段，提高了整个网络的安全性。

3. 未来展望

身份管理与访问控制机制是实现许可链安全和可信赖的基石。身份管理与访问控制机制的未来发展趋势主要体现在：隐私保护增强，创新密码学新算法、零知识证明等前沿技术，保障安全和保护用户隐私；提升互操作性，打破数据孤岛，在不同区块链平台之间实现互操作，促进区块链的生态发展，提升互联互通；融合监管科技，结合区块链技术与监管科技，构建符合监管要求的高可信赖身份管理与访问控制体系。

随着区块链技术不断演进，身份管理和访问控制机制将日益发展，为许可链网络的安全、可信赖和互操作性提供强有力的保障。

7.1.4 超级账本 Fabric：网络、通道和链码

1. 设置超级账本Fabric网络

要求：已安装 Docker 和 Dockers Compose；已复制了 Fabric-samples Git 代码仓库。

下面介绍应用 Fabric 的大致流程。

1）网络配置文件

在 network.sh 脚本中指定了两个 Docker Compose 文件（COMPOSE_FILES="-f compose/${COMPOSE_FILE_BASE}-f compose/$CONTAINER_CLI}/${CONTAINER_CLI}-${COMPOSE_FILE_BASE}"），这些文件会传递给 docker-compose 命令。下面是 compose/compose-test-net.yaml 文件示例。

```yaml
# 版本号，指定 YAML 文件的格式版本
Version: '3.7'

services:
  # 定义服务，用于运行排序节点
  orderer.example.com:
    image: hyperledger/fabric-orderer:latest
    container_name: orderer.example.com
    # 把容器 7050 端口映射到主机的 7050 端口
    ports:
      - 7050:7050
    environment:
      - FABRIC_LOGGING_SPEC=INFO
      - ORDERER_GENERAL_LISTENADDRESS=0.0.0.0
      - ORDERER_GENERAL_LISTENPORT=7050
      - ORDERER_GENERAL_LOCALMSPID=OrdererMSP
      - ORDERER_GENERAL_LOCALMSPDIR=/var/hyperledger/orderer/msp
      ...

  # 定义服务，用于运行对等节点
  peer0.org1.example.com:
    image: hyperledger/fabric-peer:latest
    container_name: peer0.org1.example.com
    ports:
      - 7051:7051
    environment:

      - FABRIC_CFG_PATH=/etc/hyperledger/peercfg
      - FABRIC_LOGGING_SPEC=INFO
      - CORE_PEER_TLS_ENABLED=true
      - CORE_PEER_PROFILE_ENABLED=false
      - CORE_PEER_TLS_CERT_FILE=/etc/hyperledger/fabric/tls/server.crt
      - CORE_PEER_TLS_KEY_FILE=/etc/hyperledger/fabric/tls/server.key
      - CORE_PEER_TLS_ROOTCERT_FILE=/etc/hyperledger/fabric/tls/ca.crt
      - CORE_PEER_ID=peer0.org1.example.com
      - CORE_PEER_ADDRESS=peer0.org1.example.com:7051
      ...

  #其他对等节点和组织
...
```

2）启动网络

启动 Docker Compose 在后台运行。Docker Compose 会依据配置文件 compose/compose-test-net.yaml 及 compose/docker/docker-compose-test-net.yaml 来启动该容器。

```bash
# Bash 命令，用于启动网络
docker-compse up -d
```

2. 创建通道

创建一个新的通道。

```bash
# Bash 命令，用于创建一个新的通道
peer channel create -o orderer.example.com:7050 -c mychannel -f ./channel.json
```

加入指定的通道。

```
# Bash 命令，用于加入指定的通道
peer channel join -b mychannel.block
```

3. 安装和实例化链码

将链码打包，将指定的链码文件生成.tar.gz 格式的文件。

```
# Bash 命令，用于打包链码
peer chaincode package -f chaincode.go -p chaincode -outputChannel mychannel.code.tar.gz
```

安装链码并把链码文件安装到对等节点上。

```
# Bash 命令，用于安装链码
peer chaincode install -n mycc -v 1.0 -p chaincode -outputChannel mychainnel.code.tar.gz
```

在通道中实例化链码。

```
# 实例化链码
peer chaincode instantiate -o orderer.example.com:7050 -C mychannel -n mycc -v 1.0 -c '{"Args":["init"]} ' -P "OR ('Org1MSP.Member')"
```

4. 调用链码函数

调用链码函数并传递参数。

```
# 调用链码函数
peer chaincode invoke -o orderer.example.com:7050 -C mychannel -n mycc -c '{"Args":["invoke", "myfunc", "arg1","arg2"]} '
```

调用查询函数查询链码状态。

```
# 查询链码状态
peer chaincode query -o orderer.example.com:7050 -C mychannel -n mycc -c '{"Args":["query","myfunc"]} '
```

7.2 互操作区块链和 Web3 的发展趋势

本节将从互操作区块链的角度介绍 Web3 的未来发展，深入研究跨链通信协议，分析其使独立的区块链网络之间交互的原理。然后介绍互操作智能合约及其对去中心化交易的影响。最后介绍 Web3 作为一个统一的区块链生态系统的核心要素、面临的挑战和发展。

7.2.1 跨链通信协议：Cosmos 和 Polkadot

随着区块链技术的发展，区块链网络纷纷涌现。然而，这些网络独立运行，彼此间缺乏互操作性，如诸多孤岛，限制了区块链的效用。跨链通信协议（Inter-Blockchain Communication Protocol，IBC）的出现，打破了这些孤岛，使得区块链网络之间可以安全、高效地交换信息。本节将介绍跨链通信协议 Cosmos 和 Polkadot，剖析其架构、原理及优缺点，分析其在区块链互联互通中所起的作用。

1. Cosmos：基于应用层协议的互操作性

Cosmos 目标是打造一个"万链互联"的区块链生态系统，通过模块化和可扩展的协议栈，实现异构区块链网络间的互操作性。Cosmos 通过将共识层和应用层分离，使得每个独立的区块链和应用程序特定链（AppChain）有自己的共识机制，并且通过跨链通信协议与其他链进行交互。

1）Cosmos 的架构

Cosmos 的架构如图 7-6 所示。

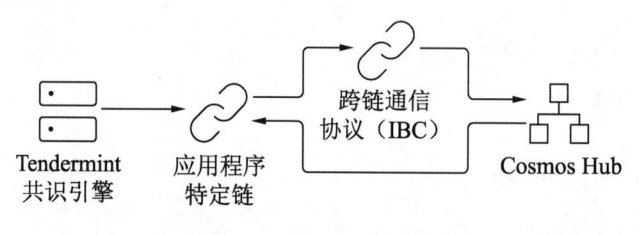

图 7-6　Cosmos 架构

- Tendermint 共识引擎：一种高效的 BFT 共识引擎，为 AppChain 提供安全、高速的共识机制。
- 应用程序特定链：每个 AppChain 根据其特定需求，采用不同的共识机制和智能合约语言。
- 跨链通信协议：是 Cosmos 的核心组件，IBC 协议允许在 AppChain 间安全地交换信息和资产。IBC 使用轻量级客户端的验证机制，不需要信任中继节点，提高了安全性。
- Cosmos Hub：Cosmos 网络的中心，负责治理、IBC 中继和跨链资产交易。

2）Cosmos 的优缺点

Cosmos 的优点：模块化设计，Cosmos 的模块化架构使得 AppChain 开发更加高效，开发者可以选择合适的组件进行构建；可扩展性，Cosmos 不限制 AppChain 数量，随着网络不断壮大，其互操作性也随之提升；安全性，IBC 协议使用轻量级客户端验证，增强了跨链通信的安全性。

Cosmos 的缺点：复杂性，Cosmos 的架构较复杂，要求开发者掌握更多的技术细节；安全风险，每个 AppChain 的安全性由其共识机制决定，需要进行综合评估；网络效应，Cosmos 网络价值随着接入 AppChain 数量而提升，需要时间积累网络效应。

2．Polkadot：采用分片架构的跨链互操作性

Polkadot 采用分片架构实现跨链通信。其将区块链网络划成多个平行链，每个平行链有自身的虚拟机、共识机制与代币。中继链负责整个网络的安全与跨链通信。

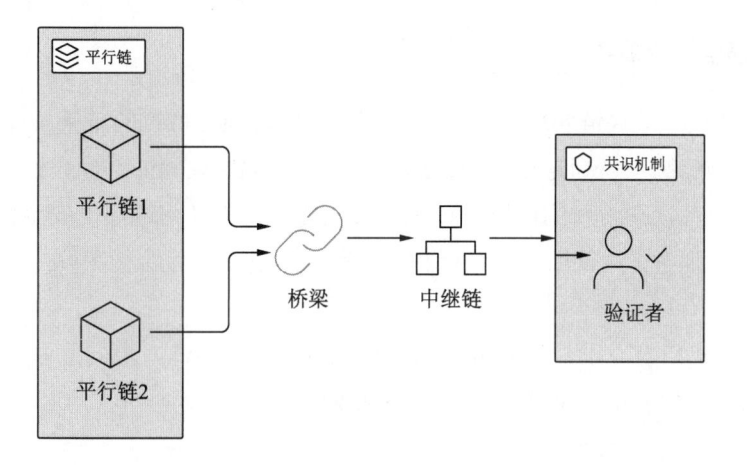

1）Polkadot 架构

Polkadot 架构由以下关键组件构成，如图 7-7 所示。

图 7-7 Polkadot 的架构

- 中继链：Polkadot 网络核心，负责提供安全有序的跨链通信通道，验证平行链区块头信息。
- 平行链：可定制区块链，用于开发各种去中心化应用。平行链通过桥梁与中继链通信，达成跨链交互。
- 桥梁：连接平行链和中继链的通信通道，负责格式转换、验证和信息中继。
- 共识机制：Polkadot 采用提名权益证明共识机制，称为 NPoS，由一组验证者节点维护网络安全。

2）Polkadot 的优缺点

Polkadot 的优点：可扩展性，Polkadot 的分片架构使多个平行链可并行处理交易，大大提高了网络的可扩展性；安全性，中继链负责整个网络的安全，为平行链提供共享的安全性；异构互操作性，Polkadot 支持不同类型的平行链，能够实现异构区块链网络之间的互操作。

Polkadot 的缺点：复杂性，Polkadot 的架构比 Cosmos 更复杂，需要开发者熟悉中继链、平行链和桥梁之间的交互机制；中心化风险，中继链在 Polkadot 网络中扮演着关键角色，其安全性至关重要；网络效应，Polkadot 的价值也依赖于平行链生态的繁荣，需要时间积

累网络效应。

3．Cosmos与Polkadot：跨链互操作性比较

Cosmos 和 Polkadot 在区块链互操作性领域各有优势，它们在设计哲学和架构上有差异，选择哪一种协议，需要权衡具体的应用场景和需求。

适合 Cosmos 的场景有：需高度定制化与独立性的场景；对可扩展性与异构互操作性要求高的场景；开发者熟悉 Tendermint 共识引擎。

适合 Polkadot 的场景有：需要快速部署、共享安全性的场景；团队熟练掌握 Substrate 开发框架。

4．跨链通信协议展望

跨链通信协议是区块链实现互联互通的基础。跨链通信协议的未来发展趋势：
- 通用标准的制定，制定统一跨链通信标准，简化协议间的互操作性；
- 提升安全性，探索新的密码学技术、安全协议，提升跨链通信安全性；
- 增强隐私保护，注重用户隐私保护，探索零知识证明等隐私保护技术在跨链通信中的运用。

跨链通信协议日益发展，区块链网络将连接各个信息孤岛，迈向互联互通的未来，并催生出更多去中心化应用与全新区块链生态系统。

7.2.2　互操作智能合约和去中心化交易所

随着跨链通信协议的发展，区块链网络间的互操作性正日益解锁全新的应用场景。其中，互操作智能合约和去中心化交易所结合尤为引人关注，本节将分析其优点、局限性，并且展望其对未来区块链生态潜在的影响。互操作智能合约和去中心化交易所架构，如图 7-8 所示。

1．互操作智能合约概念

传统智能合约仅限于其区块链网络，无法和其他网络上的智能合约进行交互。互操作智能合约打破了这个限制，使不同区块链网络上的智能合约可以彼此通信、交换数据甚至协同执行任务。这种互操作性给去中心化应用开发带来了可能性，开发者能利用跨链智能合约的功能创建更加复杂、功能丰富的去中心化应用。

实现互操作智能合约的方法有以下几种：
- 跨链通信协议：Cosmos 与 Polkadot 等跨链通信协议能作为基础设施，使不同区块链网络上的智能合约可以通信。
- 原子交换协议：是无须信任中介的点对点交易方式，能在不同区块链网络间交换代币。

❑ 跨链消息传递协议：该协议允许智能合约在不同区块链网络间发送和接收消息，实现跨链交互。

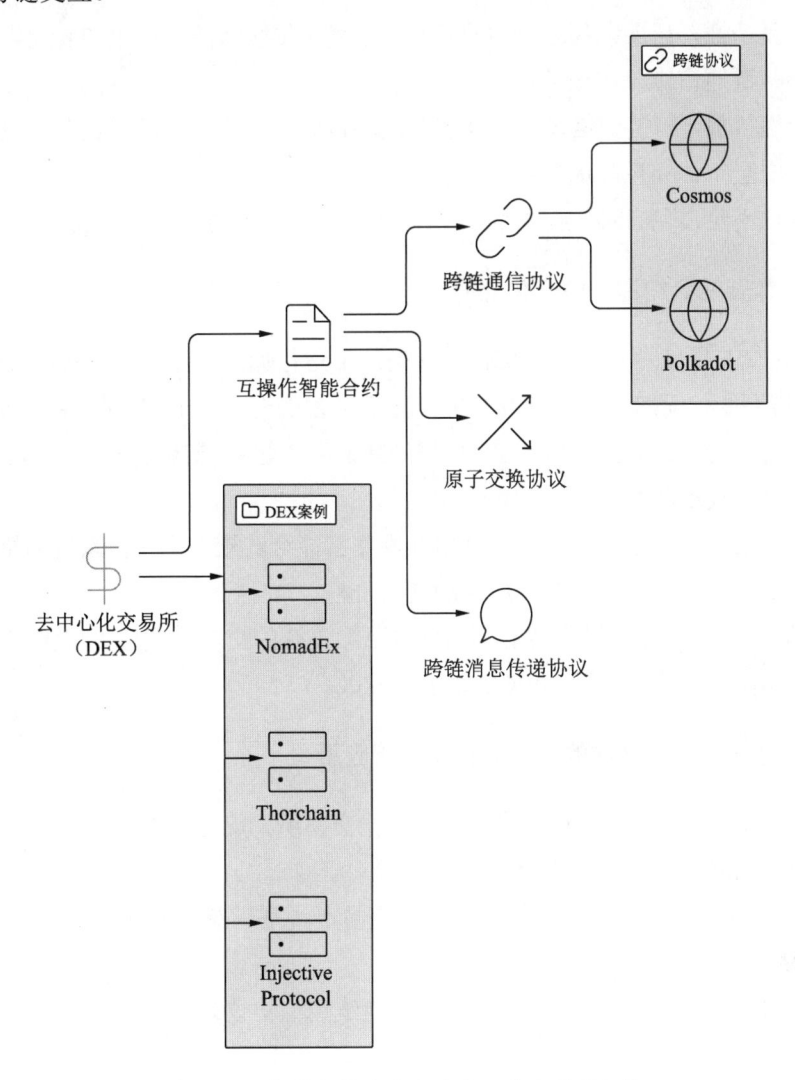

图 7-8 互操作智能合约和去中心化交易所架构

2. 互操作智能合约的优势

❑ 解锁流动性，互操作智能合约能连接不同的区块链网络，从而解锁分散于各个区块链网络中的流动性，提高资本利用率。
❑ 增强可组合性，智能合约可组合性是指将多个智能合约功能进行组合，实现更复杂的业务逻辑。互操作智能合约使得跨链的可组合性成为可能，为去中心化应用的开发提供了更强大工具集。
❑ 促进创新，互操作智能合约的出现为区块链应用带来了全新的可能性，如跨链借贷、去中心化资产管理和跨链预言机等创新去中心化应用将不断出现。

3. 互操作智能合约局限性

- 技术复杂性，互操作智能合约的开发、部署比传统智能合约更加复杂，需要开发者掌握跨链通信协议的细节；
- 安全性挑战，跨链通信过程涉及多个区块链网络，增加了潜在安全风险，需要格外关注安全审计和风险评估；
- 标准化不足，现行的跨链通信领域缺乏统一标准，不同协议间的互操作性存在挑战。

4. 互操作智能合约和去中心化交易所

去中心化交易所使用户在无须信任中介条件下进行加密货币交易。传统 DEX 局限于所在的区块链网络，无跨链资产交易功能。互操作智能合约给 DEX 带来新的机遇。

- 跨链资产交易：互操作智能合约使得 DEX 可以进行跨链资产交易，可在不同区块链网络的代币间兑换。
- 流动性聚合：去中心化交易所利用互操作智能合约聚集多个区块链网络的流动性，提供更多的订单簿与具有竞争性的交易价格。
- 创新型交易模式：互操作智能合约使得更加复杂的交易模式成为现实，如跨链借贷、衍生品交易等，拓展了 DEX 的功能范畴。

5. 基于互操作智能合约的去中心化交易所应用

- Thorchain：基于 Cosmos 网络的去中心化交易所，支持跨链资产交易，并可在多个区块链网络代币间进行兑换。
- Injective Protocol：去中心化的衍生品交易所，基于跨链互操作进行跨链永续合约交易。
- NomadEx：去中心化交易聚合器，利用跨链通信协议聚合多个去中心化交易所的流动性，提供较好的交易价格。

这些应用展示了互操作智能合约在 DEX 领域的前景，未来将会有更多创新的 DEX 涌现，推动去中心化金融的进一步发展。

7.2.3 构建统一的区块链生态系统：Web3 愿景

Web 1.0 时代，互联网以静态网页的形式呈现，用户主要扮演信息接收者的角色。Web 2.0 时代，社交媒体的兴起让用户成为内容的创造者和分享者，开启了交互式互联网的新篇章。然而，Web 2.0 依然存在着数据垄断、平台控制及隐私泄露等诸多问题。

Web3 是下一代互联网形态，目标在于构建一个去中心化、自治的互联网，将掌控权还给用户。区块链技术通过分布式账本以及不可篡改性与透明性等特性，为 Web3 打下了坚实的基础。本节将深入分析统一的区块链生态系统 Web3 愿景，剖析其核心要素、潜在挑战和未来的发展方向。

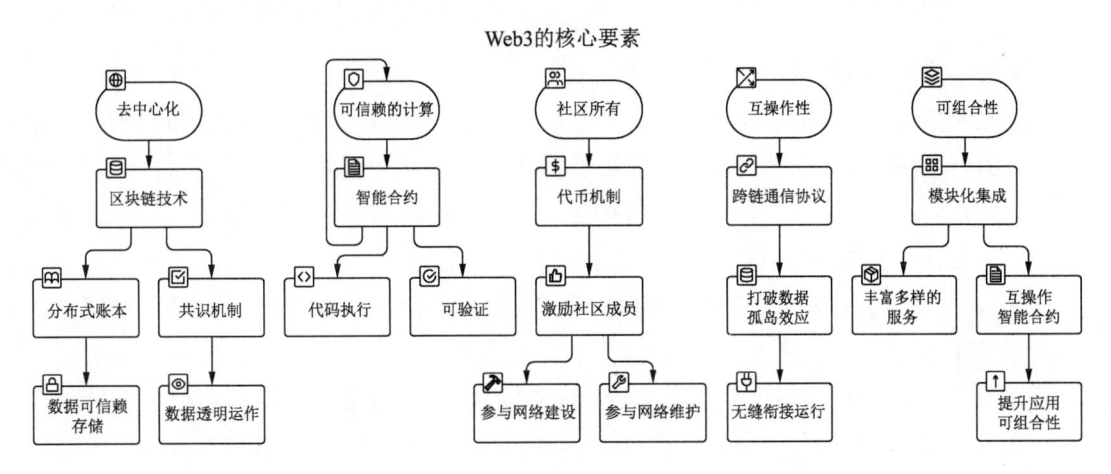

1．Web3的核心要素

Web3 的核心要素如图 7-9 所示。

图 7-9　Web3 的核心要素

- 去中心化：Web3 的核心是去中心化，将数据控制权与治理权交给用户。通过分布式账本与共识机制，确保数据可信赖存储且透明运作。
- 可信赖的计算：在 Web3 中，用户不用依赖中心化机构就可信任彼此交互。智能合约实现了代码执行、可验证和可信赖的计算。
- 社区所有：Web3 网络由社区共同所有、治理，代币机制激励社区成员积极参与网络的建设和维护。
- 互操作性：不同区块链网络之间打破数据孤岛效应，使得 Web3 可无缝衔接地运行于各个区块链之上，跨链通信协议是其中的关键。
- 可组合性：Web3 应用的可组合性意味着可以将多个应用的功能进行模块化集成，从而创造出更加丰富多样的服务。互操作智能合约的出现将大大提升 Web3 应用的可组合性。

2．Web3面临的挑战

- 可扩展性，目前主流区块链平台的可扩展性仍然有限，难以满足 Web3 大规模应用的需求。扩容方案的研发和应用是 Web3 发展的重要方向。
- 安全性，Web3 应用去中心化的同时也带来了安全方面的挑战。智能合约漏洞、跨链桥梁安全及链上治理的漏洞等带来了可能的资金损失或网络攻击的隐患。
- 用户体验，Web3 应用门槛较高，改善用户界面和降低使用门槛是 Web3 普及的关键。
- 监管，Web3 应用的去中心化特点给监管带来了挑战。清晰和合理的监管框架不仅可以促进 Web3 创新，还可以保障金融稳定和用户权益。
- 隐私保护，在 Web3 环境下，如何在透明性与隐私保护之间达到平衡，零知识证明等密码学技术为其提供了一些解决方案。

3. Web3的未来发展方向

Web3 的发展前景广阔，未来将在以下方向演进：
- 提升跨链互操作性：随着跨链通信协议的发展，区块链间的互操作性将得到显著提升，为 Web3 应用的开发夯实底层基础设施。
- 实现可扩展性解决方案：区块链扩容方案的研发、应用将解决可扩展性瓶颈，以面向更大规模的用户群体。
- 以太坊 2.0：以太坊 2.0 带来更高的可扩展性和安全性，为 Web3 应用的开发提供新的平台。
- 去中心化金融：去中心化金融是 Web3 重要应用，其将带来更加多元化的金融服务。
- 普及 Web3 应用：不同领域的 Web3 应用快速发展，如去中心化社交网络、中心化存储和基于 Web3 的虚拟现实空间等，日常生活与工作方式将日新月异。

Web3 将带来创新变革，将构建更加开放、透明和更有用户主权的互联网生态。虽然 Web3 目前处于早期阶段，但是随着区块链的发展以及相关配套设施的完善，Web3 将成为下一代互联网的主导形态，给人类社会带来新的机遇。

7.3 隐私增强型区块链

隐私增强型区块链也称为隐私保护区块链。下面深入分析零知识证明在选择性披露信息、环签名和机密交易等场景中的应用，以及在区块链系统中如何平衡个人隐私和交易透明度问题，推动区块链的广泛应用。

7.3.1 零知识证明

在当今信息爆炸的时代，个人隐私保护变得很重要。区块链技术虽然强调透明性，但是在某些应用场景下，用户可能并不想完全公开自己的信息，只愿意公开经过验证的特定属性。零知识证明技术的出现是一种密码学协议，允许证明者向验证者证明其拥有某个信息，并且无须透露该信息的任何细节。零知识证明在选择性信息披露方面起着重要作用，使区块链用户可以依据需要选择性地公开某些数据，既可享受区块链的优势，又可保护个人隐私。

本节将深入剖析零知识证明技术在选择性信息披露中的应用，分析其工作原理、优势和局限性，展望其在区块链领域的发展前景。

1. 零知识证明的基本原理

零知识证明涉及证明者与验证者两个角色,证明者想要向验证者证明其知道某个秘密信息,如"我的年龄大于 18 岁",但不想透露确切年龄。零知识证明的基本原理如图 7-10 所示。

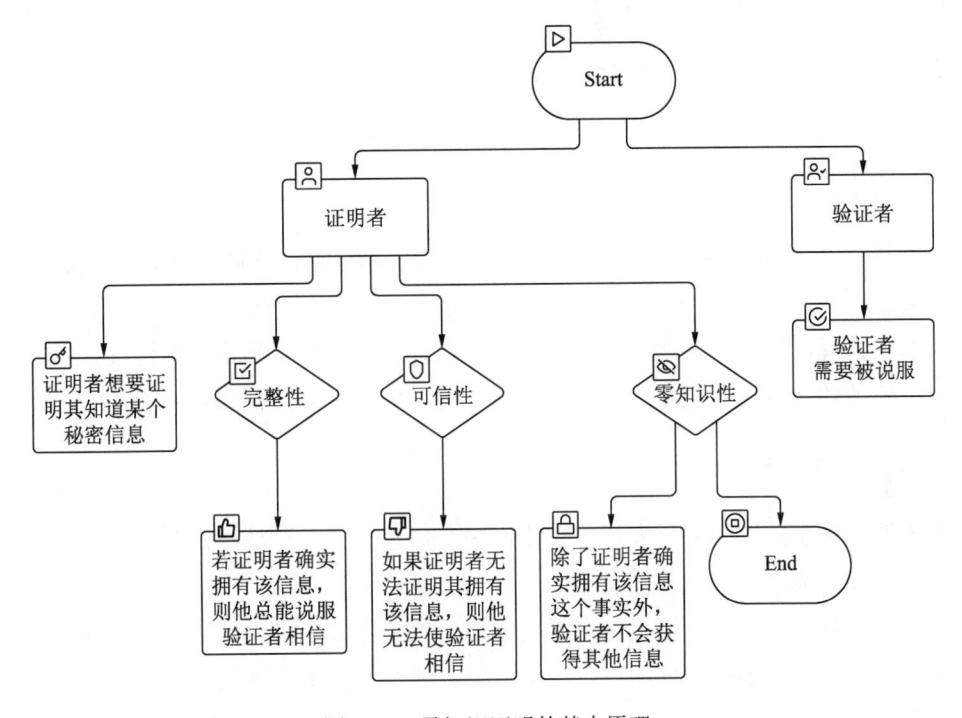

图 7-10 零知识证明的基本原理

零知识证明需要满足以下 3 个特点:
- 完整性:若证明者确实拥有该信息,则他总能说服验证者相信。
- 可信性:如果证明者无法证明其拥有该信息,则他无法使验证者相信。
- 零知识性:除了证明者拥有该信息这个事实外,验证者不会获得其他信息。

零知识证明有多种不同的协议,如 Schnorr 签名方案、zk-SNARK 与 Bulletproofs 等。每种协议都各有优点和缺点,适用于不同的应用场景。

2. 零知识证明在选择性信息公开中的应用

零知识证明在选择性信息公开方面有广泛的应用。
- 身份验证:用户能在不透露个人详细信息的情况下证明自己满足某些要求,如年龄、学历或信用评分等。
- 金融交易:用户能在不泄露交易金额的情况下证明自己拥有足够的资金交易。
- 医疗健康:患者可在不泄露具体病情的情况下证明其符合特定的治疗条件。
- 供应链管理:参与者可以在不泄露敏感商业信息的前提下证明产品符合特定的标准。

零知识证明的应用可以帮助用户应用区块链的同时更好地保护自己的隐私信息。

3. 零知识证明的优势

- 隐私保护，零知识证明可以有选择性地公开信息，避免泄露用户隐私信息；
- 可扩展性，某些零知识证明协议有良好的可扩展性，支持高效验证过程，从而提高效率；
- 安全性，零知识证明协议经过密码学的严格论证，兼具完整性、可信性与零知识性。

4. 零知识证明局限性

- 计算复杂性，一些零知识证明协议的计算成本较高，影响零知识证明在应用中的效率；
- 协议选择，针对具体的场景和性能需求要选择合适的零知识证明协议；
- 可信赖的设置，过多依赖于可信赖的设置过程会带来潜在信任风险。

5. 零知识证明未来展望

- 零知识证明技术的未来发展方向是：提升效率，探索更加高效的零知识证明协议，降低计算成本，提高验证速度；
- 通用协议的研发，研发更加通用的零知识证明协议，以适用更广泛的场景；
- 标准化，推动零知识证明协议的标准化，促进其在多领域的广泛应用；
- 量子安全，研究抗量子计算零知识证明协议，以应对未来量子计算机潜在的安全威胁。

零知识证明技术将助力构建更加注重隐私保护的区块链生态系统。随着技术发展，其将变得更加高效、通用和安全，将在身份验证、金融交易和供应链管理等多领域发挥重要的作用。

7.3.2 环签名和机密交易

在区块链生态产业中，网络透明性是其核心特征之一。所有交易数据都公开可查，这在一定程度上提升了系统的可信赖性，但同时也带来了隐私泄露的风险。对于希望保护交易金额等敏感信息的用户，传统的区块链交易方式并不友好。零知识证明技术并不是唯一的解决方案，密码学还提供了多种可供选择的隐私保护技术，如环签名（Ring Signatures）与机密交易（Confidential Transactions）。

本节将深入介绍环签名和机密交易这两种隐私保护技术，分析其工作原理、优缺点，并比较它们与零知识证明的异同之处，全面解析区块链领域的隐私保护技术。

1. 环签名

环签名是一种特殊的签名方案，它允许签名者将自己的签名隐藏在一个匿名的签名集合（Ring）中。验证者可以确认签名确实来自该集合中的某个成员，但却无法识别出具体的签名者。

1）环签名的工作原理

环签名涉及签名者、消息和验证者三个角色。签名者希望对消息进行匿名的签名；消息指需要签名的信息；验证者用于验证签名的有效性。环签名的工作原理如图 7-11 所示。

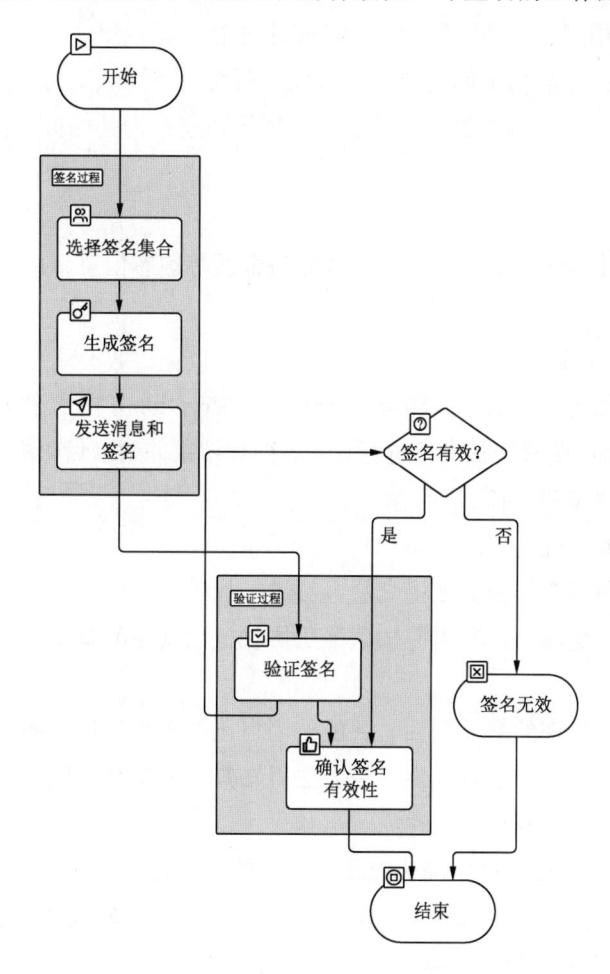

图 7-11 环签名的工作原理

环签名的流程如下：

（1）签名者选择一个签名集合，集合包含自己和若干其他成员。

（2）签名者使用加密算法生成签名，并将该签名与集合中其他成员的公钥信息结合在一起。

（3）签名者将消息、签名和集合发送给验证者。

（4）验证者采用集合中所有成员的公钥信息验证签名。

（5）若签名有效，则验证者可以确认签名确实来自集合中的某个成员，但无法确定具体是哪一位。

环签名确保了以下几点：
- 消息认证，验证者能确认消息确实是由集合中的某一成员签署的；
- 签名者匿名性，验证者无法识别出确切的签名者是谁；
- 不可否认性，验证者无法否认自己曾经对消息签过名。

2）环签名的应用场景

环签名在区块链领域有广泛的应用：
- 匿名投票，用户能在不透露身份的前提下进行电子投票；
- 混合币，环签名能用于创建混合币协议，帮助用户隐藏交易来源和金额；
- 吹哨人保护，吹哨人能使用环签名匿名举报违规行为且保护其自身安全。

2. 机密交易

机密交易是一种特殊交易方案，能隐藏交易金额等敏感信息，同时保证交易的有效性和可验证性。

1）机密交易的工作原理

机密交易通常利用同态加密（Homomorphic Encryption）技术来实现。同态加密是一种特殊的加密算法，可在密文状态下进行计算，得到结果并解密后仍等于明文计算的结果。机密交易的工作原理如图 7-12 所示。

机密交易的一般流程如下：

（1）发送方使用同态加密算法将交易金额进行加密。

（2）发送方进行交易，并利用零知识证明协议证明交易的有效性，如证明发送方拥有足够资金交易。

（3）接收方收到加密的交易金额，并能使用自己的密钥进行解密。

（4）验证者能验证交易的有效性，但无法得知具体的交易金额。

机密交易保证了以下几点：
- 交易有效性，验证者可以确认交易是合法的，并且没有双花等欺诈行为；
- 金额隐私，交易金额被加密，验证者和旁观者无法得知具体的金额；
- 可验证性，任何人都可以验证交易的有效性。

2）机密交易的应用场景

机密交易在区块链领域也有重要应用主要表现在以下方面：
- 隐私保护支付，用户能在不透露交易金额的前提下支付交易金额；
- 工资发放，公司向员工发放工资的同时能保护员工隐私；
- 供应链管理，参与者可以在不泄露敏感的商业信息（如采购成本）情况下进行交易，同时保证交易的透明性与可追溯性。

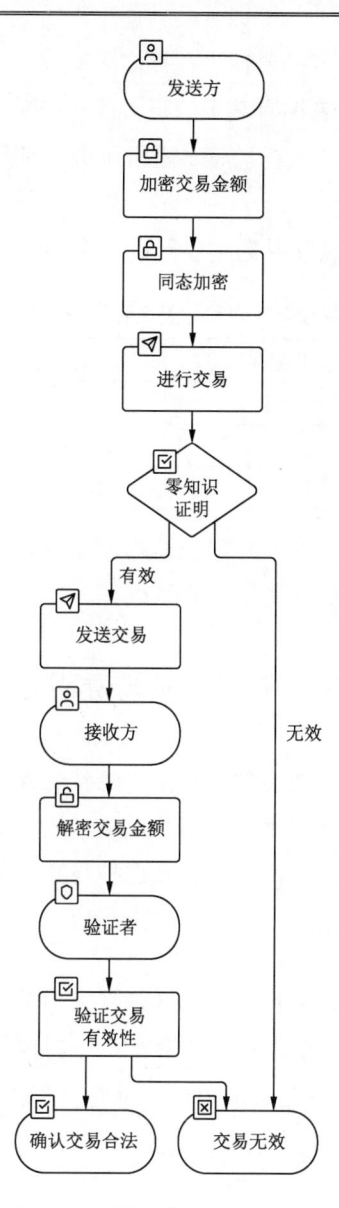

图 7-12 机密交易的工作原理

3. 环签名、机密交易与零知识证明比较

环签名、机密交易和零知识证明是区块链领域常用的隐私保护技术,但它们的侧重点各不同。

- 保护对象:环签名侧重保护签名者的匿名性,隐藏谁发起了交易。机密交易侧重于保护交易金额等具体数值隐私。
- 实现方式:环签名可使用密码学原语(如盲签名)实现,而机密交易采用同态加密等较为复杂的数学工具来实现。
- 可扩展性:环签名通常比机密交易更轻量级,验证效率较高。然而,同态加密技术日益发展，机密交易的可扩展性也在提高。
- 零知识证明侧重于证明者拥有某个信息，且不泄露该信息的任何细节。零知识证明的应用场景更广，能用于身份验证、随机函数验证等多个领域。环签名和机密交易多用于区块链隐私保护。

零知识证明和环签名和机密交易的主要区别如表 7-1 所示。

表 7-1 零知识证明和环签名和机密交易的主要区别

特 征	零知识证明	环 签 名	机 密 交 易
证明类型	拥有某个信息	匿名签名	隐藏数值
应用场景	广泛（身份验证等）	区块链隐私保护	区块链隐私保护
计算复杂性	通常较高	中等	中等

密码学和区块链技术日益发展，零知识证明、环签名和机密交易等隐私保护技术不断成熟，共同助力构建注重隐私的区块链生态系统。

7.3.3 如何在区块链系统中平衡隐私与透明度

区块链技术固有的透明性可能会放弃对用户隐私的保护，存储在公共区块链上的敏感数据信息能被公开访问，用户面临潜在的财务风险、信誉损害甚至人身伤害。因此在区块链生态系统可持续发展过程中，平衡用户隐私保护与交易信息透明性非常重要。

1. 区块链系统中的隐私问题

虽然交易信息透明性可以促进用户之间的信任，但是可能会导致以下问题：
- 用户信息暴露，公共区块链上的交易数据可能会泄露用户的敏感信息，如交易金额、钱包地址甚至与这些地址相关的用户身份信息。这些信息可用于个人画像分析、定向广告甚至网络钓鱼攻击。
- 财务监控，监管机构和执法部门可以轻松监控公共区块链上的金融活动，引发人们对过度监管和金融隐私侵蚀的担忧。
- 竞争劣势，在公共区块链上运营的企业可能不愿意披露嵌入交易数据中的敏感商业秘密或竞争情报。
- 信誉风险，即使是不准确的负面信息也可能会永久记录在公共区块链上，导致用户名誉受损且难以挽回。

2. 区块链系统的隐私保护技术

区块链系统的隐私保护技术如图 7-13 所示。

利用以下诸多技术可以实现区块链系统的隐私保护。
- 零知识证明：允许用户针对某些信息无须透露过多细节，如其具备交易所要求的充足资金，从而使交易匿名化且保持网络完整性。

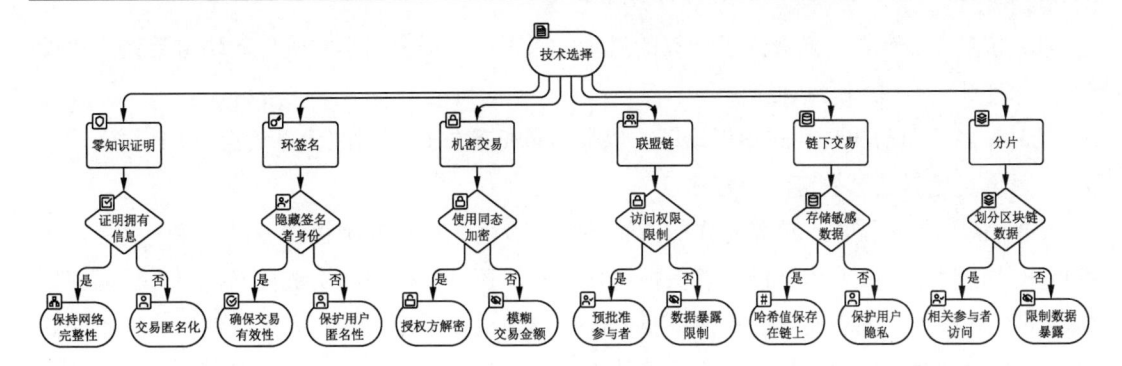

图 7-13 区块链系统的隐私保护技术

- 环签名：在一组潜在签名者中，隐藏具体签名者的身份，确保交易有效性的同时保护用户匿名性。
- 机密交易：采用同态加密来模糊交易金额，使得只有授权方才可以解密并查看实际价值。
- 联盟链：许可型区块链将访问权限控制在预批准的参与者联盟中。在可控的受众范围内分享数据，同时仍可以从区块链的核心功能中受益。
- 链下交易：在链下存储敏感数据，在链上保存数据的哈希值和引用。这样可使公共账本上敏感信息的数量减少，从而保护用户的隐私。
- 分片：区块链数据被划分为碎片，仅相关参与者才可以访问特定的碎片，该划分降低了敏感数据暴露的可能性。

3. 平衡的区块链生态系统

实现隐私保护和信息透明的平衡需要多管齐下：

- 隐私增强技术标准化，零知识证明、环签名和其他隐私增强技术的标准化将促进它们在区块链生态系统中的互操作性并被更广泛地应用；
- 关注隐私的监管，监管框架需要适应区块链技术独特的挑战，在消费者保护和促进隐私保护解决方案创新之间取得平衡；
- 以用户为中心的设计，区块链应用程序的设计应以用户隐私为核心，让用户对他们在网络上共享的信息拥有细粒度的控制权；
- 隐私意识的基础设施开发，区块链基础设施提供商应优先开发隐私增强功能，使开发人员能够构建更加注重隐私的应用程序；
- 提升隐私保护意识，向用户宣传有关区块链隐私保护的信息，使他们能够有效利用相关工具保护个人隐私。

4. 区块链隐私研究前沿

目前正在积极探索的区块链隐私计算的新领域包括以下几点：同态加密的进步，开发更加高效和可扩展的同态加密方案将提高机密交易的实用性；

❑ 抗量子密码学，随着量子计算的进步，探索抗量子密码学将确保区块链系统未来的持续安全性和隐私性；

❑ 零知识简洁非交互式知识论证可以显著降低零知识证明的计算负担，使其更适用于现实世界的区块链应用程序。

通过隐私保护技术、培养协作的监管环境以及优先用户控制权，可以创建一个更加平衡的区块链生态系统。这不仅可以保护用户隐私，还可以挖掘区块链技术在更广泛的应用领域的全部潜力。随着研究的深入，我们期待出现更多创新的解决方案，使用户在不暴露隐私的情况下赋能区块链技术更广泛地使用。

7.4 小　　结

本章介绍了高级区块链架构，包括许可型区块链、可互操作区块链及隐私保护区块链。

许可型区块链适用于需要隐私保护和控制的企业应用程序，只有经过授权的参与者才能加入，是一种受限的网络。超级账本 Fabric 是一个流行的联盟区块链平台，它为建立企业级区块链应用程序提供了灵活、模块化的架构。

可互操作区块链是 Web3 的未来发展趋势，可在不同区块链之间进行无缝的价值与信息交换。Cosmos 与 Polkadot 是两个突出的跨链通信协议，它们促进了不同区块链之间的互操作性。

隐私保护区块链旨在保护用户及其数据的隐私。这些区块链采用各种技术来保护敏感信息。零知识证明允许用户在不透露实际数据的情况下证明其拥有某些信息。环签名、保密交易是增强隐私的技术，可应用在区块链系统中。

通过深入理解这些高级架构，研发者可以利用区块链技术来创建更多安全的应用程序。

7.5 习　　题

一、选择题

1. 许可型区块链的主要目的是什么？（　　）
   A. 促进匿名交易　　　　　　　　　　B. 可对区块链公开访问
   C. 为企业应用程序提供隐私和控制性保障　　D. 增加交易吞吐量
2. 许可型区块链中常用的共识机制是什么？（　　）
   A. 工作量证明（PoW）　　　　　　　B. 权益证明（PoS）
   C. 实用拜占庭容错（PBFT）　　　　　D. 有向无环图（DAG）

3．哪些协议用于跨链通信？（　　）

A．比特币和以太坊　　　　　　　　B．Cosmos 和 Polkadot

C．超级账本 Fabric　　　　　　　　D．零知识证明

4．隐私保护区块链的主要目标是什么？（　　）

A．提高交易速度　　　　　　　　　B．降低交易费用

C．保护用户数据不被未经授权的用户访问　　D．提高网络可扩展性

二、论述题

1．比较 PBFT 和 Raft 共识机制。

2．分析隐私保护区块链使用的不同技术及其有效性。

3．构建跨越多个区块链的去中心化应用面临哪些挑战和机遇？

4．设计一个满足特定行业（如供应链管理）和需求的许可型区块链平台。

第 8 章 区块链的漏洞与安全

本章将介绍区块链面临的风险如 51%攻击、智能合约漏洞及 Sybil 攻击。为了降低这些风险，我们将进行智能合约编码实践，包括代码审查、审计、形式化验证、库的使用以及密钥管理与访问控制的最佳实现方案等。此外，我们还将探讨后量子密码学、去中心化协议及漏洞赏金计划等新兴解决方案，以增强区块链的安全性。

8.1 常见的区块链安全威胁

本节将介绍可能会损害区块链系统完整性、功能性的常见安全性威胁，研究三大类漏洞，即 51%攻击、智能合约漏洞及 Sybil 攻击。

8.1.1 51%攻击

51%攻击指在工作量证明区块链网络中，单个实体或团体控制超过 50%的计算能力（哈希率），这使得其能操纵网络进行双重支付或其他恶意攻击。

1. 51%攻击的原理

51%攻击的原理利用工作量证明区块链的共识机制，该机制依赖于矿工竞争解决加密难题，通过控制超过 50%的网络哈希率，攻击者可以比诚实的矿工更快地建立更长的有效链，并说服其他节点切换到这个链，从而有效地逆转原始链上的交易。

2. 通过架构设计减少风险

一个拥有许多节点的去中心化网络，有利于降低单个实体获得超过 50%的哈希率的风险；经济激励能使 51%的攻击成本高昂且无利可图，从而阻止其发生；使用不依赖工作量证明的替代共识机制能降低 51%攻击的风险；对区块链协议进行升级能提高其安全性并使其抵抗攻击的能力更强。

3. 案例研究

比特币黄金（Bitcoin Gold）攻击：比特币黄金是一个基于比特币代码的分叉币。2018 年，比特币黄金遭遇一伙控制超过50%网络哈希率的团体的攻击。攻击者利用这个漏洞操纵交易进行重复支付。这个事件引发了人们对分叉币安全性的担忧，凸显了较小区块链网络容易受到51%攻击的脆弱性。

51%攻击虽然难以完全杜绝，但是可采用各种策略来降低其风险，确保区块链系统的安全。

8.1.2　智能合约漏洞和重入攻击

由于智能合约的复杂性、编程语言的特点以及开发者经验的差异，使其存在各种潜在漏洞，重入攻击就是其中之一。

1. 重入攻击的原理

重入攻击是指攻击者利用合约的递归调用机制进行攻击的智能合约漏洞。攻击者多次执行同一个函数，导致资金被盗，合约状态被篡改。重入攻击时序图如图 8-1 所示。

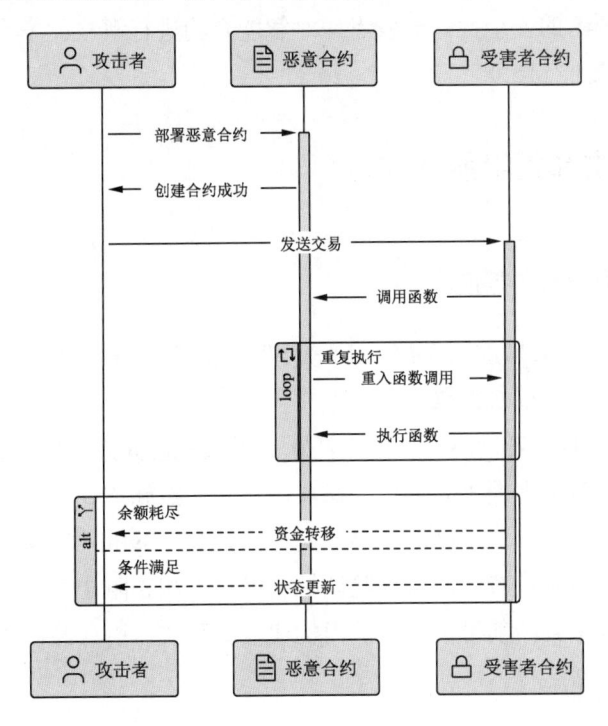

图 8-1　重入攻击时序图

重入攻击的具体过程如下：

（1）攻击者部署恶意合约。攻击者创建一个恶意合约，此合约包含一个可重入的函数和一个调用受害者合约的函数。

（2）调用受害者合约。攻击者给受害者合约发送一个包含恶意合约地址的交易，触发受害者合约中的一个函数。

（3）执行受害者合约。调用函数执行受害者合约，该函数可能包含资金转移或状态更新。

（4）调用恶意合约。在受害者合约执行过程中，恶意合约的重入函数被调用，导致受害者合约再次执行相同的函数。执行过程可持续多次，直到受害者合约的余额被耗尽或其他条件满足才停止。

2. 其他常见的智能合约漏洞

除了重入攻击外，智能合约还存在以下常见的漏洞。
- 算术溢出和下溢，当算术运算的结果超出整数类型的范围时，可能会发生溢出或下溢，导致出现错误计算结果；
- 整数除 0，在进行整数除法运算时，若除数为 0，将导致运行时错误；
- 访问控制漏洞，若访问控制机制不完善，攻击者可以绕过权限检查执行未授权的操作；
- 随机数生成漏洞，若随机数生成器不安全，那么攻击者可以预测随机数的值，从而操纵合约行为。

为了确保智能合约的安全性，研发者应对智能合约进行严格的安全审计，发现潜在漏洞并采取相应的措施进行修复。

8.1.3 Sybil 攻击和拒绝服务攻击

1. Sybil 攻击原理与防范措施

Sybil 攻击通过创建大量虚假身份来破坏网络权威，攻击者利用这些虚假身份来获取网络中的影响力从而执行未授权的操作。

Sybil 攻击原理：攻击者同时操作多个活跃的虚假身份并为这些虚假身份提供影响力，使得攻击者在网络决策中占据主导地位，在攻击者成功实施 Sybil 攻击后，开始执行各种未授权的操作，如阻止用户访问网络、篡改交易记录等。Sybil 攻击流程如图 8-2 所示。

防范 Sybil 攻击措施：有效的身份验证机制可以检测、阻止虚假身份；通过评估节点的贡献度和操作行为来判断其可信度，从而构建信誉系统；引入经济激励机制，以鼓励网络节点维护网络的正常运行。

2. 拒绝服务攻击类型与防范措施

拒绝服务攻击攻击是一种使网络资源不可使用或无法访问的攻击。攻击者发送大量请求，使目标系统不堪重负，从而阻止合法用户访问服务。

拒绝服务攻击攻击的类型包括：洪水攻击，攻击者发送大量请求使目标系统无暇处理；资源耗尽攻击，目标系统的资源被攻击者大量消耗掉，使它无法再提供服务；应用层攻击，目标系统的漏洞被攻击者利用从而被攻击。

防范拒绝服务攻击攻击的措施：流量过滤，利用流量过滤技术来检测且阻止异常流量；

速率限制，设置合理速率限制，防止单个节点发送过多的请求；分布式系统，把系统分散到多个节点，提高系统的容错性及抗攻击能力。防范拒绝服务攻击攻击措施如图 8-3 所示。

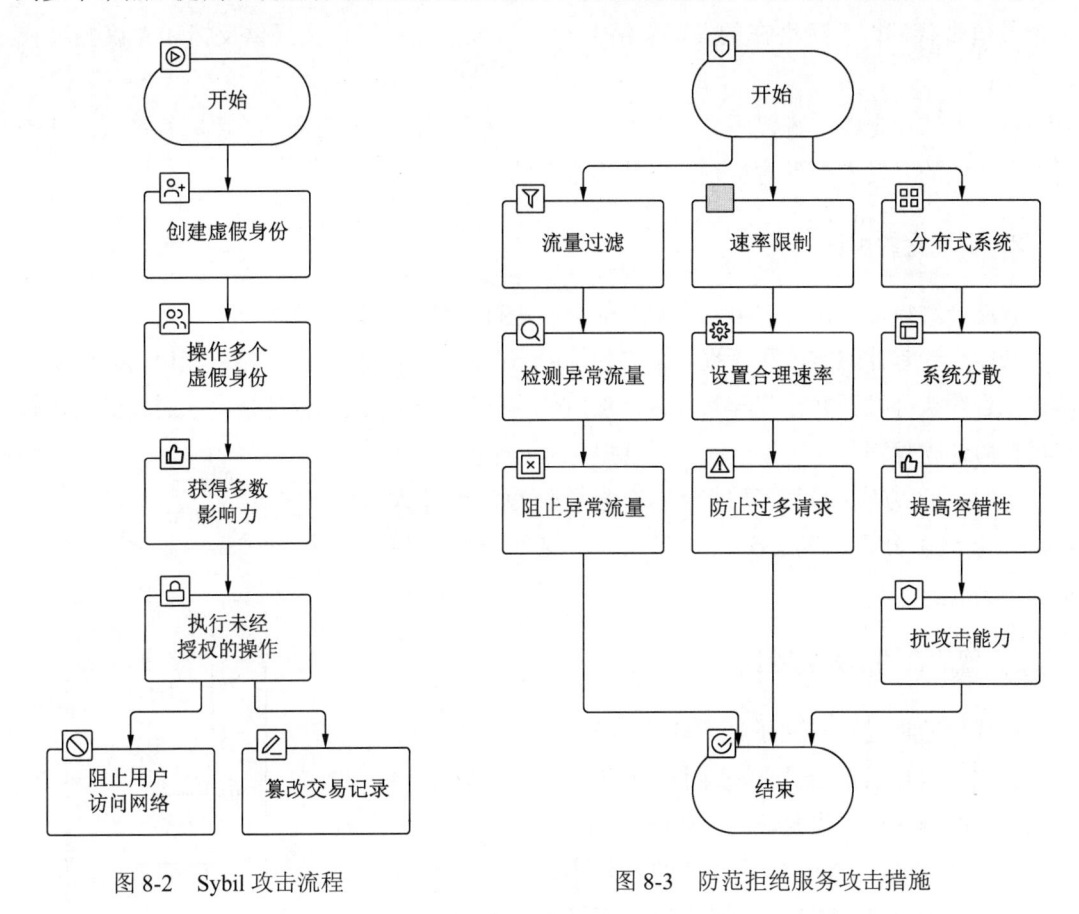

图 8-2 Sybil 攻击流程

图 8-3 防范拒绝服务攻击措施

通过采取多种针对 Sybil 攻击和拒绝服务攻击的防范方法，区块链网络的抗攻击能力有望得到显著提升。

8.2　智能合约安全编码实践

本节深入讨论智能合约安全编码的有效方法，具体包括 3 个方面：代码审查、审计和形式化验证技术，如何安全使用库并避免常见漏洞，密钥管理和访问控制最佳实践。

8.2.1　代码审查、审计和形式验证技术

1. 智能合约代码审查

代码审查是仔细检查代码，从而发现潜在漏洞和错误的过程。代码通常由多名开发人

员审查,并提供反馈和建议。

代码审查方法和流程:从具备专业知识、经验丰富的开发人员中挑选合适的审查员;审查员检查代码,查找潜在的漏洞、错误和不一致之处;审查员提供反馈和建议提高代码质量。

有效方法:定期审查代码,及早发现问题;使用代码审查工具;使用同行审查,让来自不同领域的开发人员参与审查,以获得全面的视角。

2. 智能合约审计

智能合约审计是由独立第三方对智能合约进行评估和验证的过程。

智能合约审计的方法和流程:首先使用静态分析工具检查代码,然后使用动态分析工具模拟合约执行过程并检测异常行为,然后使用智能合约形式化验证技术,通过数学逻辑和模型验证软件程序。

最佳实践方案:根据智能合约安全经验确定审计人员,结合静态分析、动态分析及形式化验证等方法定期审核合约。

3. 智能合约形式化验证

形式化验证是一种用于证明软件系统正确性的数学方法。它用来验证智能合约的安全性,保障合约的行为符合预期。智能合约形式化验证流程如图8-4所示。

方法和流程:首先编写详细的规范描述智能合约的预期行为,然后构建模型,采用数学模型表示智能合约的逻辑和状态,最后利用形式化验证工具证明模型和规范的一致性。

最佳实践方案:首先选择适合智能合约的验证工具,如可满足性模理论(SMT)求解器、模型检验器,然后编写清晰的规范,保证规范准确地描述智能合约的行为,最后进行逐步验证,从小规模的验证开始,逐步增加验证的复杂度。

4. 应用研究

- 以太坊智能合约审计,以太坊社区已经开展了广泛的智能合约审计工作,以发现并修复潜在的漏洞。
- 形式化验证工具,许多形式化验证工具,如 KLEE 通过模拟执行智能合约,检测其潜在漏洞,如溢出和除0错误,Z3可以用于验证智能合约的类型安全、

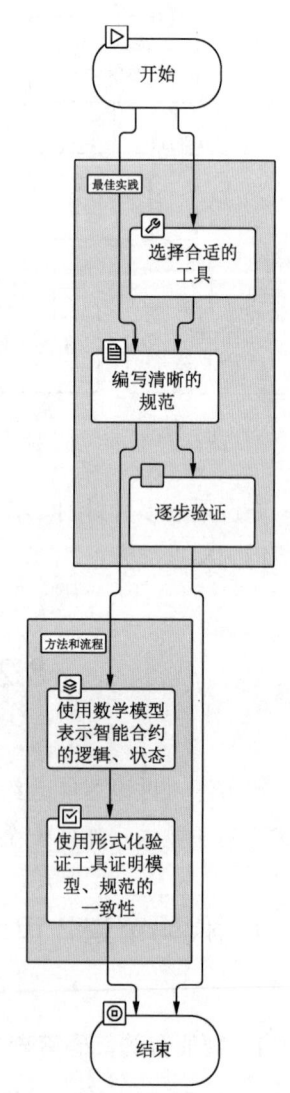

图 8-4 智能合约形式化验证流程

内存安全等属性。
- 代码审查、审计及形式化验证是确保智能合约安全性的重要手段。通过结合这些方法，研发者能有效地发现、修复潜在漏洞，提高智能合约的可靠性和安全性。

8.2.2 如何安全地使用库来避免常见漏洞

1．库的选择和使用

选择经过审计的库，可以显著降低引入漏洞的风险；了解库的限制条件和功能，避免滥用、误用；更新库版本以获取最新的安全修复和改进信息。

2．常见的库漏洞

- 依赖注入漏洞，攻击者能注入恶意代码来控制合约的行为；
- 库升级漏洞，库的升级可能会引入新的漏洞，因此需要仔细评估升级风险；
- 库冲突，多个库之间的冲突会发生不可预期的行为。

3．如何避免常见的漏洞

- 输入验证和过滤，对所有输入数据进行验证和过滤，预防恶意输入；
- 输出编码，对输出数据进行编码，预防跨站脚本攻击及其他类型的注入攻击；
- 随机数生成，采用安全的随机数生成器，避免可预测的随机数；时间戳验证，验证其正确性，防止重入攻击；
- 外部合约调用，谨慎处理外部合约调用，保证调用合约的安全性。安全使用库并避免常见漏洞的示意如图 8-5 所示。

4．安全编码实践指南

遵循最佳实践指南，遵循行业公认的安全编码实践，如 Solidity 安全最佳实践；使用安全工具检测和修复漏洞，如静态分析工具、模糊测试工具；定期对智能合约进行安全审计；进行代码审查，保证代码质量和安全。

5．案例研究：去中心化自治组织黑客攻击事件

去中心化自治组织（DAO）是一个基于智能合约的组织，攻击者利用其重入攻击漏洞，通过递归调用函数多次提取资金，将大部分资金转移到了自己控制的账户上，使 DAO 损失了大量资金。这个事件凸显了智能合约安全的重要性，并促使研发者更加重视代码审查和安全审计。

保证智能合约安全的关键在于安全使用库并避免常见漏洞。为了大幅降低智能合约被攻击的风险，可选择经过审计的库、遵循安全编码实践并进行定期审计。

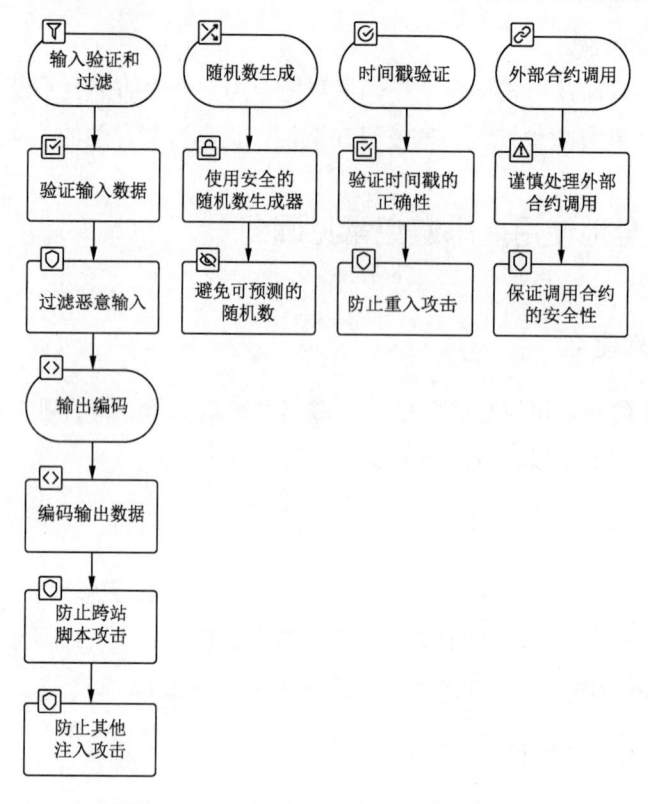

图 8-5 安全使用库并避免常见漏洞示意

8.2.3 密钥管理和访问控制实践

密钥管理和访问控制是智能合约安全性的两个重要关键点。为了有效地保护私钥、控制对合约的访问权限，需要采取适当的措施。

1. 密钥管理最佳实践

- 安全存储密钥，密钥是智能合约的访问凭证，需要妥善保管，避免把密钥存储在计算机上，可以使用硬件钱包和冷钱包进行存储；
- 使用多重签名，为了增加安全性，要求多个密钥共同签署交易；
- 为了降低密钥被盗的风险，应定期更换密钥；
- 为了防止密钥丢失、损坏，应建立备份且妥善保管；
- 为了防止未经授权的访问，使用加密算法对密钥进行加密存储。

2. 访问控制最佳实践

角色和权限管理给不同的用户分配不同的角色和权限，限制其对合约的访问和操作；访问控制列表（ACL）定义哪些用户能访问合约的哪些功能；权限验证保证只有授权的用户能执行特定的操作；最小权限原则（PoLP）只授予用户所需的最低权限；审计日志记录所有访问和操作，以便进行审计、追踪。

通过遵循最佳实践，能有效地保护密钥并控制用户对合约的访问权限，从而降低智能合约被攻击的风险。

8.3 区块链安全研究和新的解决方案

本节介绍区块链安全研究及其新的解决方案，包括后量子密码学、形式化验证工具和去中心化安全协议等。

8.3.1 保护区块链安全的后量子密码学

传统的加密算法，面临被日益发展的量子计算技术破解的风险。后量子密码学的目的在于抗量子计算机的攻击，是一类新型加密算法。在区块链领域，为确保未来发展的安全性，需要深入研究并应用后量子密码学。

1. 后量子密码学的原理

后量子密码学基于数学问题，这些问题即使量子计算机也难以解决。常见的后量子密码学算法包括基于格的密码学，利用格理论中的难题，如最短向量问题、最近向量问题实现数据的安全；基于代码的密码学，充分利用编码理论中的错误纠正码增强数据的可靠性和抗干扰能力；基于哈希的密码学，充分利用哈希函数的抗碰撞性，确保数据的完整性和不可篡改性；基于多变量的密码学，充分利用多变量方程组的求解困难性提升加密算法的安全性。后量子密码学算法示意图如图8-6所示。

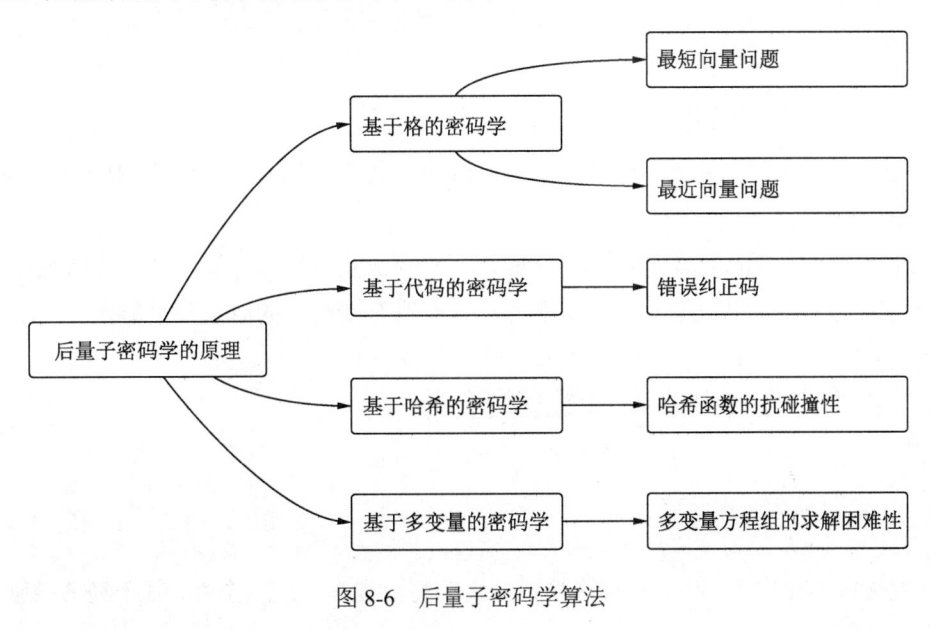

图 8-6 后量子密码学算法

2. 后量子密码学的应用

在区块链领域，后量子密码学能应用于多个方面：数字签名，应用后量子密码学算法生成数字签名，保障交易的真实性和不可篡改性；密钥交换，应用后量子密码学算法进行密钥交换，建立安全通信通道；加密，使用后量子密码学算法对数据加密，保护其机密性。

3. 案例研究：量子抗性账本

量子抗性账本（QRL）是一个基于后量子加密技术的区块链项目，它构建了一个可以抵御量子计算机攻击的区块链网络。量子抗性账本使用基于网格的加密算法来确保安全和隐私。

通过采用后量子加密算法，可确保区块链的长期安全性，并为未来发展打下坚实的基础。

8.3.2 智能合约安全保障的形式化验证工具

1. 形式化验证的应用

智能合约的多种属性可利用形式化验证，包括：确保合约的行为符合预期，即正确性；确保合约不会受到攻击，即安全性，如重入攻击、溢出攻击等；估算执行时间和资源消耗等，即合约性能评估。

2. 形式化验证的挑战

对于复杂的智能合约，编写规范、构建模型是一项复杂的任务。随着合约规模加大、复杂性增加，形式化验证的计算成本也会增加，现有的形式化工具存在一定限制，无法验证某些类型的合约。

3. 形式化验证的案例

- 以太坊虚拟机的验证，对以太坊虚拟机的安全性，研发者使用形式化验证技术进行评估验证。
- 智能合约漏洞检测，应用形式化验证工具检测重入攻击、算术溢出等常见漏洞。
- 使用适当的形式化验证的工具和方法，提高智能合约的质量和可靠性。

8.3.3 去中心化安全协议和漏洞赏金计划

1. 去中心化安全协议

研究去中心化安全协议，利用区块链技术的特点提高系统安全性，基于经济激励机制、分布式信任模型等实现安全目标。

具有代表性的去中心化协议包括：
- ❏ 经济激励机制，鼓励用户参与系统的安全维护，如奖励发现漏洞的用户；
- ❏ 分布式信任模型，避免依赖单一的权威机构，降低系统风险；
- ❏ 共识机制，利用共识算法确保网络中的节点的信任和合作；
- ❏ 密码学技术，利用数字签名和加密等密码技术保护数据和通信的安全。

2. 漏洞赏金计划

漏洞赏金计划是一种激励机制,鼓励社区成员发现和报告系统漏洞。

漏洞赏金计划的流程：项目团队发布悬赏公告，明确漏洞的范围和奖励金额；社区成员提交发现的漏洞并提供详细报告；项目团队验证、确认提交者提交的漏洞的真实性，如果漏洞得到确认，项目团队将向提交者发放相应奖励。

3. 案例研究：以太坊漏洞赏金计划

以太坊的漏洞赏金计划吸引了大量安全研究者和黑客参与。通过该计划，以太坊发现了许多潜在的安全漏洞并及时进行了修复，提高了系统安全性。

通过结合去中心化安全性协议、漏洞赏金计划等，可以有效提高区块链系统的安全性，保护用户资产和隐私。

8.4 区块链的安全实践

在区块链安全实践中，使用互斥锁是应对重入攻击的一种方法。互斥锁是通过布尔变量实现的，在函数执行前将其设为 true，调用完成后回滚为 false。它锁定了部分合约状态，直到函数调用完成。如下面的 mutex_pattern.sol 所示，应用互斥锁，使 withdraw 函数在被初始调用期间不受递归调用控制，从而阻止重入攻击。

```solidity
// SPDX-License-Identifier: MIT
// Author: Xingxiong Zhu, Email: zhuxx@pku.org.cn
pragma solidity ^0.8.0;

contract MutexPattern {
    bool locked = false;                      // 定义一个布尔变量locked,初始值为false
    mapping(address => uint256) public balances;
    // 定义一个映射，记录每个地址的余额

    modifier noReentrancy() {                 // 定义一个修饰符，防止重入攻击
        // 确保locked为false,防止重入攻击
        require(!locked, "Blocked from reentrancy.");
        locked = true;                        // 将locked设置为true,锁定合约
        _; // 执行被修饰的函数体
        locked = false;                       //执行完后，将locked设置为false,解锁合约
```

```solidity
    }
    // withdraw 函数受互斥锁保护
    // 提款函数，接受一个金额参数
    function withdraw(uint _amount) public payable noReentrancy returns(bool) {
        // 确保余额足够提款
        require(balances[msg.sender] >= _amount, "No balance to withdraw.");

        balances[msg.sender] -= _amount;      // 从用户余额中扣除提款金额
        //将金额发送给用户
        (bool success, ) = msg.sender.call{value: _amount}("");
        require(success);                      // 确保发送成功

        return true;                           // 返回 true，表示提款成功
    }
}
```

8.5 小　　结

本章详细介绍了区块链面临的安全威胁和漏洞，并分析了它们的机制、潜在后果以及有效的解决策略。为了降低这些风险，我们提出了最佳实践指南，这些经验对于防止漏洞、确保智能合约的完整性至关重要。后量子密码学解决了量子计算机带来的威胁，提供了能抵抗量子攻击的加密算法。去中心化安全协议利用区块链网络的固有特性来增强安全性，而漏洞赏金计划则激励社区成员发现并报告漏洞。理解这些安全挑战并实施有效的对策，能显著提高系统的可扩展性和可靠性。

8.6 习　　题

一、选择题

1. 常见的区块链安全威胁类型有哪些？（　　）
   A. Sybil 攻击　　　　　　　　　　　　B. 拒绝服务攻击
   C. 智能合约漏洞　　　　　　　　　　　D. 以上都是
2. 最常见的智能合约漏洞类型是什么？（　　）
   A. 重入攻击　　　　　　　　　　　　　B. 整数溢出
   C. 拒绝服务攻击　　　　　　　　　　　D. 访问控制漏洞
3. 形式化验证在智能合约安全中的作用是什么？（　　）
   A. 编译智能合约　　　　　　　　　　　B. 证明合约逻辑的正确性
   C. 防止 Sybil 攻击　　　　　　　　　　D. 确保用户数据不被泄露

二、论述题

1. 论述不同类型的区块链安全威胁及其潜在后果。
2. 解释重入攻击的概念以及如何预防重入攻击。
3. 分析量子计算对区块链安全的影响以及后量子密码学的作用。
4. 漏洞赏金计划如何改善区块链的安全？
5. 创建一个研究案例，研究一个真实的区块链安全事件并论述从中吸取的经验。

第 9 章 区块链的监管环境

区块链技术的新兴应用为全球监管机构带来了巨大的挑战和机遇。本章将深入分析区块链的监管框架等内容。

9.1 当前监管机构对区块链技术的监管方法

本节将介绍区块链技术当前的监管方法，重点关注 3 个关键领域：区块链资产的分类、反洗钱（AML）和了解你的客户（KYC）监管，以及全球监管和协调的必要性。

9.1.1 区块链资产分类：证券与公用事业代币

随着区块链技术的蓬勃发展，各种各样的数字资产也悄然兴起，每种资产都有其独特的特点和潜在的监管影响。区块链资产基本上都是在全球互联网上公开发行的，其分类方法参考了国际上的通行方法。本节将介绍两大类区块链资产：证券和公用事业代币（Utilities）。

1. 证券的监管视角

证券是用来证明券票持有人享有的某种特定权益的法律凭证，主要包括资本证券、货币证券和商品证券等。为了保护投资者及维护市场完整性，这些资产通常会受到严格的监管。

证券的主要特征：投资者必须向企业出资，即货币投资；投资者必须为共同目的而投入资金，即共同企业；投资者期望从投资中获利，即利润预期；企业向公众提供投资机会，即公开募集。

2. 公用事业代币的作用

公用事业代币旨在提供对区块链平台上产品或服务的访问，也称为实用代币。这些代币通常用作支付或参与生态系统的一种方式。公用事业代币一般不视为证券，因为其主要目的不是用于投资的。

公用事业代币的主要作用是促进平台或服务的使用，其投资潜力有限，代币的价值主要来自其效用而不是预期的资本收益，代币持有者对底层产品没有所有权。

3. 应用分析

首次代币发行（ICO）项目通过发行代币来筹集资金，其通常作为潜在的发行证券而受到审查，在一些国家甚至受到限制或禁止，需要遵守相应国家的法律和法规。项目的商业模式、代币的功能以及对投资者的承诺等因素影响代币是否被视为证券。

去中心化金融（DeFi）生态系统中出现的代币种类繁多，有治理代币、稳定币及借贷代币等多种类型。不同的代币有各自特定的应用场景和经济属性。

非同质化代币（NFT）作为一种独一无二的数字资产，其分类是较为复杂的。虽然NFT通常不被归类为证券资产，但是与底层投资或商业活动密切关联起来，其分类就需要慎重考虑了。

4. 监管框架与挑战

目前世界各国政府都在积极探索有效的区块链资产监管方案。有的司法管辖区采取了相对宽松的监管方式，侧重于消费者保护和市场诚信。而有些国家则持更严谨的立场，将部分代币归类为证券并纳入传统的金融监管体系，以保护投资者的权益。

区块链资产主要的监管难点有：区块链技术的全球化特征需要国际间协调和各国通力合作，建立监管的统一框架；技术革新、快速发展的区块链领域为监管机构及时应对新兴趋势带来挑战；如何在保护投资者权益的同时，激活创新活力，是一个平衡之道的微妙课题。

随着区块链生态系统的不断发展，监管机构将继续调整其监管策略，以确保这些资产得到有效监管，并保护投资者的合法权益。

9.1.2 AML 和 KYC 规则

区块链技术的快速发展给全球金融监管带来了新的机遇和挑战。同时，以遏制非法金融活动为目标的 AML（反洗钱）和 KYC（了解你的客户）等规则，在区块链交易日益发展的背景下显得尤为重要。

1. 区块链中的AML和KYC原则

AML 和 KYC 是为预防金融系统中的洗钱活动而实施的措施，其目的是确认参与此类活动的个人或组织的身份。这些原则必须根据去中心化网络和加密货币的特性而完善。

AML 和 KYC 的关键措施包括：区块链的公共账本提供了透明度，可将这种透明度逐步扩展到参与者的身份；跟踪、追溯区块链网络上的资金流动，进行 AML 和 KYC 合规监管；对不同类型的区块链交易和客户所带来的风险要有清晰的评估措施，包括辨别交易双方的地理位置、底层资产性质及潜在的非法活动等。

2. 在区块链中实施AML和KYC的方法

在区块链中实施 AML 和 KYC 的方法如图 9-1 所示。

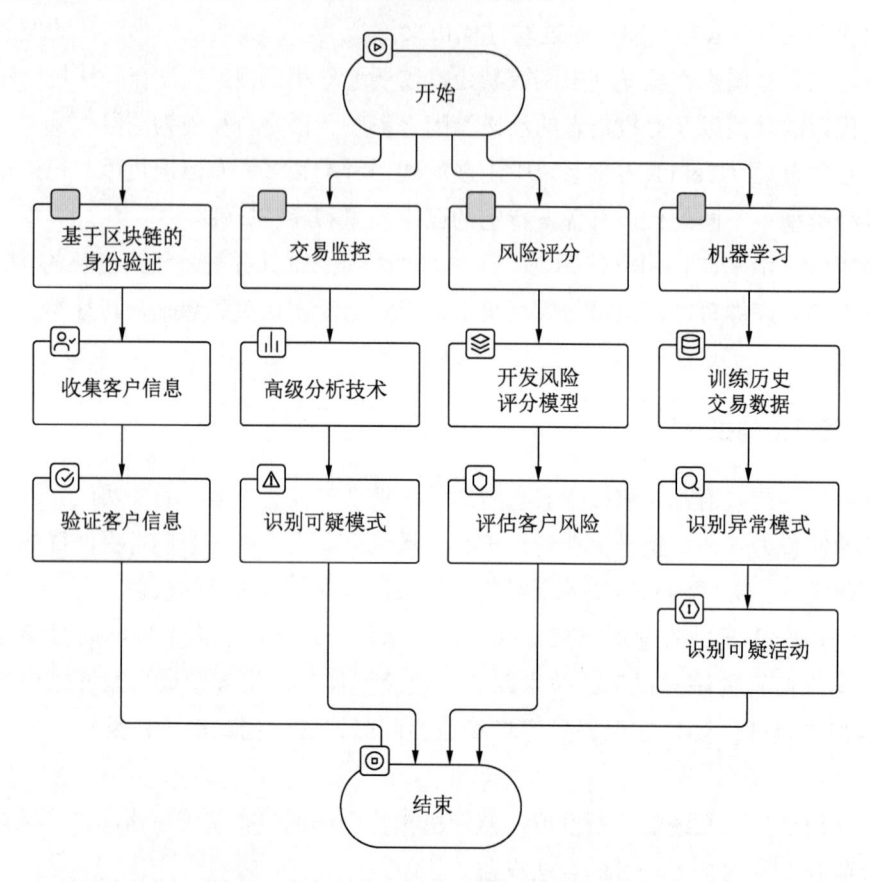

图 9-1 在区块链中实施 AML 和 KYC 的方法

可以采用各种方法在区块链环境中实施 AML 和 KYC 监管，这些方法包括：KYC 验证，基于区块链的身份验证解决方案，用于收集、验证客户信息，如身份证明、地址证明；交易监控，高级分析技术用于监控区块链交易是否存在可疑模式，如大额或异常转账，或涉及高风险司法管辖区的交易；风险评分，开发风险评分模型，根据各种因素评估客户从事洗钱或其他非法活动的可能性；机器学习，通过机器学习算法训练历史交易数据，并识别与正常行为相偏离的模式，从而识别可疑活动。

9.1.3 全球监管和协调的必要性

随着区块链技术的广泛应用，全球监管机构正在纷纷努力构建相应监管框架。

1. 全球监管格局

对区块链技术的监管，不同的司法管辖区存在差异，关键监管主题包括：证券监管，许多司法管辖区将区块链资产特别是部分代币归类为证券，从而强化监管；汇款和支付服务监管应用于与加密货币相关的活动；数据隐私和保护相关法规针对区块链生态系统内个人数据的处理有较大的约束性；税收方面，区块链相关活动的税务处理在各国之间差异较大。

2. 重点监管领域

以下几个关键领域已成为监管的优先关注点：
- 投资者保护，保护投资者免受欺诈、市场操纵和其他风险至关重要；
- 金融稳定性，监管机构正在评估区块链技术带来的潜在风险，特别是与稳定币和其他形式的数字货币相关的领域；
- 市场诚信，解决市场操纵和潜在的非法活动等问题；
- 消费者保护，保护消费者免受不公平待遇或被欺骗是重要的监管领域。

全球对区块链技术的监管环境正在迅速变化，国际合作与协调的需要变得迫切。通过解决关键监管领域的问题并促进合作，监管机构可以为基于区块链的活动创造一个更加稳定、可预测和创新的生态系统。

9.2 智能合约的法律影响

智能合约的法律影响和可执行性仍然是一个复杂且不断发展的领域。本节将介绍智能合约的可执行性与争议解决机制、去中心化自治组织与法律框架，以及监管的不确定性与智能合约应用的未来。

9.2.1 智能合约的可执行性原则和争议解决机制

智能合约作为直接写入代码的自我执行合约，具有彻底改变各行业的潜力。然而，其执行力和由此产生的争议解决仍然是重大的法律挑战。

1. 智能合约可执行性的原则

智能合约可执行的原则包括：
- 形成合同，智能合约必须遵守合同形成的基本流程，如要约、接受、对价和相互同意；
- 明确性，智能合约的条款必须明确才具有可执行性；
- 合法性，智能合约必须遵守相关的法律法规，包括与消费者保护、证券及数据隐私保护相关的法律法规；
- 自治，智能合约旨在自主运行，根据预定义条件执行条款，然而并不排除法律监督和干预。

智能合约的可执行性原则如图9-2所示。

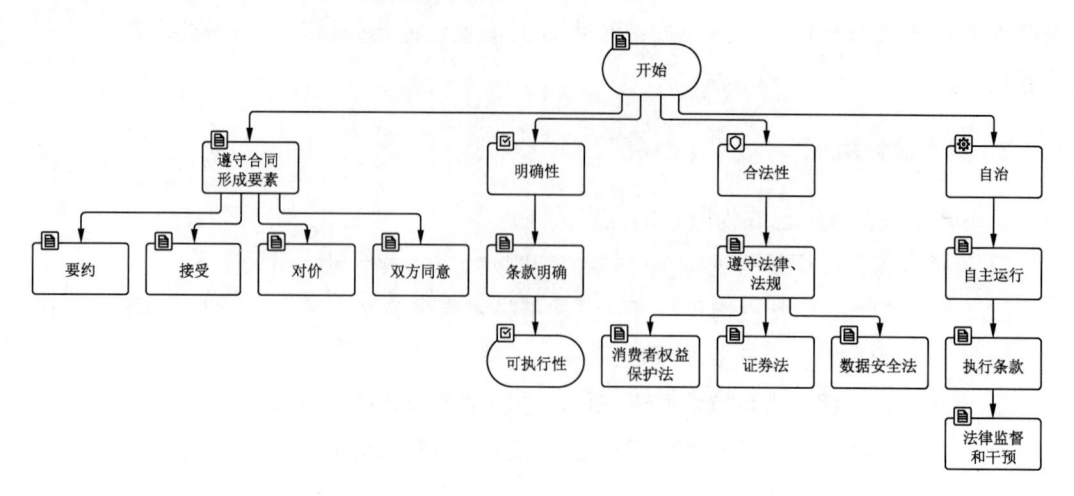

图 9-2 智能合约可执行性的原则

2. 智能合约可执行性的分析方法

为了评估智能合约的可执行性，通常采用以下分析方法：

- 合同分析，分析智能合约的文字、表达的意图，以确定其含义、范围；
- 适用的法律分析，确定适用于智能合约的相关法律法规，考虑因素如司法管辖区、主题及涉及的当事方；
- 风险评估，评估与智能合约相关的潜在风险和不确定性，如技术故障、安全漏洞或法律监管框架的变化等。

3. 应用分析

智能合约的可执行性已经在各种法律背景下进行了测试。

- 供应链管理：智能合约可用于自动化和简化供应链流程，但是可能会出现质量标准、付款条款的争议。
- 去中心化金融（DeFi）：DeFi协议通常严重依赖智能合约，源自这些合同的争议涉及协议漏洞、治理冲突和代币持有者权利等问题。

4. 争议解决机制

当涉及智能合约的争议时，可以使用各种解决机制。

- 调解，中立第三方能促进各方之间的谈判，以达成双方同意的和解；
- 仲裁，中立仲裁员可听取证据并做出具有约束力的裁决；
- 诉讼，在某些情况下，涉及智能合约的争议可通过传统的法院诉讼方式来解决；
- 链上争议解决，一些区块链平台整合了链上争议解决机制，争议通过智能合约或网络内的治理流程来解决。

制约区块链生态系统发展的主要因素之一是智能合约的可执行性及其引发的争议。对相关问题的深入了解可以帮助利益相关者更好地遵守法律，有效降低智能合约交易的风险。

9.2.2 去中心化自治组织和法律框架

区块链技术催生了去中心化自治组织的治理模式。依靠智能合约运行，去中心化组织摆脱了对中心化机构的依赖，实现了决策过程的自动化。虽然去中心化组织在提高透明度、效率和民主参与方面表现出了巨大潜力，但是在其法律地位及监管影响方面仍然存疑。去中心化自治组织的治理原则和方法，如图 9-3 所示。

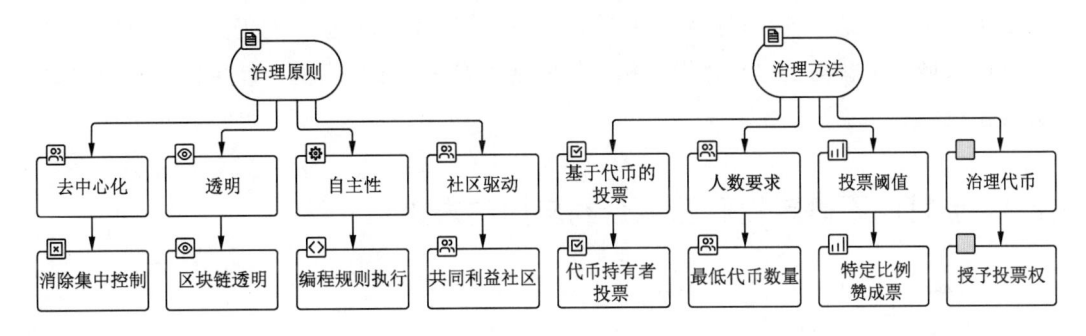

图 9-3 去中心化自治组织的治理原则和方法

1. 去中心化组织的治理原则

去中心化组织由一套编码在智能合约中的规则和程序来管理，这些规则定义了去中心化组织的目的、成员标准、投票机制及其运行的关键方面。

去中心化组织治理的主要原则包括：
- 去中心化，去中心化组织的目的是通过在代币持有者之间分配决策权来消除中心化控制；
- 透明，去中心化组织的活动及决策过程在区块链上是透明和可验证的；
- 自主性，去中心化组织自主运行，根据编程规则执行决策，无须人工干预；
- 社区驱动，去中心化组织通常由具有共同利益或目标的社区驱动。

2. 去中心化组织的治理方法

去中心化组织采用各种方法治理，包括：
- 基于代币的投票：代币持有者根据其持有的代币数量对提案进行投票；
- 人数要求：必须有最低数量的代币持有者对提案进行投票才有效；
- 投票阈值：必须有特定比例的赞成票才能通过提案；
- 治理代币：一些去中心化组织发行治理代币，授予持有者投票权和其他特权。

3. 应用

- 平台治理：去中心化组织可以管理在线平台和社区，使用户有能力"塑造"平台的发展方向。
- 加密货币基金：去中心化组织用于管理加密货币基金，实现分散决策和透明治理。

4. 去中心化组织的法律问题与合规性考量

去中心化组织的法律性质及其现行法律体系的适应性仍然存在较大的不确定性。去中心化组织是否被视为某种法律实体，这在不同国际司法管辖区之间存在差异。关于税收问题，去中心化组织及其成员的税收待遇因所处的管辖区而有所不同。

去中心化组织是一种新兴的治理模式，但其法律地位和监管影响仍然是一个复杂和不断发展的领域。了解与去中心化组织相关的原则、方法和应用案例，能更好地适应法律环境并做出贡献。

9.2.3 监管的不确定性和智能合约应用的未来

1. 监管的不确定性

监管的不确定性源于几个因素：不断发展的技术使监管难以与技术创新保持同步，难以建立有效的监管框架；不同的司法管辖区对智能合约有不同的监管方法；作为一项相对较新的技术，法律先例和案例有限。

2. 减少监管不确定性的策略

监管参与：积极参与监管，提供相关意见和反馈，帮助塑造清晰和支持性的监管框架；
- 法律调查：评估与智能合约相关的潜在监管风险，并制定降低这些风险的策略；
- 监管沙盒：为测试创新技术和试验新的监管方法提供一个受控环境；
- 行业标准：与同行合作，为智能合约的开发、使用制定标准和最佳实践方案；
- 国际合作：促进国际合作，以促进监管协调并减少跨境复杂性。

在充分了解监管不确定性带来的机遇与挑战后，所有利益相关方需要共同努力，打造一个更有利于智能合约发展的生态环境。

9.3 负责任的创新和思考

区块链技术的发展和应用引发了对伦理问题的深刻思考，迫使我们更加关注"负责任"的创新。本节将重点讨论几个关键领域：区块链系统对环境的影响及其可持续性，隐私保护以及如何在区块链生态系统中培养交易透明、互相信任的道德环境。

9.3.1 区块链对环境的影响

虽然区块链技术具有去中心化、透明和安全等诸多优势，但是其高能耗，尤其是在使用工作量证明共识机制的区块链网络中已成为一个无法回避的问题。

1．能源消耗和碳足迹

使用工作量证明共识的区块链系统需要大量的计算能力来验证和保护交易。这种能源消耗会使大量的温室气体排放，从而导致气候变化。区块链系统的碳足迹（衡量温室气体排放量的指标）取决于以下因素：

- 共识机制，工作量证明机制比权益证明机制更加耗能；
- 硬件效率，用于区块链挖掘操作的硬件效率能影响能源消耗；
- 网络规模，参与区块链网络的节点数量能影响整体能源消耗；
- 地理位置，用于挖掘操作的能源来源可以影响碳足迹。

2．环境影响评估

为了评估区块链系统对环境的影响，必须考虑各种指标，包括：能源消耗，测量特定时期内区块链网络消耗的总能量；碳排放，计算与区块链网络的能源消耗相关的温室气体排放；用水量，评估用于冷却和与区块链挖掘相关的其他运营活动的用水量；土地使用，评估数据中心和加密货币挖矿设施所需的土地面积。

3．优化可持续性的策略

优化区块链系统环境可持续性的策略执行流程如图 9-4 所示。

- 转向权益证明共识，从工作量证明转向权益证明共识机制可以显著减少能源消耗与碳排放；
- 硬件优化，使用更节能的硬件和优化挖掘算法能提高区块链操作的效率；
- 可再生能源，采用可再生能源为区块链挖掘操作提供动力减少碳足迹；
- 网络效率，实施网络优化，降低单笔交易的数据量，增加区块频率，提高能源效率；

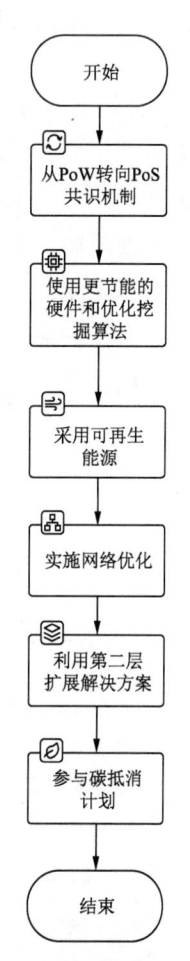

图 9-4 提高区块链系统环境可持续性的策略执行流程

❑ 第二层解决方案，利用第二层扩展解决方案将一部分交易从主区块链中卸载，从而减少能源消耗量；
❑ 碳抵消计划，参与碳抵消计划可以缓解区块链项目对环境的负面影响。

9.3.2 数据保护问题探讨

区块链数据保护旨在保护个人隐私数据的安全性。

1. 区块链中数据保护的原则

在区块链中数据保护的主要原则包括：系统应阐明数据的收集、存储及使用流程；个人有权确认是否同意收集和使用其个人数据；系统仅收集和保留完成特定目的所需的最少个人数据；杜绝未经授权的访问、披露、篡改或破坏用户数据；负责处理个人数据的组织承担相应的责任。

2. 数据保护的方法

可以使用多种方法保护数据的私密性，具体如下：
❑ 可使用假名或匿名来掩盖个人数据，使其他人难以识别个人的技术；
❑ 加密，对个人数据进行加密，能使未经授权方无法读取；
❑ 访问控制，实施访问控制来限制谁可以访问和修改个人数据；
❑ 数据最小化协议，设计区块链系统，仅收集和存储必要的个人数据；
❑ 隐私保护协议，利用零知识证明等隐私保护协议，在不透露底层数据的情况下实现某些计算。数据隐私保护方法的执行流程如图9-5所示。

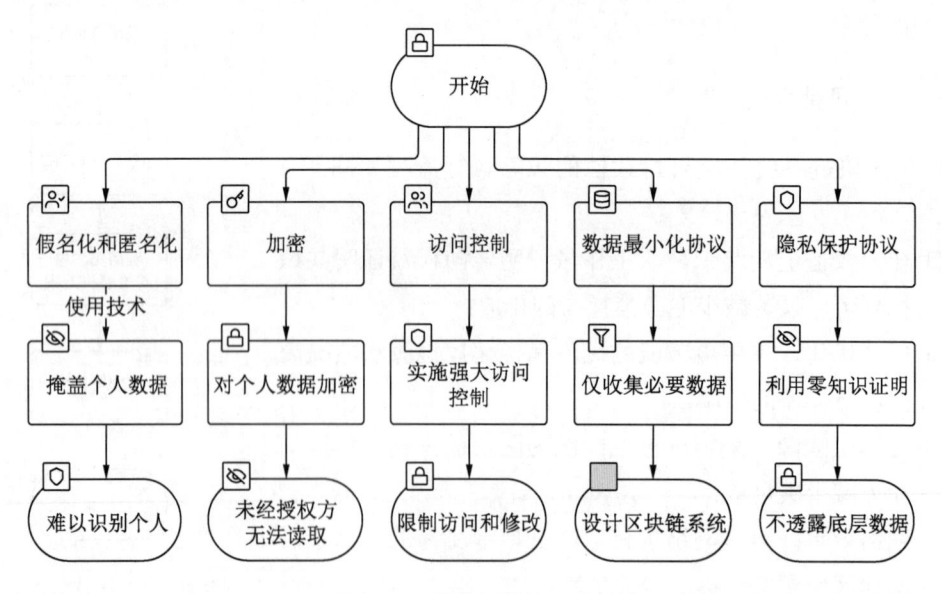

图9-5 数据保护的方法

3．应用

数据隐私问题在涉及个人数据的区块链应用场景中备受关注。例如：身份认证，区块链技术可用于验证个人身份，但对个人信息的收集和存储不可避免；供应链管理，区块链技术可全程追踪产品和材料的状态，这会涉及消费者或供应商的个人数据；医疗保健领域，区块链技术可用于存储和共享医疗记录，但同时也会引发人们对数据安全的担忧；金融服务领域，需要收集和处理大量的个人金融数据，以实现基于区块链的数字支付和贷款服务。

4．数据保护的未来发展趋势

区块链数据保护发展的未来趋势：持续研发数据保护技术，增强区块链系统中的数据安全性；建立明确的区块链数据隐私监管框架；制定行业标准和最佳实践方案，以推动负责任的创新，保护消费者权益。

理解隐私原则、方法和应用，利益相关者可以构建一个更加友好的区块链生态系统。

9.3.3 区块链的开放性和信任机制

区块链能否广泛应用取决于建立开放性和信任机制并确保其合规地发展。

1．开放性和信任机制

开放和信任是指：区块链系统应向所有参与者开放；区块链上存储的数据必须是可验证的；必须确保区块链数据的不可篡改性；共识机制必须是安全、公平和抗攻击的；区块链社区应积极参与区块链项目的治理和决策。

2．建立信任机制的方法

建立信任机制的方法：公开披露区块链系统和治理结构的相关信息；确保区块链的完整性和安全性，定期审计、验证；积极培养区块链社区的参与意识；推动区块链的开放性发展；对生态系统中的个人和组织建立相应的信誉系统。区块链系统建立信任的方法如图9-6所示。

3．区块链的合规发展

区块链的合规发展应考虑该技术的更广泛的社会和环境影响，包括：
- 公平性和公正性，确保区块链技术对所有利益相关者都是可访问的，无论其社会或经济地位；
- 隐私和数据保护，保护个人隐私，负责任地处理个人数据；
- 可持续性，考虑区块链系统对环境的影响，促进其可持续发展；
- 反洗钱和反恐怖主义融资，实施相应措施，防止不法组织或个人利用区块链技术进行非法活动。

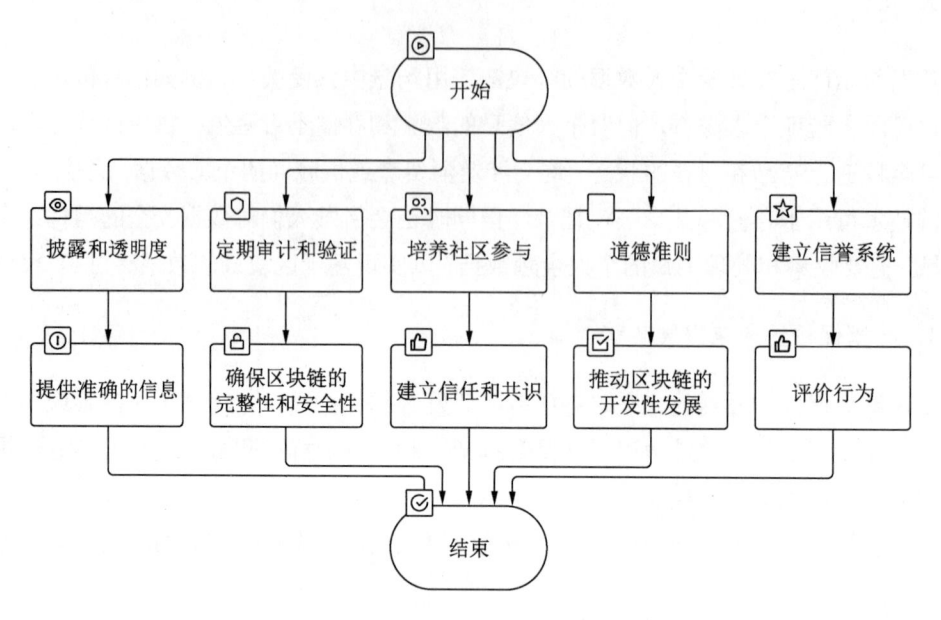

图 9-6　区块链系统建立信任的方法

9.4　区块链监管实践

在区块链技术的国际监管环境中,最迫切的问题之一是区块链资产的分类,特别是区分证券和公用事业代币。本节将基于预定义的监管规则,利用智能合约,实现基本的资产分类。

下面是一个实现分类逻辑的 Solidity 智能合约。基于以太坊,采用 Solidity 编程语言来实现。

Remix IDE 集成开发环境（https://remix.ethereum.org/）提供了智能合约的编写、编译环境,利用其创建 AssetClassifier.sol 文件,编译 Solidity 代码。在合约的部署、运行、测试过程中提供了 Remix VM (Shanghai)环境选择。通过 Remix 与合约交互,可测试智能合约的功能。

```
// SPDX-License-Identifier: MIT
// Author: Xingxiong Zhu, E-mail: zhuxx@pku.org.cn
// 指定合约使用的许可证类型
pragma solidity ^0.8.0;
// 指定 Solidity 编译器的版本

contract AssetClassifier {
// 定义名为 AssetClassifier 的合约

    enum AssetType { UNCLASSIFIED, SECURITY, UTILITY }
        // 定义资产类型的枚举,包括未分类、证券和实用代币
```

```
    struct Asset {
    // 定义一个名为 Asset 的结构体,用于存储资产信息
        string name;                            // 资产名称
        string description;                     // 资产描述
        AssetType assetType;                    // 资产类型
    }

    mapping(address => Asset) public assets;
    // 定义一个映射,将每个地址映射到其对应的 Asset 结构体中

    function classifyAsset(string memory _name, string memory _description,
bool _isSecurity) public {
    // 定义分类资产的函数,接收资产名称、描述和是否为证券的布尔值
        AssetType assetType = _isSecurity ? AssetType.SECURITY :
AssetType.UTILITY;
        // 根据是否为证券的布尔值确定资产类型
        assets[msg.sender] = Asset(_name, _description, assetType);
        // 将分类结果存储到 Assets 映射中,使用消息发送者的地址作为键
    }

    function getAssetType(address _assetOwner) public view returns (AssetType) {
    // 定义一个函数用于获取指定地址的资产类型
        return assets[_assetOwner].assetType;
        // 返回该地址对应的资产类型
    }
}
```

9.5 小　　结

随着区块链技术不断获得关注,全球各地的政府和监督机构都在寻求建立监管框架,以应对这项创新技术带来的挑战和机遇。

理解监管环境,积极应对区块链技术带来的挑战和机遇,利用其潜力积极推动变革,同时降低其带来的风险,确保其可持续发展。

9.6 习　　题

一、选择题

1. 在区块链的背景下,反洗钱和了解你的客户法规的主要目的是什么?（　　）
   A. 促进区块链领域的创新　　　　　　B. 保护投资者免受市场操纵
   C. 防止将区块链用于非法活动　　　　D. 确保不同区块链平台的互操作性

2．智能合约的主要目的是什么？（　　）

A．促进点对点交易　　　　　　B．提供去中心化的存储解决方案

C．自动执行合同　　　　　　　D．创建新的数字资产

3．以下哪个是智能合约的关键因素？（　　）

A．合同形成　　　　　　　　　B．司法管辖权

C．隐私　　　　　　　　　　　D．以上全部

二、论述题

1．论述区块链全球监管努力和协调的必要性。

2．论述智能合约的可执行性的原则和分析方法。

3．从环境影响、数据保护和透明度等方面讨论区块链技术的发展和应用。

4．去中心化自治组织对传统法律框架有哪些潜在影响？

5．讨论并提出一个框架来解决区块链系统中的数据安全问题，以保护个人敏感数据。

第 10 章　当前区块链的应用现状与创新

本章将探讨区块链技术在经济和社会各个领域的作用,深入分析区块链如何促进金融系统及产业的发展。

10.1　金融普惠与创新

本节将探讨区块链技术在推动金融包容性和全球金融生态系统创新方面的潜力,包括:监管与合规框架、供应链金融与贸易融资以及可编程货币与新型金融工具等。

10.1.1　监管与合规框架

金融包容性与创新是促进经济增长的推动力量,而监管与合规框架在其中发挥着重要作用。

1. 金融监管原则

- 基于风险的监管,评估新金融产品、服务和商业模式所带来的潜在风险,并针对不同的风险水平设置相应的监管标准。
- 适度性原则,监管应与其目标相符,不应对服务于公众的机构施加过大压力。
- 灵活性与适应性是关键,监管框架需要不断调整,确保不会引发系统性风险。

2. 监管框架的设计方法

设计监管框架时,有多种方法可以应对不同的监管要求。基于原则的监管为监管者提供了总体的指导方针和目标;数据驱动的监管用于监控和评估金融机构的行为,依赖大数据和高级分析技术;技术在监管中的运用提高了监管效率,如通过自动化技术来简化合规性和报告任务。

监管者应用这些监管原则和框架设计方法能更好地监督、管理区块链金融领域的合规性。

10.1.2 供应链金融与贸易融资

供应链金融、贸易融资在全球经济中占有重要地位。

1. 供应链金融的基本原则和区块链创新

供应链金融是指在供应链的各环节中为企业提供资金支持,核心原则是基于供应链的真实交易和合同提供定制化的融资方案。

通过区块链技术记录每个供应链交易,确保信息的透明与共享。智能合约和分布式账本技术重新定义了供应链风险管理。

2. 贸易融资的基本原则与区块链应用

贸易融资为国际商品交易提供了资金保障。贸易融资的原则包括风险控制、信用评估与支付保障。贸易融资与区块链应用,如图 10-1 所示。

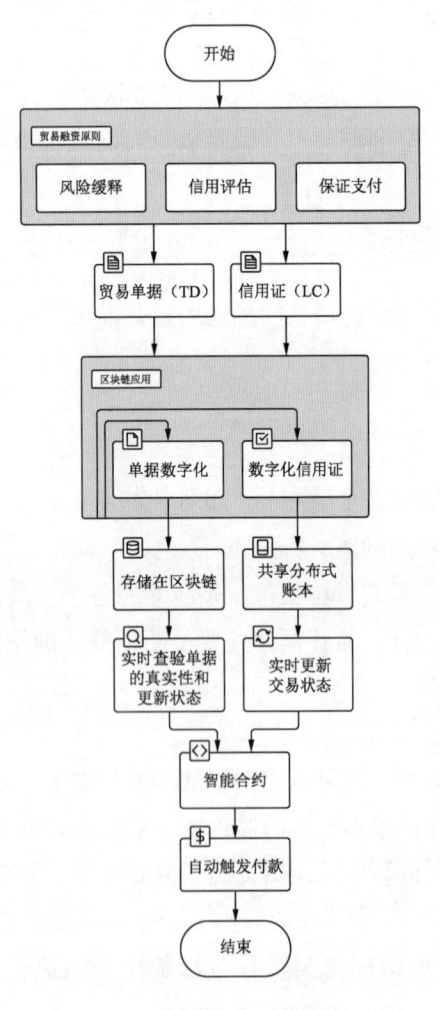

图 10-1 贸易融资与区块链的应用

信用证（LC）通过区块链技术可以实现数字化与自动化，在分布式账本上更新交易状态，并通过智能合约自动触发付款。

贸易融资中的单据（如提单、发票、保险单等）和资金流动的数字化，通过区块链存储并验证贸易单据的真实性，通过智能合约自动执行付款流程。

基于区块链的供应链金融与贸易融资，探索跨行业合作和数据隐私保护等领域。

10.1.3 可编程货币与新型金融工具

在金融科技快速发展的背景下，可编程货币和新型金融工具正在改变货币和金融合约的运作方式。

1. 可编程货币

可编程货币利用智能合约定制的数字货币，能够自动执行预设的规则，能用于普通支付，还能创建去中心化金融衍生品、可编程贷款等产品。

2. 新型金融工具

基于区块链的新型金融工具如图 10-2 所示。

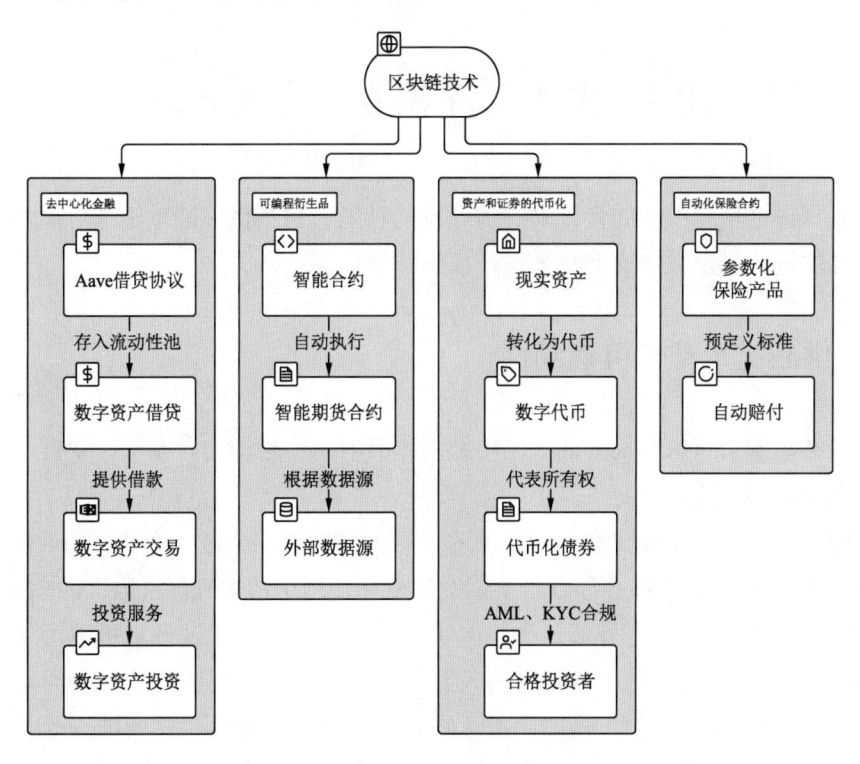

图 10-2 基于区块链的新型金融工具

❑ 去中心化金融，提供数字资产的借贷、交易和投资等金融服务的金融服务生态系统，建立在区块链技术上。例如 Aave 借贷协议，将数字资产存入流动性池中，供借款人使用。
- 可编程衍生品，根据现实世界的数据源，利用智能合约自动执行衍生合约。例如智能期货合约，规定某项资产在未来某日以预定价格购买，合约依据预定条件和外部数据源自动执行。
- 资产和证券的代币化，代币代表所有权，将现实世界的资产如房地产、商品或股票转化为区块链上的数字代币，其可以交易、转移。可编程的证券化代币如一个代币化债券，为确保其符合所在司法管辖区合格投资者（AML、KYC 合规）的要求，可以自动执行对持有者身份的限制。
- 自动化保险合约，保险赔付根据预先定义的标准自动触发，即基于区块链技术创建参数化的保险产品。

3. 实际应用

央行数字货币是政府发行的数字货币，在发挥区块链的优势的同时，同时央行控制数字货币的供应。在各国的数字货币中，中国的数字人民币处于领先地位。

货币及金融合约互动方式的变革，在可编程货币和新型金融工具中得到了体现。随着可编程货币和新型金融工具的日益成熟，金融包容性和创新性将更加明显。

10.2　实体经济赋能与产业升级

本节将探讨区块链技术如何推动实体经济的转型，包括供应链重塑与可追溯性、物联网与工业区块链，以及数字资产与知识产权保护等。

10.2.1　供应链重塑与可追溯性

在供应链重塑与可追溯性方面，区块链技术具有革命性潜力。基于区块链重塑供应链示意图如图 10-3 所示。
- 数据收集与验证，每个供应链节点在上传数据时都会生成一个哈希值，代表数据的唯一性，任何改动都会导致哈希值发生变化，这个特性确保了数据的完整性。
- 预言机（Oracles）是外部信息与区块链系统之间的桥梁。预言机被区块链用于获取现实世界中的信息，并将其输入到区块链的智能合约中。智能合约可以用于自动化支付安排。例如，当产品抵达特定节点并通过质检时，智能合约会被自动触发付款给供应商。
- 数据隐私与访问控制通过引入分层访问控制机制，为不同的供应链参与方设置不同的访问权限。例如，消费者可以访问产品的基本信息，而供应链中的某些敏感数据，如成本价、进价、供应商细节等，则仅对特定的供应链合作方开放。为了应对潜在的成千上万的节点和交易，引入侧链和分片等创新形式。侧链允许在主链之外处理大量交易，从而减轻主链的负担。分片将区块链网络分为多个能并行运行的片来提升处理效率。

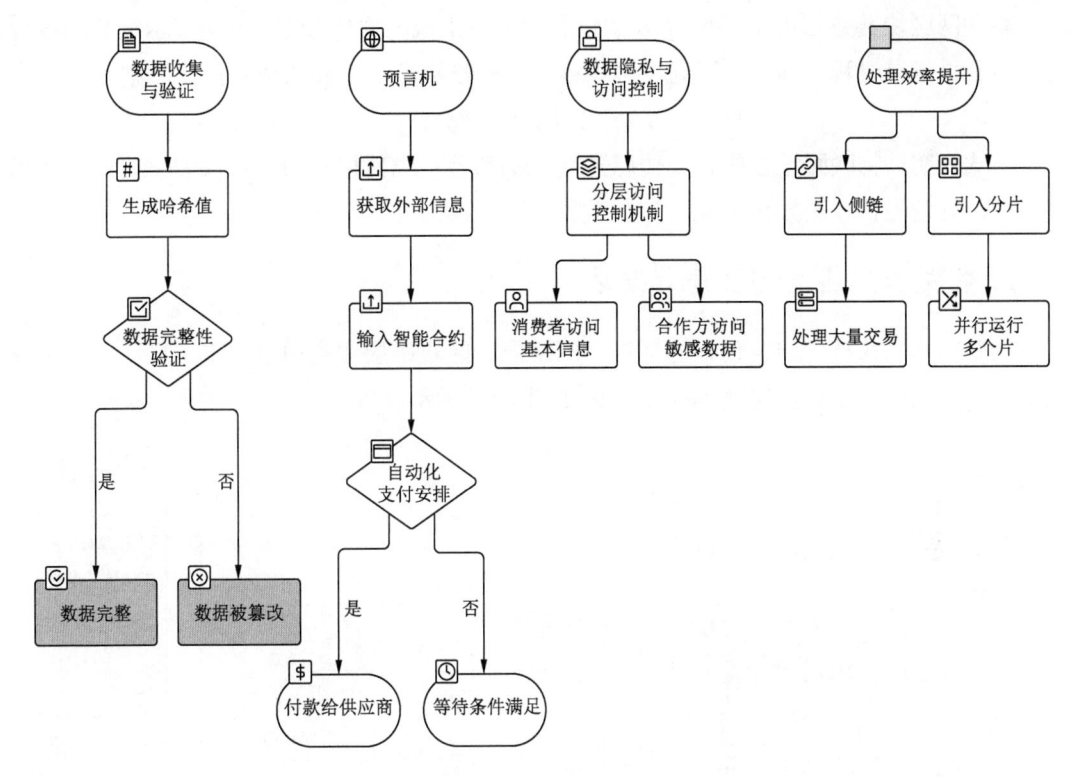

图 10-3 基于区块链重塑供应链示意

应用分析1：IBM Food Trust

IBM Food Trust 基于区块链的食品供应链追溯平台，基于分布式账本技术，追踪食品从农场到餐桌的全过程信息。供应链各方可以实时查看相关数据。

案例研究2：宝马的供应链溯源系统

宝马汽车制造过程中的每个零部件都基于区块链技术实现追踪。通过宝马的供应链溯源系统，宝马汽车的零部件真实性、合规性得到了保障。

随着区块链的应用深入，具备实时响应能力，更加智能化、互联互通的供应链有望实现。

10.2.2 物联网与工业区块链

第四次工业革命的一个重要标志是物联网（IoT）与工业区块链的结合。

1. 物联网区块链数据模型

通过区块链，物联网设备可在去中心化环境下安全地共享数据，确保各方能在没有中心化管理的情况下相互信任。

物联网区块链数据模型：设 d 表示物联网设备生成的原始数据，$P(d)$ 表示物联网设备的传感数据记录过程，$H(d)$ 表示通过区块链的加密哈希函数生成的数据摘要，则有：

$$H(d)=SHA256(P(d))$$

上式表明，物联网设备的各个传感数据 $P(d)$ 都会生成其相应的哈希值 $H(d)$，一旦数据被篡改，其哈希值也会发生变化，确保数据的不可篡改性。

2. 物联网与工业区块链的技术架构

物联网与区块链的结合包括感知层、网络层、区块链层和应用层等多个模块，采用分层架构。物联网与工业区块链的技术架构如图 10-4 所示。

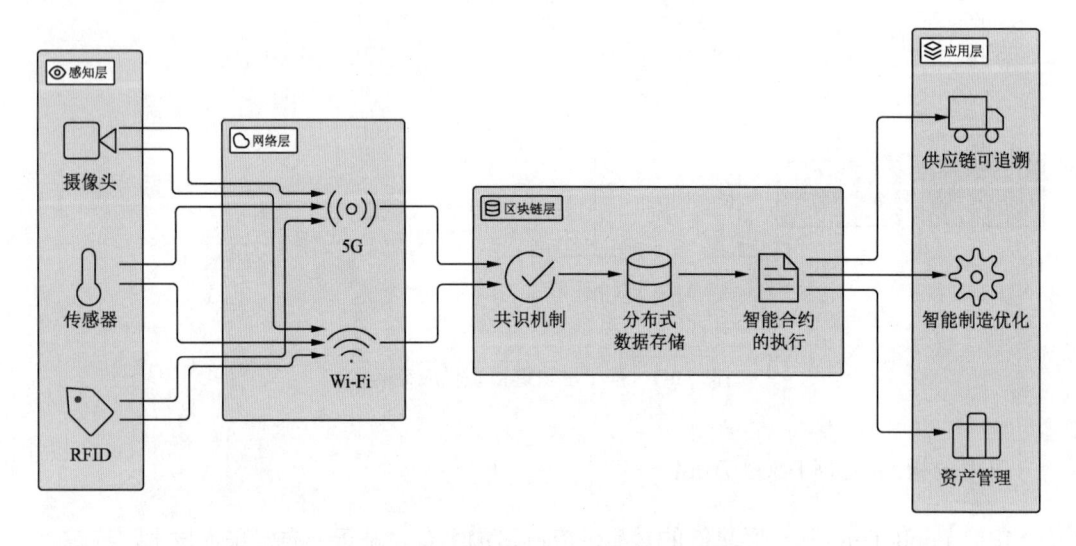

图 10-4 物联网与工业区块链的技术架构

- ❑ 感知层，负责数据的收集和初步处理，由物联网设备如传感器、RFID 和摄像头等组成。
- ❑ 网络层，通过 5G、Wi-Fi 等通信技术将感知层的数据传输到数据处理平台上。
- ❑ 区块链层，负责数据的加密、存储和分发，主要功能包括共识机制，分布式数据存储和智能合约的执行。
- ❑ 应用层，基于区块链和物联网数据，提供如供应链可追溯、智能制造优化和资产管理理等服务。
- ❑ 智能合约，可以自动执行工业流程中的协议和任务，是工业区块链中的重要组成部分。智能合约实现自动设备管理、能源调度、供应链支付结算等应用。

3. 物联网与区块链结合的应用场景

通过物联网设备如 GPS、RFID，和区块链的结合，供应链的每个环节都能够实时追踪，确保物流过程的透明度和可追溯性。

供应链状态模型：供应链追踪中的状态变化可以通过状态转移矩阵表示，设 $S(t)$ 表示时间 t 时的产品状态，传感器数据 X 与状态变化的函数关系为：

$$S(t+1)=f(S(t), X(t))$$

其中，f 是基于物联网设备传感数据的状态变化函数，区块链记录每次状态转移的哈希值，以确保数据的完整性和不可篡改性。

智能制造是工业物联网和区块链技术的典型应用场景。通过将物联网设备安装在生产线的各个环节，可以实现实时讲课和自动化操作，结合区块链的智能合约，工厂能够根据市场需求自动调整生产。

应用分析：通用电气（GE）推出了 Predix 平台，通过物联网设备收集工业数据，并利用区块链技术确保数据安全。该平台为工厂提供了设备监控到数据分析的全方位支持，实现了制造业的智能化转型。

通过研究物联网与工业区块链的数据模型、技术架构和应用场景，能够更好地运用理论框架进行实践应用。

10.2.3 数字资产与知识产权保护

数字资产的出现及知识产权的数字化为资产管理、贸易和知识产权保护带来了新的范式。区块链技术彻底改变了数字经济中所有权的管理、转让和保护方式。数字资产是指任何以电子形式存储并具有价值的资源、对象，包括加密货币、数字艺术作品以及代表实物资产的代币等。知识产权（IP）指法律保护的智力创作，如发明、文学和艺术作品及设计等。

1. 区块链在知识产权保护中的核心应用

区块链在知识产权保护中的应用如图 10-5 所示。

所有权证明，区块链为数字创作提供了带时间戳的不可篡改的所有权记录，便于在争议中证明原始作者的身份；智能合约的预定义条件的自动执行，使知识产权持有者可以自动进行许可管理、版税支付和权利转让；去中心化的知识产权注册基于区块链的去中心化注册系统，使创作者能更高效地保护其知识产权。

2. 数字所有权证明模型

数字所有权证明模型：对于每个数字资产 a，其所有权记录 O_a 存储在区块链账本 b 中，具有以下特征：

$$O_a = \{T_a, H_a\}$$

其中，T_a 是记录所有权的时间戳，H_a 是资产 a 的加密哈希值，确保其完整性。所有权记录 O_a 由区块链账本 b 的共识协议保障，确保任何对所有权数据的篡改都能够被网络检测并拒绝。

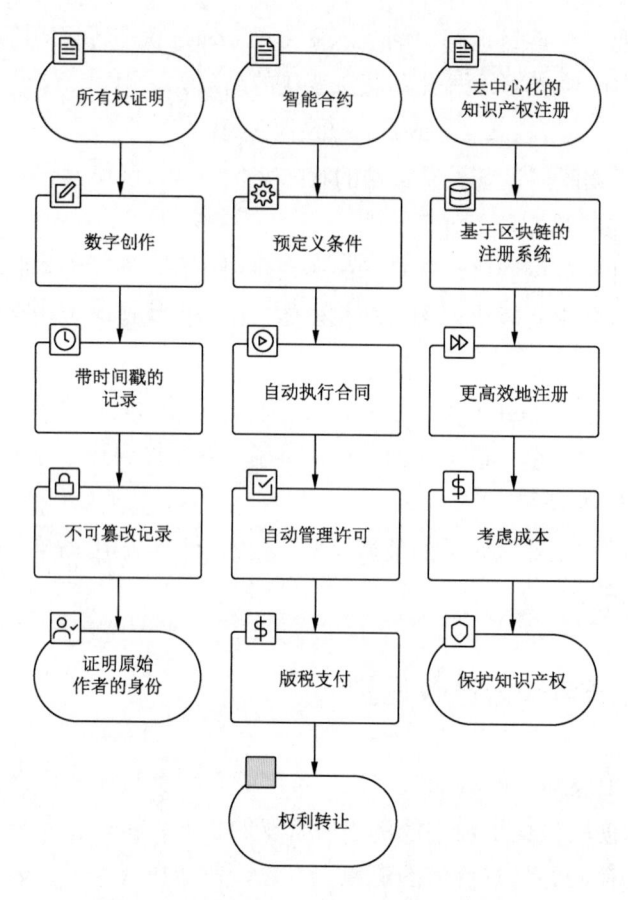

图 10-5　区块链在知识产权保护中的应用

3. 数字资产的代币化

代币化指将某种资产转化为数字代币的过程。代币可以分为加密货币和非同质化代币（NFT）。同一种加密货币的每个硬币是等值的，即是可互换的。而非同质化代币的每个代币代表独特的资产，是不可互换的。

- 加密货币模型：如加密货币这样的可互换资产可以表示为可分割的单位。加密货币模型公式如下：

$$T(x) = \frac{A}{n}$$

其中，A 是某种加密货币资产的总价值，n 是可分割的代币数量，每个代币 $T(x)$ 代表资产 A 的一个等份，从而便于转让和交易。

- 非同质化代币模型：对于独特的数字资产非同质化代币（NFT），每个代币 $T(y)$ 代表与某个资产的一一对应关系。公式如下：
$$T(y)= H(A)$$
其中，$H(A)$ 是独特的资产 A 的加密哈希值，确保资产 A 的唯一性。

4．知识产权代币化和智能许可

为了促进许可协议、版税支付和权利转让，数字 IP 通过应用智能合约可以被代币化。例如，创建代表音乐家专辑的 NFT 代币，并通过智能合约设置预定义的使用和再生产条件。

知识产权（IP）智能合约许可公式：设 $L(A)$ 表示数字资产 A 的许可协议，该协议包括使用价格、使用方式、许可期限和版税等要素，公式如下：
$$L(A)=\{P, U, D, R\}$$
其中，P 是使用价格，U 代表允许的使用方式，如商业、非商业用途，D 是许可的期限，R 表示版税。智能合约会自动执行这些条款，确保创作者根据其知识产权的使用情况获得相应的补偿。

5．数字资产与知识产权保护案例研究

非同质化代币的兴起彻底改变了数字艺术的世界，艺术家能将其作品代币化并在以太坊等区块链平台上出售。NFT 提供了不可篡改的所有权记录，使艺术家可以通过智能合约在二次销售中获得版税。

例如，一幅名为"Everydays: The First 5000 Days"的数字艺术拼贴 NFT，是数字艺术家 Beeple 的作品，其成交价格超过 6900 万美元。这次销售展示了区块链在货币化和保护数字艺术方面的潜力。基于以太坊区块链，创建了代表该艺术品的 NFT。

数字资产与知识产权保护的持续创新给创作者、企业和消费者提供了全新的价值创造机会。

10.3　政府治理与社会创新

本节讨论区块链技术在促进社会公益发展和公共治理中的作用。深入了解数字身份与可信电子凭证、可追溯的监管与问责系统及社会公益与普惠民生等领域的创新应用。

10.3.1　数字身份与可信电子凭证

数字身份指与某个实体如个人、组织或设备相关的一组属性，使其能够在数字系统中被唯一识别。可信电子凭证是用于验证个人或组织属性或资格的认证。

1. 去中心化与自主身份

自主身份（SSI）是一个概念，强调个人拥有对其数字身份的控制权，无须中心化机构进行管理或授权。

自主身份模型建立在以下关键原则基础上：
- 用户控制，用户完全掌控其身份数据，决定与谁共享信息以及共享哪些信息；
- 互操作性，用户身份在各种系统之间是可移植的，确保用户身份能够在不同应用和环境中使用；
- 最小化数据曝光，只共享必要的信息，确保用户隐私数据被泄露；
- 基于用户同意才使用，所有身份交互需要用户明确同意后才可以使用。

2. 不可篡改性和安全性

身份数据或凭证一旦记录，便不能被修改或篡改，由区块链的不可篡改性所确保。数字身份的安全性由加密机制进一步增强。身份数据的机密性、可验证性和防止未经授权访问的特性，由哈希算法、数字签名和公钥基础设施（PKI）所确保。

3. 可验证凭证

可验证凭证（Verfable Credentials，VC）用于断言个人或实体的特定声明，是加密安全的电子文档。在区块链上，由可信的权威机构签发的这些凭证，可以在不依赖中介的情况下轻松验证。

使用去中心化标识符（DID），是一种实现区块链上可验证凭证的方法。DID 使实体能够建立去中心化、可验证的数字身份，是全球唯一的加密验证的标识符。

4. 基于区块链的数字身份系统的方法和架构

在基于区块链的数字身份系统中，为用户生成一个去中心化标识符，即创建身份。系统为用户生成包含一个私钥（保密）和一个公钥（在区块链上共享）的加密密钥对。将公钥与用户的 DID 相关联且存储在区块链上。接着，将可验证的凭证如姓名、年龄或教育资质与此 DID 关联。基于区块链的数字身份系统如图 10-6 所示。

信任框架定义了身份验证和凭证签发中各方的角色、责任和规则。可信的权威机构或组织即凭证签发方负责签发可验证凭证。这些机构可以是政府、大学或其他有资格验证特定声明的机构。例如，政府机构能以可验证凭证的形式签发个人身份证，而大学可以签发学术凭证。区块链作为去中心化账本可以记录这些验证，而用户则保留凭证的控制权，决定何时以及如何展示它们。

验证过程：用户向验证者或服务提供商等展示可验证凭证；验证者通过比较凭证上的加密签名与区块链上签发者去中心化标识符相关联的公钥，检查凭证的真实性；验证者还需要检查凭证的完整性，确保从签发以来凭证没有被更改过。这个过程不需要直接联系签发方，因为区块链存储了所有必要的信息。

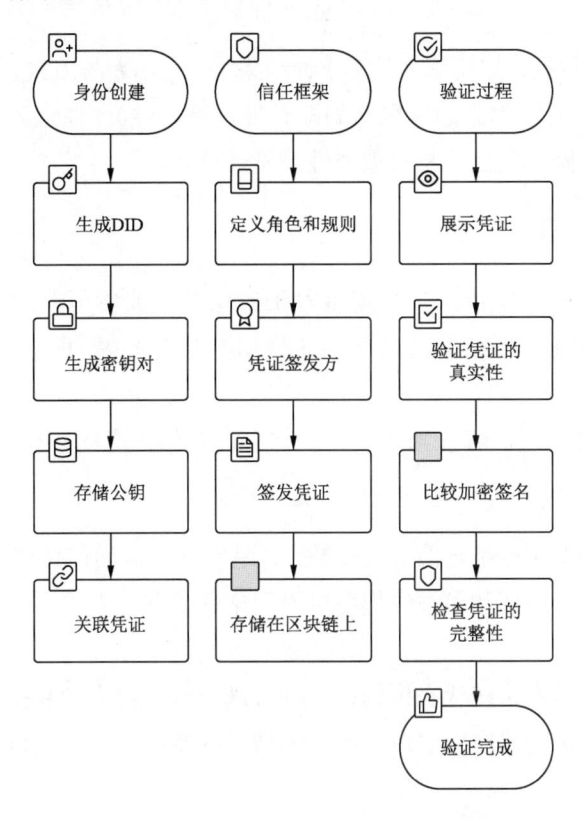

图 10-6　基于区块链的数字身份系统

未来，基于区块链的数字身份应用将成长为一个更具包容性、安全性和高效性的数字身份生态系统。

10.3.2　可追溯的监管与问责系统

基于区块链技术，设计一种可追溯的监管与问责系统的方法成为可能。

1. 基于区块链的可追溯监管与问责系统原则

基于区块链的可追溯监管与问责系统，运行于去中心化网络上，记录每个监管决策和行动，提供可追溯性。智能合约通过自动化执行合规性措施，在预设条件满足时会自动触发监管要求。

2. 合规量化模型

区块链监管系统能够量化合规性，根据多个变量并使用数学模型来计算实体的合规评分。令 C 表示合规评分，它是多个因素的函数：

$$C = \sum_{i=1}^{n} w_i \cdot f_i(x_i)$$

其中，x_i 为输入数据，如监管文件、审计结果等，$f_i(x_i)$ 为与因素 i 相关的合规性评估函数，w_i 为分配给每个合规因素的权重（如即时性、准确性），通过为不同因素分配权重，监管机构可以根据不同合规性的相对重要性调整评分。

3. 信任与声誉模型

在去中心化的监管系统中，信任模型对于确保节点或参与者的可信性和可靠性至关重要。使用区块链实施基于信誉的信任系统根据参与者过去的行为如合规记录或报告准确性为其评分。

节点 n_i 的信任度 T_i 可以表示为节点 n_i 的邻居对其信任度的加权和：

$$T_i = \sum_{j \in N(i)} r_{ij} \cdot T_j$$

其中，r_{ij} 是邻居节点 n_j 对 n_i 的信任分数，T_j 是邻居节点的信任值，$N(i)$ 是节点 i 的所有邻居的集合。这种基于信任和声誉的模型可以用来评估参与者的合规性和可靠性，防止发生恶意行为和假报告。

可追溯的监管和问责系统代表机构在执行合规、管理问责制和提高透明度方面的重大进步。未来的监管追溯性发展将取决于区块链技术的持续进步以及机构、行业和学术界之间的合作。

10.3.3 社会公益与普惠民生

近年来，在改善公共服务和传统治理结构中，区块链技术是重要工具。在区块链广阔应用的领域中，社会公益与普惠民生是其中之一。养老金、就业支持、医疗服务和其他形式的社会支持，都是社会公益与普惠民生项目。区块链技术可以提高公益项目的透明度并改善其可达性。

1. 区块链在社会公益中的应用原理

区块链在社会公益中的应用原理如图 10-7 所示。

基于区块链的所有交易都记录在公共账本中，以便验证公益资金的分配情况，提高交易的合规性。

社会公益与普惠民生系统涉及个人身份详情、健康记录和金融交易等敏感信息。个人数据的机密性通过区块链的加密哈希、公钥基础设施（PKI）等得以保障。零知识证明等技术可在不泄露个人数据的情况下验证普惠资格。

智能合约能根据资格标准自动分发定向资金，提高公益、普惠项目的效率。

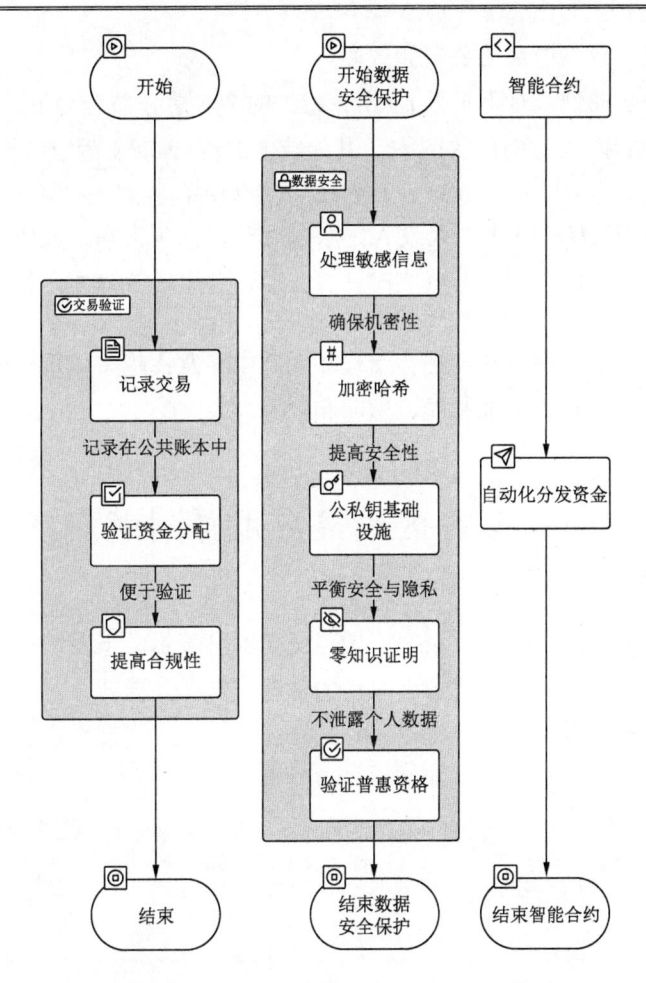

图 10-7 区块链在社会公益中的应用原理

2．实现区块链在社会公益中应用的技术方法

社会公益项目中关键的组成部分之一是验证受益人的身份。区块链可以创建一个数字身份系统，每个人的数字身份都存储在区块链上。

数字身份的实施包括：给每个人分配一个唯一的数字标识符，即身份创建，并将可验证的凭证如机构签发的身份证或生物特征数据记录在区块链上；当个人申请社会公益时，其数字身份会与区块链上存储的记录进行验证；随着时间推移，个人信息及时更新，如地址变更、就业状态。

基于智能合约的自动化专项资金分配：合约将普惠支付或服务提供的规则和条件编码化，将资格审查、资金支付、审计监控等流程自动化，提高公益项目的效率。

3．公益、普惠分配模型

社会公益与普惠民生项目可以通过数学模型优化，这些模型会考虑个人收入、家庭规模、就业状态、个人健康状态及其他特定属性等。区块链系统可以将这些模型集成到智能合约中，确保公益、普惠项目的公平和效率。

公益、普惠分配模型：对于个人 i，所分配到的个人总公益金为 B_i，其与个人收入 P_i、家庭规模 F_i、就业状态 E_i、健康状态 H_i、其他特定属性 O_i 以及适应税收和扣款 T_i 相关：

$$B_i = f(P_i, F_i, E_i, H_i, O_i) - T_i$$

其中，$f(P_i, F_i, E_i, H_i, O_i)$ 是个人收入、家庭规模、就业状态、健康状态及其他特定属性的函数。智能合约可以使用该公式实时计算公益、普惠资金分配，根据个人情况变化动态调整分配额度。

随着区块链技术的发展，它在社会治理和创新中将发挥越来越重要的作用，未来的社会公益与普惠民生体系有望更加智能、透明和公平。

10.4 当前区块链应用与创新实践

数字身份是个人或组织在数字空间中的电子化身份表示。下面编程实现一个基于以太坊的数字身份管理智能合约，管理数字身份的创建、验证和更新。

数字身份管理智能合约如文件 **DigitalIdentity.sol** 所示，实现数字身份注册、存储数字凭证的加密哈希值、更新身份信息和验证身份信息。

```solidity
// SPDX-License-Identifier: MIT
// Author: Xingxiong Zhu, Email: zhuxx@pku.org.cn
// 声明许可证类型为 MIT 许可协议
pragma solidity ^0.8.0;
// 指定 Solidity 编译器的版本为 0.8.0 或更高版本

contract DigitalIdentity {
    // 定义一个合约，名称为 DigitalIdentity

    struct Identity {
        // 定义一个结构体 Identity，用于存储身份信息
        string name;                    // 用户的姓名
        string publicKey;               // 用户的公钥
        string credentialHash;          // 用户凭证的哈希值
        bool exists;                    // 标志该身份是否已经存在
    }

    mapping(address => Identity) public identities;
    // 使用映射将每个用户地址与其对应的身份信息关联

    event IdentityCreated(address indexed user, string name, string publicKey, string credentialHash);
    // 定义事件，当新的用户身份被创建时触发，包含用户地址、姓名、公钥和凭证哈希

    event IdentityUpdated(address indexed user, string name, string credentialHash);
    // 定义事件，当用户的身份信息被更新时触发，包含用户地址、姓名和凭证哈希

    event IdentityVerified(address indexed verifier, address indexed user);
```

```solidity
    // 定义事件，当用户的身份被验证时触发，包含验证者和被验证者的地址

    // 注册新身份的函数
    function registerIdentity(string memory _name, string memory _publicKey,
string memory _credentialHash) public {
        // 定义一个公共函数，用于注册新身份，参数包括姓名、公钥和凭证哈希

        require(!identities[msg.sender].exists, "Identity already exists");
        // 检查调用者的身份是否已经存在，如果存在则终止函数并返回错误信息

        identities[msg.sender] = Identity({
            // 将调用者的身份信息存储到 identities 映射中
            name: _name,                              // 设置姓名
            publicKey: _publicKey,                    // 设置公钥
            credentialHash: _credentialHash,          // 设置凭证哈希
            exists: true                              // 标记身份已存在
        });

        emit IdentityCreated(msg.sender, _name, _publicKey, _credentialHash);
        // 触发 IdentityCreated 事件，通知用户身份已创建
    }

    // 更新身份信息的函数
    function updateIdentity(string memory _name, string memory
_credentialHash)
public {
        // 定义一个公共函数，用于更新身份信息，参数包括姓名和凭证哈希值

        require(identities[msg.sender].exists, "Identity does not exist");
        // 检查调用者的身份是否存在，如果不存在则终止函数并返回错误信息

        identities[msg.sender].name = _name;
        // 更新有户姓名
        identities[msg.sender].credentialHash = _credentialHash;
        // 更新凭证哈希值

        emit IdentityUpdated(msg.sender, _name, _credentialHash);
        // 触发 IdentityUpdated 事件，通知身份信息已更新
    }

    // 验证用户身份的函数
    function verifyIdentity(address _user) public view returns (string
memory, string memory, string memory) {
        // 定义一个公共函数用于验证用户身份，返回用户姓名、公钥和凭证哈希值

        require(identities[_user].exists, "Identity does not exist");
        // 检查用户身份是否存在，如果不存在则终止函数并返回错误信息

        Identity memory id = identities[_user];
        // 获取用户的身份信息并存储在临时变量 ID 中
        return (id.name, id.publicKey, id.credentialHash);
        // 返回身份的姓名、公钥和凭证哈希值
    }

    // 创建凭证哈希值 credentialHash 的辅助函数，使用 keccak256
```

```
    function createCredentialHash(string memory _name, string memory
_publicKey) public pure returns (bytes32) {
        // 定义一个纯函数用于生成凭证哈希值，参数包括姓名和公钥，返回哈希值

        return keccak256(abi.encodePacked(_name, _publicKey));
        // 使用 keccak256 哈希函数生成哈希值并返回
    }

    // 验证输入的 credentialHash 是否与存储的哈希匹配
    function verifyCredentialHash(address _user, string memory _name, string
memory _publicKey) public view returns (bool) {
        // 定义一个公共函数，验证输入的凭证哈希值是否与存储的哈希值匹配，参数包括用户
        // 地址、姓名和公钥，返回布尔值

        require(identities[_user].exists, "Identity does not exist");
        // 检查用户身份是否存在，如果不存在则终止函数并返回错误信息

        bytes32 inputHash = keccak256(abi.encodePacked(_name, _publicKey));
        // 计算输入的姓名和公钥的哈希值并存储在 inputHash 中

        return (keccak256(abi.encodePacked(identities[_user].credentialHash))
== inputHash);
        // 比较存储的凭证哈希值与输入的哈希值是否匹配，返回布尔值
    }
}
```

其中：身份结构体包含名称、公钥和凭证哈希值等属性；通过用户的以太坊地址存储用户身份信息；函数 registerIdentity 使用用户的地址注册身份，存储名称、公钥和凭证哈希值（凭证哈希值，可预先存储在星际文件系统 IPFS 上）。函数 updateIdentity 更新现有的用户身份的属性；函数 verifyIdentity 允许第三方通过获取公钥和凭证哈希值来验证用户身份。

10.5 小　　结

本章全面探讨了区块链技术当前的应用状态及其在各个领域的创新潜力。

金融普惠与创新：监管与合规框架部分强调了在区块链融入金融体系过程中监管结构的重要性；供应链金融与贸易金融部分探讨了区块链如何重新定义供应链和贸易融资；可编程货币与新型金融工具部分分析了可编程货币和去中心化金融工具的作用。

实体经济赋能与产业升级：供应链重塑与追溯部分详细介绍了区块链的不可篡改账本如何通过追溯性、真实性和责任性来改变供应链的管理方式；物联网与工业区块链部分探讨了区块链与物联网的融合，区块链的去中心化特性为互联设备的数据存储和传输提供了安全保障；数字资产与知识产权保护部分分析了区块链如何定义数字资产领域，包括知识产权的保护。

政府治理与社会创新：数字身份与可信电子凭证部分讨论了区块链如何通过安全、可

验证且自主掌控的数字身份系统来革新用户的数字身份；可追溯监管与问责体系部分探讨了区块链如何通过创建透明、可审计的治理系统，增强监管监督与问责制；社会公益与普惠民生部分介绍了区块链如何改善社会公益计划的执行，确保公益项目使真正需要的群体受惠。

随着区块链技术的不断成熟，其在金融系统、供应链、数字身份和治理中的作用将更加广泛和深入。

10.6 习　　题

一、选择题

1. 在金融普惠的背景下，区块链技术的主要好处是什么？（　　）
　A. 较低的交易费用　　　　　　　　B. 集中的数据存储
　C. 增加的监管负担　　　　　　　　D. 限制对数字平台的访问
2. 在可编程货币的背景下，智能合约的作用是什么？（　　）
　A. 根据预定义规则自动执行交易　　B. 以数字形式存储实体货币
　C. 监管金融工具　　　　　　　　　D. 由金融机构手动批准交易
3. 在供应链金融中，区块链技术如何改善可追溯性？（　　）
　A. 集中金融控制　　　　　　　　　B. 实现交易的实时可视化和记录
　C. 自动化银行之间的支付　　　　　D. 移除第三方物流公司

二、简答题

1. 简述区块链如何变革供应链金融和贸易金融。请提供可能受益于这些变革的行业示例。
2. 分析区块链在保护数字资产和知识产权方面的作用，以及它的主要优势和潜在的局限性。
3. 讨论区块链数字身份和可信电子凭证的潜在应用。

三、创意设计题

1. 设计一个基于区块链的系统，使艺术家能够管理其数字资产和知识产权，包括关键功能，如非同质化代币、真实性验证等。
2. 某大型电商公司希望通过区块链技术来增强其供应链的追溯性。请提出一个分步解决方案，集成区块链和物联网技术进行实时数据收集和追踪。

第 11 章　区块链应用新趋势

本章将介绍区块链应用的新趋势，包括数字身份与数据所有权、价值创造与新型商业模式和革新传统行业与重塑商业格局等。

11.1　数字身份与数据所有权

本节将分析数字身份对去中心化生态系统的影响以及数据所有权日益重要的地位。本节内容包括数据市场的兴起、数字身份标准化等。

11.1.1　数据市场的兴起

随着数字技术的发展，数据的价值呈现出前所未有的上升趋势。数据已经成为创新、治理及经济进步的宝贵资源。

1. 数据市场的基本原则

数据市场的核心理念是数据具有内在价值。数据具有几个独特的特征：非竞争性，数据可以被多个主体同时使用而不被耗尽；指数扩展性，随着数据的收集、互联，数据价值呈现指数增长；上下文和时间敏感的价值，数据的价值取决于其上下文（如怎样使用数据）和时间性。

在数据市场背景下，数字身份起着至关重要的作用，数字身份的拥有权、控制权成为日益关注的问题。

2. 数据交易与交换的方法

通过使用分布式账本和加密机制，区块链能够创建点对点数据市场，个人可直接交换数据。通过智能合约、数据资产代币化和数据来源可追溯性，促进去中心化数据市场的创建与运行。

3. 数据市场中的数据定价

对数据进行估值是数据市场中最复杂的挑战之一。数据价值取决于多种因素，包括其稀缺性、相关性、准确性和产生洞察或行动的潜力。数据市场中的数据定价模型如图11-1所示。

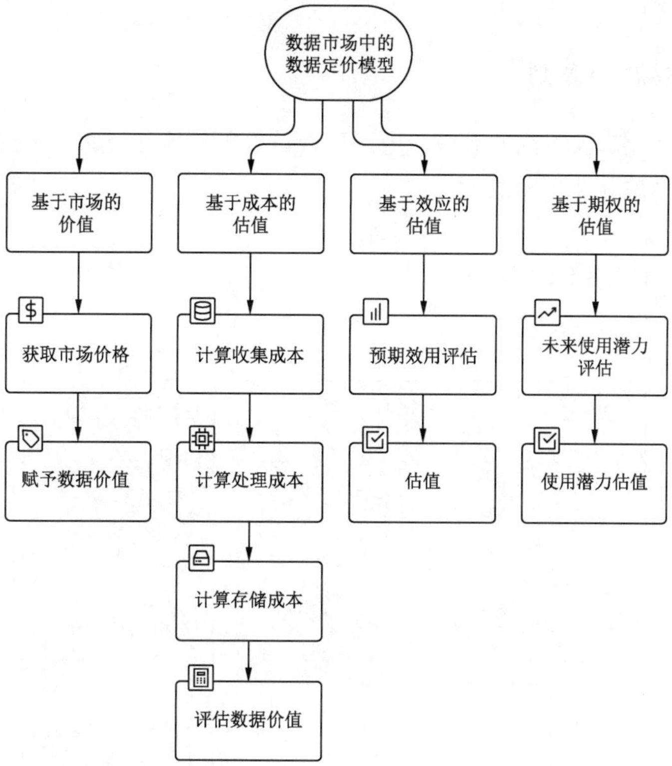

图 11-1 数据市场中的数据定价模型

为了量化数据的经济价值，有几种模型：基于市场的价值，根据数据在公开市场中能获得的价格来赋予其价值；基于成本的估值，根据收集、处理及存储数据的成本来评估数据价值；基于效应的估值，根据数据使用时的预期效用估值；基于期权的估值，根据数据未来使用潜力估值。

当数据在区块链上代币化时，可以结合传统估值技术与区块链指标来评估价值。确定代币化数据资产价值的公式为：

$$V = (q \cdot p) \cdot (1-r)$$

其中：V 是代币化数据的价值；q 是数据的质量，可以根据准确性、时效性和相关性评估；p 是市场价格或由数据产生的效用；r 代表与数据泄露、隐私问题或监管不合规相关的风险。这个公式概括了区块链驱动的数据市场中数据估值的多方面性质。

通过智能合约、数据代币化以及数字身份去中心化标识符，数据市场中的交易得以实现自动化和可信任，带来了一种全新的数据驱动型经济模式。

11.1.2 数字身份标准化

数字身份支撑着金融、医疗、公共服务和电子商务等众多领域的交互，已成为现代数字经济和生态系统的关键部分。数字身份的标准化推动了安全、跨领域的数字交互,确保了平台之间的互操作性。

1. 数字身份标准化原则

数字身份标准化确保不同的系统、应用平台可以无缝地互相通信,其核心原则之一是互操作性。数字身份标准化如图 11-2 所示。

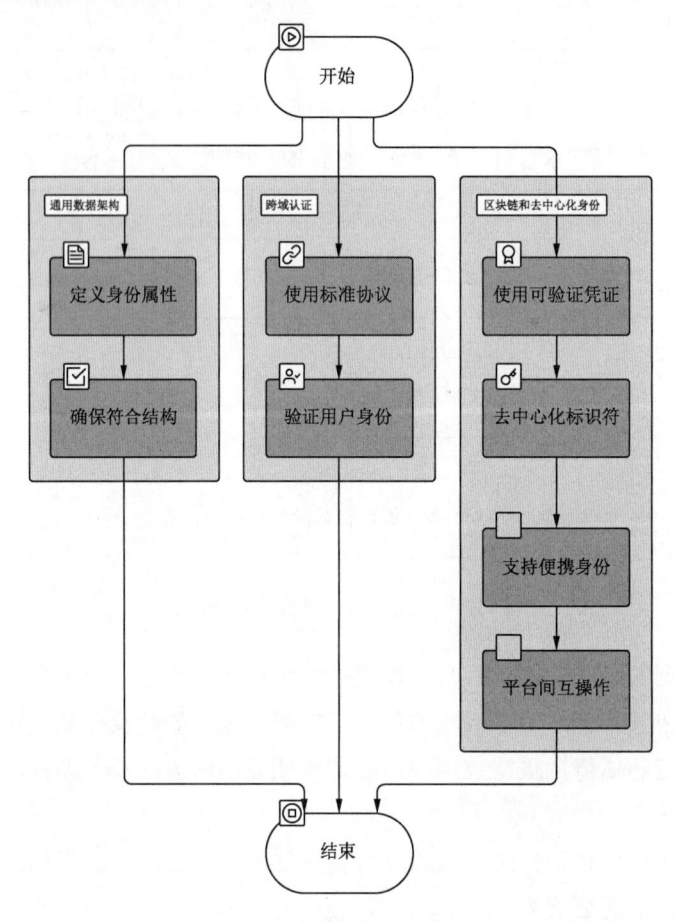

图 11-2 数字身份标准化

互操作通过以下方式实现:

- 通用数据架构,确保数字身份符合预定义的身份属性结构,如姓名、出生日期、生物识别等;
- 跨域认证,使用标准协议,如 OAuth 2.0,允许身份提供者(IDP)在不同服务上验证用户身份;区块链和去中心化身份,通过可验证凭证和去中心化标识符等协议,区块链支持便携、自主的身份,可在平台间互操作。

数字身份系统必须遵守国际与国内的数据隐私保护法规,如《ISO/IEC 29100:2024 信息技术-安全技术-隐私框架》。

2．数字身份标准化方法

基于区块链的身份模型主要依赖两项标准：去中心化标识符和可验证凭证。

- 去中心化标识符：一种新的标识符，使可验证、自主的数字身份成为可能，允许个人独立控制其数字身份。去中心化标识符的基本公式如下：

$$DID=did:method:id$$

其中：did 为前缀，表示这是一个去中心化标识符；method 定义了使用去中心化标识符的方法，如 did:ethr 用于以太坊；id 为特定去中心化标识符方法的上下文中唯一的字符串。一个以太坊的去中心化标识符示例如下：

`'did:ethr:0xb9c5714089478a327f09297987f16f9e5d937e8a'`。

这种方法允许创建一个去中心化标识符文档，用于验证去中心化标识符持有者的身份，该文档包含公钥与其他密码学材料。

- 可验证凭证：一种标准的可通过密码学方式验证的数据模型，用于表达关于主体的声明。可验证凭证可进行不透露个人重要数据的数字身份验证，其结构如下：

$$VC=\{i,s,c,p\}$$

其中：i(issuer)为发行者，代表颁发凭证的机构；s(subject)为主体，代表凭证所属，即谁的凭证，如个人或实体；c(credential-schema)为属性，代表定义凭证包含的内容、属性，如姓名、出生日期和学历等；p(proof)为证明，代表证明凭证真实性的加密签名。可验证凭证使用 JSON 表示，通常由发行者、主体、属性、证明等部分组成。

通过在去中心化标识符和可验证凭证上标准化，基于区块链的身份系统，推动互操作性、安全性和隐私保护。

未来的数字身份系统应更加注重用户的隐私保护、安全性和便利性，推动数字身份标准化的成功实施，促进全球数字经济的可持续发展。

11.2 价值创造与新型商业模式

本节将分析如何通过去中心化平台重塑传统市场，具体包括去中心化平台和新型市场简介、知识产权保护与内容确权等内容。

11.2.1 去中心化平台和新型市场简介

去中心化平台是区块链技术最重要的创新应用之一。通过消除中介，去中心化促进了新型市场的发展。

1．去中心化金融市场

去中心化金融市场涵盖贷款、借贷、交易和资产管理等广泛的金融服务，是去中心化平台最大的应用之一。DeFi 市场利用智能合约替代经纪人、金融中介等，运行在去中心化交易所如 Uniswap 和贷款平台如 Aave 上。

2. 去中心化数据市场

在去中心化数据市场，个人拥有并控制自己的数据。去中心化平台使用户直接货币化他们的数据。用户提供数据以换取代币。开发人员可以访问匿名数据集，应用于机器学习或人工智能。

去中心化数据市场通常基于隐私保护计算，如安全多方计算或同态加密，允许在不暴露原始数据的情况下进行数据分析。一个简单的去中心化数据市场的定价模型如下：

$$P = V_d \cdot \lambda$$

其中：P 是数据集的价格；V_d 是数据的价值，由其独特性和效用决定；λ 是一个表示数据需求的乘数。

3. 创意内容的NFT市场

非同质化代币将数字艺术、音乐和其他创意资产进行代币化。NFT 确保了数字世界中可证明的所有权和稀缺性。

4. 应用

Uniswap 是基于以太坊的去中心化交易所，它通过自动做市商（AMM）模型提高了代币交易的流动性。用户通过质押代币获取交易费。

Filecoin 是一个去中心化存储网络，在其中用户可租用未使用的存储空间。该平台确保文件可以安全地存储在不同节点之间，使用复制证明机制证明一个存储提供者确实在某个时间段内复制并存储了客户数据的副本（该副本通过冗余编码或加密操作等方式实现唯一性）。

去中心化平台通过引入新的价值创造和交换模型正在重塑传统的交易市场。

11.2.2 知识产权保护

在数字时代，知识产权和内容确权已成为关键问题，尤其是在去中心化平台兴起和全球范围内轻松分发数字内容的背景下。

1. 知识产权权利的去中心化账本系统

在知识产权保护的背景下，区块链账本可以作为原创作品的全球时间戳注册系统。创作者可在区块链上登记数字艺术、音乐、文学作品和专利等内容，该账本可以作为其所有权及创作日期的证明。

2. 哈希算法公式

哈希算法是一种加密方法，其将任何数字内容如文本、图像或音频转换为固定长度的唯一字符串，即哈希值。在知识产权管理中，区块链记录文件的哈希值，证明文件在特定时间的存在并确保其完整性。

哈希算法公式（SHA256）：

$$H(M)=SHA256(M)$$

其中：$H(M)$是消息 M（即数字内容）的哈希值；SHA256 是输出 256 位哈希值的加密哈希算法。

3. 非同质化代币与ERC-721规范

在数字内容的背景下，非同质化代币作为数字证书证明特定内容的所有权。

ERC-721 是用于在以太坊区块链上创建非同质化代币的规范。与 ERC-20 同质化代币规范不同，ERC-721 代币是唯一且不可分割的，这意味着每个代币都有其独特的价值和身份。ERC-721 代币的关键特性如图 11-3 所示。

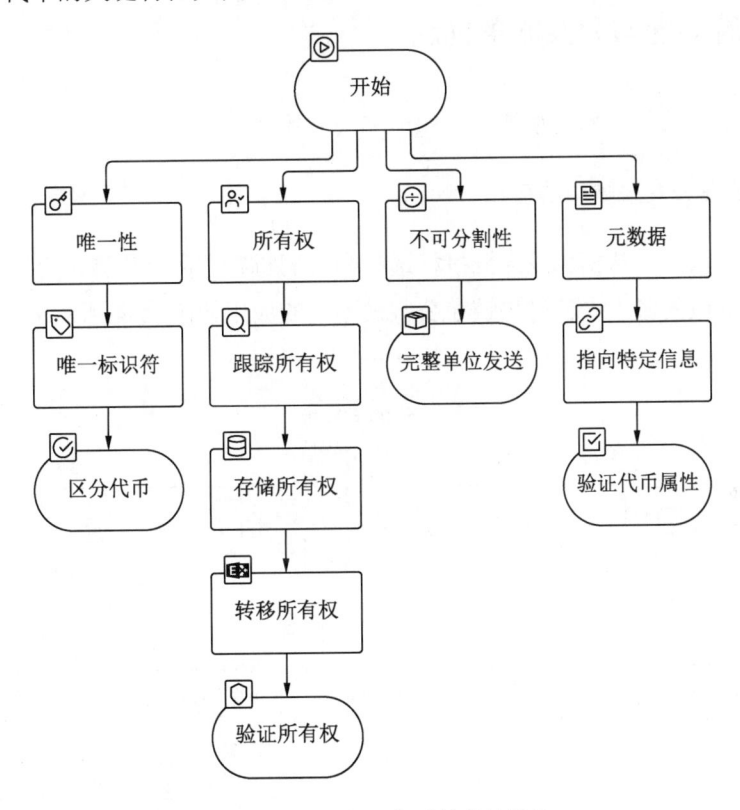

图 11-3　ERC-721 代币的关键特性

ERC-721 的关键特性包括：

❏ 唯一性，每个 ERC-721 都有唯一的标识符，使其与其他代币区分开；

❏ 所有权，定义如何跟踪、存储和转移 NFT 的所有权，每个 NFT 代币归属于一个钱包地址，所有权可通过以太坊区块链进行验证和转移；

❏ 不可分割性，ERC-721 代币不能分成更小的单位，必须以完整的单位发送；

❑ 元数据，通常包含指向特定信息的元数据，如数字艺术品、游戏内资产的链接，用户可验证代币的属性。

智能合约、NFT、去中心化存储及加密技术的结合，为数字内容的确权和保护带来了新的机遇与挑战。

11.3 传统行业革新与商业格局重塑

本节将分析如何通过区块链增强政府治理，提高公共管理的透明度、问责制和效率，促进公共服务创新。深入探索区块链在政府治理与公共服务创新、医疗健康数据管理与隐私保护等领域的创新应用。

11.3.1 政府治理与公共服务创新

区块链技术能够从根本上重塑政府职能和公共服务。

1. 区块链在公共采购中的应用

通过使用区块链，从招标发布到投标选择和合同执行的所有步骤都可以对公众开放，并存储在不可篡改的账本中。区块链在公共采购中的应用如图11-4所示。

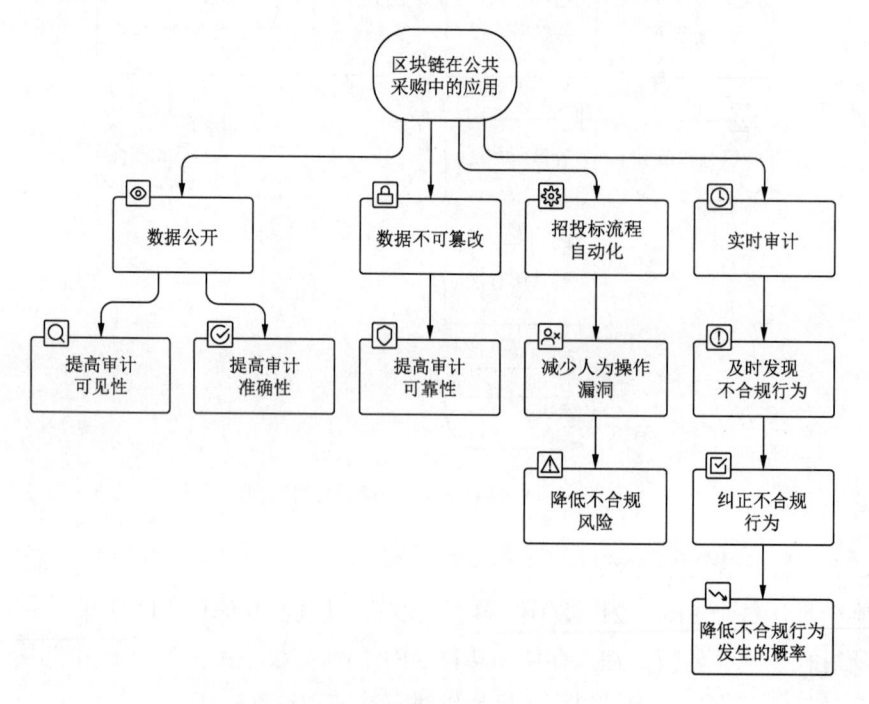

图 11-4 区块链在公共采购中的应用

在区块链系统中，所有招投标过程中记录的数据是公开和可追溯的。这种透明性使得其中的不合规行为难以隐藏，提高了审计的可见性和准确性；区块链上记录的不可篡改性使得招投标过程中的不合规行为难以通过修改数据的方式来消除，提高了审计的可靠性；招投标流程的自动化和智能合约流程可在无人干预的情况下执行，减少了人为操作的漏洞和潜在的不合规风险；审计实时性，数据记录是实时的，审计也可立即进行，这使得不合规行为可被尽早发现并予以纠正，降低了不合规行为的发生概率。

2．智慧城市与区块链

区块链可以为城市服务，如为公用事业、公共交通和执法部门各领域之间的数据共享提供支撑。

智能合约可以用于公共事业，如水、电等管理服务，实现自动化支付费用、监控水、电的使用情况并检测其合规性。例如，区块链可以与物联网设备集成，创建一个实时、安全的公用事业消费账本。系统将自动计算账单，而用户可通过数字人民币进行支付，减少成本并提高支付准确性。

应用区块链技术提高管理透明度，增强城市各部门间的合作共享并保护个人隐私。

11.3.2 医疗健康数据管理与隐私保护

随着医疗与健康数据管理变得日益复杂，迫切需要更安全、高效和可互操作的系统。

1．在医疗健康中实施区块链的方法

智能合约可以在医疗健康领域将保险索赔、个人同意和药物分发等过程自动化。区块链系统采用强大的加密方法和访问控制机制来保护敏感的健康数据。

2．数据完整性公式

数据记录的完整性可以用以下公式表示：

$$S = 1 - \frac{i}{t}$$

其中，S 代表数据完整率，i 代表数据不一致的条目数，t 代表数据总条目数，数据完整率 S 越高，表明数据一致性越高，数据完整性越好。

数据完整性公式也同样适用于对医疗健康数据的评价。

3．访问控制机制

访问控制可以通过最小权限原则建模，即每个用户被授予执行其职责所需的最低访问权限，公式为：

$$A_{\text{user}} \leqslant A_{\min}$$

其中，A_{user} 为授予用户的访问级别，A_{min} 为执行用户任务所需的最低访问级别。

4．区块链在医疗健康中的应用

MediLedger 是基于区块链的医疗行业区块链平台，区块链在药品供应链管理中发挥着至关重要的作用。在区块链上记录药物从制造商到用户的每一笔交易，增强了交易透明度和可追溯性。MediLedger 网络项目使利益相关者能够验证药物的真实性，从而减少假冒药物进入用户手中的风险。

5．医疗健康数据隐私保护

零知识证明是一种加密方法，允许一方在不泄露实际信息的情况下证明对某个事实的认知。在医疗健康领域，零知识证明可以使个人共享其健康状况的证明，如疫苗接种记录，而不暴露个人敏感信息。在保护个人隐私的同时，仍然允许必要的数据共享。

应用区块链技术可以优化医疗健康流程并增强数据的完整性，保护个人隐私。

11.4 区块链应用实践

智能合约促进了数据交易的自动化，并确保数据共享在预定条件下进行。下面是一个用 Solidity 编写的智能合约，基于以太坊管理数据所有权。文件 **DataOwnership.sol** 如下：

```
// SPDX-License-Identifier: MIT
// Author: Xingxiong Zhu, Email: zhuxx@pku.org.cn
pragma solidity ^0.8.0;

// 数据所有权合约
contract DataOwnership {
    // 定义数据结构
    struct Data {
        string dataHash;                          // 数据的哈希值
        address owner;                            // 当前数据的拥有者
        bool isAvailable;                         // 数据的可用状态
    }

    // 声明事件，用于记录重要操作
    event DataRegistered(uint indexed id, string dataHash, address indexed owner);
    event OwnershipTransferred(uint indexed id, address indexed previousOwner, address indexed newOwner);
    event DataAvailabilityUpdated(uint indexed id, bool isAvailable);

    // 映射存储数据记录
    mapping(uint => Data) public dataRegistry;

    // 修饰符用于检查调用者是否为拥有者
    modifier onlyOwner(uint id) {
        require(msg.sender == dataRegistry[id].owner, "Not the owner");
        _;                                        // 确保调用者是拥有者
```

```solidity
    }

    // 注册新数据的函数
    function registerData(uint id, string memory hash) public {
        require(dataRegistry[id].owner == address(0), "Data ID already exists");                                        // 确保 ID 是唯一的
        dataRegistry[id] = Data(hash, msg.sender, true);       // 注册数据
        emit DataRegistered(id, hash, msg.sender);             // 触发注册事件
    }

    // 转让数据所有权的函数
    function transferOwnership(uint id, address newOwner) public onlyOwner(id) {
        // 确保新拥有者不是零地址
        require(newOwner != address(0), "New owner is the zero address");
        address previousOwner = dataRegistry[id].owner; // 记录之前的拥有者
        dataRegistry[id].owner = newOwner;                     // 更新拥有者
        // 触发所有权转让事件
        emit OwnershipTransferred(id, previousOwner, newOwner);
    }

    // 使数据不可用的函数
    function makeDataUnavailable(uint id) public onlyOwner(id) {
        dataRegistry[id].isAvailable = false;       // 将数据标记为不可用
        emit DataAvailabilityUpdated(id, false);    // 触发可用性更新事件
    }

    // 使数据可用的函数
    function makeDataAvailable(uint id) public onlyOwner(id) {
        dataRegistry[id].isAvailable = true;        // 将数据标记为可用
        emit DataAvailabilityUpdated(id, true);     // 触发可用性更新事件
    }

    // 检索数据详细信息的函数
    function getDataDetails(uint id) public view returns (string memory, address, bool) {
        Data memory data = dataRegistry[id];                   // 获取数据记录
        // 返回数据的哈希值、拥有者和可用状态
        return (data.dataHash, data.owner, data.isAvailable);
    }
}
```

DataOwnership 合约定义了一个 Data 结构，用于保存数据的哈希值、拥有者地址和可用状态等重要属性。DataOwnership 合约提供了注册新数据、转让所有权和更新数据可用状态的功能，其关键特性包括使用事件记录重要操作，如数据注册和所有权转让，提高交易透明度并可以在区块链上进行追踪。为了增强了安全性和信任度，合约采用修饰符来强制执行所有权检查，确保只有数据的拥有者可以修改数据属性。此外，它还包括检索数据详细信息的功能，允许用户有效地验证所有权和交易状态。

利用区块链技术的不可篡改性和透明性，DataOwnership 合约满足了各个领域对安全和可验证数据所有权的需求。该合约为涉及数据管理、知识产权和数字身份的应用提供了基础框架，为在去中心化环境中的创新解决方案铺平了道路。

11.5 小　　结

本章详细介绍了区块链应用的新趋势，分析了数据市场的兴起与数字身份标准化的必要性，以及如何通过去中心化平台与新商业模式创造价值等内容。

11.6 习　　题

一、选择题

1. 区块链上数字身份标准化的主要好处是什么？（　　）
   A．提高交易速度　　　　　　　　B．跨平台的统一身份
   C．降低数据安全风险　　　　　　D．更复杂的验证过程
2. 以下哪种说法最能描述区块链中"数据所有权"的概念？（　　）
   A．数据是公开的，不能转让
   B．数据所有者对数据拥有完全的控制权和转让权
   C．数据所有权由区块链所有用户共享
   D．数据所有权由中心化机构决定
3. 去中心化平台如何在新商业模式中创造价值？（　　）
   A．集中决策过程　　　　　　　　B．消除中介并降低成本
   C．创建单一控制点　　　　　　　D．通过降低交易速度来确保准确性
4. 区块链在医疗健康数据管理中起什么作用？（　　）
   A．它减慢了记录的访问速度
   B．它将所有健康数据集中在一个数据库中
   C．它增强了数据隐私，并赋予个人对其记录的控制权
   D．它消除了对医疗专业人员的需求

二、简答题

1. 区块链技术如何在数字世界中重塑知识产权保护？
2. 去中心化平台如何挑战传统的集中式商业模式？

三、创意设计问题

1. 假设要设计一个基于区块链的去中心化市场方案，通过哪些功能来确保数据隐私安全和对数据所有者的公平补偿？
2. 为音乐产业中的知识产权管理提出一个基于区块链的解决方案。

第 12 章 区块链应用实践

本章详细介绍区块链技术的实际应用,重点关注超级账本 Fabric 及其在不同场景中的实现。本章首先详细介绍安装和运行 Fabric 的步骤;随后介绍区块链在证据存储和取证查询中的应用,包括编写和部署存证智能合约;最后详细展示一个基于区块链的供应链系统的智能合约、应用前端和应用后端的研发过程。

12.1 超级账本 Fabric 应用实践

超级账本(Hyperledger)Fabric 是一个开源的企业级许可分布式账本技术平台,专为企业环境使用而设计。

Fabric 具有高度模块化和可配置的架构,支持银行、金融、供应链等行业用例的创新。Fabric 支持使用通用编程语言如 Go、Node.js 和 Java 等编写智能合约。Fabric 是许可式区块链平台,参与者在平台注册并通过平台授权许可后才能操作使用。

Fabric 具有模块化架构及可插拔式共识、身份管理、密钥管理协议、加密库等。Fabric 由以下模块化组件构成:

- 排序服务就交易顺序建立共识,然后将区块广播给其他节点,负责管理网络的共识;
- 成员服务提供者(MSP)负责将网络中的实体与加密身份关联起来;
- 点对点 Gossip 服务将排序服务输出的区块传播给其他节点;
- 智能合约(Chaincode)在容器环境如 Docker 中运行,以实现环境隔离;
- 可配置的背书和验证策略。

12.1.1 安装超级账本 Fabric

可以在操作系统 Linux、Windows 和 macOS 等环境中安装和运行超级账本 Fabric。下面以 Ubuntu Linux 20.04.6 LTS 环境为例,详述安装超级账本 Fabric 的过程。

1. 前提条件

安装 Git、cURL、Docker 和 Go 等软件和工具。在 GNU Bash 中,按步骤输入命令如下:

```
#创建工作目录
sudo mkdir -p /home/codespace/
cd /home/codespace/

# 安装 Git
sudo apt-get install git

# 安装 cURL
sudo apt-get install curl

# 安装 docker-compose
sudo apt-get -y install docker-compose
docker --version
docker-compose -version

#从网络下载 docker-compose 文件并安装
sudo curl -L "https://github.com/docker/compose/releases/latest/download/docker-compose-$(uname -s)-$(uname -m)" -o /usr/local/bin/docker-compose
sudo chmod +x docker-compose
docker-compose -version

# 启动 Docker
sudo systemctl start docker
sudo systemctl enable docker

# 直接运行 Dockerd 守护进程
sudo dockerd &

# 安装 Go
# 从 https://go.dev/doc/install，下载 go1.23.2.linux-amd64.tar.gz
sudo rm -rf /usr/local/go && tar -C /usr/local -xzf go1.23.2.linux-amd64.tar.gz
sudo export PATH=$PATH:/usr/local/go/bin
go version
```

2. 安装Fabric和Fabric Samples

从网络上下载 Fabric 安装脚本并进行安装。该安装过程将从网络下载 Fabric 示例、Fabric Docker 镜像和 Fabric 二进制文件。

```
# 下载 Fabric 安装脚本
curl -sSLO https://raw.githubusercontent.com/hyperledger/fabric/main/scripts/install-fabric.sh && chmod +x install-fabric.sh
./install-fabric.sh -h

# 安装 Fabric
./install-fabric.sh docker samples binary
```

到此已将 Fabric 示例、Docker 镜像和二进制文件安装到系统中。

12.1.2 运行超级账本 Fabric

1. 启动测试网络

使用 fabric-samples 存储库中提供的脚本部署测试网络。通过将测试网络在本地计算机上运行来深入了解 Fabric。它包括两个对等组织和一个排序组织。配置了一个单节点 Raft 排序服务。为了降低复杂性，其所有证书由根 CA 颁发。测试网络使用 Docker Compose 部署 Fabric 网络。

```
# 进入测试网络目录
cd /home/codespace/fabric-samples/test-network

# 了解建立 Fabric 网络的脚本
./network.sh -h

# 删除任何以前运行的容器
./network.sh down

# 启动网络
./network.sh up
# 启动网络，创建新通道，使用 CA 来管理网络中的身份和证书
./network.sh up createChannel -c mychannel -ca
```

2. 测试网络的组成部分

测试网络部署好之后，可以检查其组件。运行以下命令列出计算机上正在运行的所有 Docker 容器，其中可以看到脚本创建的 3 个节点。

```
# 列出正在运行的 Docker 容器
@xxzhu ➜ ~/fabric-samples/test-network (main) $ docker ps -a
CONTAINER ID   IMAGE                    COMMAND                  CREATED         STATUS
PORTS                                                           NAMES
4bb8e4d26fdc   hyperledger/fabric-peer:latest
"peer node start"        24 hours ago    Up 42 minutes
0.0.0.0:7051->7051/tcp, :::7051->7051/tcp, 0.0.0.0:9444->9444/tcp,
 :::9444->9444/tcp            peer0.org1.example.com
04d21013c24f   hyperledger/fabric-peer:latest
"peer node start"        24 hours ago    Up 42 minutes
0.0.0.0:9051->9051/tcp, :::9051->9051/tcp, 7051/tcp,
0.0.0.0:9445->9445/tcp, :::9445->9445/tcp           peer0.org2.example.com
3722a76811cc   hyperledger/fabric-orderer:latest                "orderer"
24 hours ago    Up 42 minutes           0.0.0.0:7050->7050/tcp,
:::7050->7050/tcp, 0.0.0.0:7053->7053/tcp, :::7053->7053/tcp,
0.0.0.0:9443->9443/tcp, :::9443->9443/tcp   orderer.example.com
```

与 Fabric 网络交互的每个节点和用户都需要属于一个组织才能参与网络。测试网络包括两个对等组织 org1 和 org2，还包括一个维护网络排序（ordering）服务的 orderer 组织。

对等节点（Peers）是任何 Fabric 网络的基本组件。对等节点用于存储区块链账本，并在将交易提交到账本之前对其进行验证。在对等节点中运行智能合约，其中包含用于管理区块链账本上的资产的业务逻辑。在测试网络中，每个组织分别运营一个对等节点，peer0.org1.example.com 与 peer0.org2.example.com。

每个 Fabric 网络还包括一个排序服务。排序服务允许对等节点专注于验证交易并将其提交到账本中。排序节点收到来自客户端的认可交易后对交易顺序达成共识，然后将其添加到区块中，区块会分发给对等节点，对等节点会将区块添加到区块链账本中。

示例网络使用由排序者组织运营的单节点 Raft 排序服务。可以看到，排序节点在服务器上运行。生产网络有多个排序节点，由一个或多个排序者组织运营。不同的排序节点使用 Raft 共识算法就整个网络的交易顺序达成一致。

3. 创建通道

通道（channel）是特定网络成员之间的私有通信层。通道只能由受邀加入通道的组织使用，对网络的其他成员不可见。每个通道都有一个单独的区块链账本。

下面使用 network.sh 脚本在 org1 和 org2 之间创建一个通道，并将它们的对等节点加入该通道中。运行以下命令创建一个默认名称为 mychannel 的通道。

```
# 创建通道
./network.sh createChannel
```

创建通道后，就可以开始部署、使用智能合约与通道账本进行交互了。

12.2 区块链存证与取证

本节将探讨区块链技术在证据存储中的作用，强调其在增强证据收集的完整性、可靠性方面的潜力。基于超级账本（Hyperledger）Fabric 平台，编写、编译、部署和运行存证智能合约。

在 Fabric 平台上，智能合约即链码，通常使用 Go 或 JavaScript（Node.js）编写。本节将介绍链码编写、打包、安装、批准、提交和调用的详细过程。

12.2.1 编写存证智能合约

1. 创建链码文件

创建链码文件，代码如下：

```
# 创建目录、链码文件
sudo mkdir -p /workspaces/openledger/evidence-storage
```

```
cd /workspaces/openledger/evidence-storage
nano EvidenceStorage.go
```

2. 编写链码

选择 Go 语言编写链码文件 EvidenceStorage.go，内容如下：

```go
// SPDX-License-Identifier: MIT
// MIT License
// Copyright (c) 2025 Xingxiong Zhu
// Email: zhuxx@pku.org.cn

package main                                    // 定义主包

import (
    "encoding/json"                             // 导入用于 JSON 编码和解码的包
    "fmt"                                       // 导入格式化 I/O 的包

    // 导入 Hyperledger Fabric 合约 API 包
    "github.com/hyperledger/fabric-contract-api-go/contractapi"
)

// 定义证据结构体
type Evidence struct {
    ID          string `json:"id"`              // 证据的 ID
    Description string `json:"description"`     // 证据的描述
    StoredBy    string `json:"storedBy"`        // 存储该证据的用户
    Timestamp   string `json:"timestamp"`       // 存储时间戳
    Hash        string `json:"hash"`            // 证据的哈希值
}

// 定义智能合约结构体
type SmartContract struct {
    contractapi.Contract                        // 嵌入合约 API
}

// 存储证据的方法
func (s *SmartContract) StoreEvidence(ctx contractapi.TransactionContextInterface, id string, description string, storedBy string, timestamp string, hash string) error {
    evidence := Evidence{                       // 创建证据实例
        ID:          id,
        Description: description,
        StoredBy:    storedBy,
        Timestamp:   timestamp,
        Hash:        hash,
    }
    evidenceJSON, err := json.Marshal(evidence) // 将证据结构体转换为 JSON
    if err != nil {
        return err                              // 如果转换出错，则返回错误
    }
    return ctx.GetStub().PutState(id, evidenceJSON) // 将 JSON 存储到区块链
}
```

```go
// 获取证据的方法
func (s *SmartContract) GetEvidence(ctx contractapi.
TransactionContextInterface, id string) (*Evidence, error) {
    evidenceJSON, err := ctx.GetStub().GetState(id)// 从区块链获取证据 JSON
    if err != nil {
        return nil, err                            // 如果获取出错，则返回错误
    }
    if evidenceJSON == nil {
        // 如果证据不存在，则返回错误
        return nil, fmt.Errorf("evidence %s does not exist", id)
    }
    var evidence Evidence                          // 定义证据实例
    // 将 JSON 解析为证据结构体
    err = json.Unmarshal(evidenceJSON, &evidence)
    if err != nil {
        return nil, err                            // 如果解析出错，则返回错误
    }
    return &evidence, nil                          // 返回证据
}

// 主函数
func main() {
    // 创建新的智能合约实例
    chaincode, err := contractapi.NewChaincode(new(SmartContract))
    if err != nil {
        panic(err)                                 // 如果出错，则抛出异常
    }
    if err := chaincode.Start(); err != nil {     // 启动智能合约
        panic(err)                                 // 如果启动出错，则抛出异常
    }
}
```

12.2.2 在通道中部署智能合约

1. 打包智能合约

在 Fabric 中，智能合约打包在链码包中。下面通过 peer 命令创建链码包。

```
# 进入智能合约所在目录
cd /workspaces/openledger/evidence-storage
# 在当前目录下初始化一个新的 Go 模块
go mod initopenledger
# 确保 go.mod 和 go.sum 文件是最新的，使模块文件保持整洁
go mod tidy
# 确保 Go 在模块模式下运行，并将所有依赖项复制到 vendor 文件夹中
GO111MODULE=on go mod vendor
# 构建项目
go build

# 切换到 test-network 目录下
cd /home/codespace/fabric-samples/test-network
```

```
# 将二进制文件添加到 CLI 路径下
export PATH=${PWD}/../bin:$PATH

export FABRIC_CFG_PATH=$PWD/../config/
# 创建链码包
peer lifecycle chaincode package evidenceStorage.tar.gz --path ../../../../
workspaces/openledger/evidence-storage/ --lang golang --label
evidenceStorage_1
```

2. 安装链码包

打包存证（EvidenceStorage）智能合约后，在对等节点上安装链码。链码需要安装在每个将要为交易背书的对等节点上。

```
# 安装 Chaincode 包
cd /workspaces/openledger/evidence-storage

# 设置环境变量，以 Org1 管理员身份操作 CLI
export CORE_PEER_TLS_ENABLED=true
export CORE_PEER_LOCALMSPID="Org1MSP"
export CORE_PEER_TLS_ROOTCERT_FILE=${PWD}/organizations/peerOrganizations/
org1.example.com/peers/peer0.org1.example.com/tls/ca.crt
export CORE_PEER_MSPCONFIGPATH=${PWD}/organizations/peerOrganizations/
org1.example.com/users/Admin@org1.example.com/msp
export CORE_PEER_ADDRESS=localhost:7051

# 在对等节点 org1 上安装链码，返回包 ID 将用于后续的批准链码中
peer lifecycle chaincode install evidenceStorage.tar.gz

# 设置环境变量，以 Org2 管理员身份操作 CLI
export CORE_PEER_LOCALMSPID="Org2MSP"
export CORE_PEER_TLS_ROOTCERT_FILE=${PWD}/organizations/peerOrganizations/
org2.example.com/peers/peer0.org2.example.com/tls/ca.crt
export CORE_PEER_MSPCONFIGPATH=${PWD}/organizations/peerOrganizations/
org2.example.com/users/Admin@org2.example.com/msp
export CORE_PEER_ADDRESS=localhost:9051

# 在对等节点 org2 上安装链码
peer lifecycle chaincode install evidenceStorage.tar.gz
```

3. 批准链码定义

安装链码包后，需要批准链码定义。该定义包括链码治理的重要参数，如名称、版本和链码背书策略。

```
# 查询已安装链码，返回链码的包 ID
peer lifecycle chaincode queryinstalled

# 将链码的包 ID 保存为环境变量
export CC_PACKAGE_ID=evidenceStorage_1:292ace367ad572b5ede4ac1d41c6f57dc
03e0a0ac07e99cecf2be8d4847c3002

# 在环境变量中设置以 Org2 管理员身份操作，批准 evidenceStorage 链码定义
peer lifecycle chaincode approveformyorg -o localhost:7050
```

```
--ordererTLSHostnameOverride orderer.example.com --channelID mychannel
--name evidenceStorage --version 1.0 --package-id $CC_PACKAGE_ID --sequence
1 --tls --cafile "${PWD}/organizations/ordererOrganizations/example.com/
orderers/orderer.example.com/msp/tlscacerts/tlsca.example.com-cert.pem"

# 设置环境变量，以 Org1 管理员身份操作 CLI
export CORE_PEER_LOCALMSPID="Org1MSP"
export CORE_PEER_MSPCONFIGPATH=${PWD}/organizations/peerOrganizations/
org1.example.com/users/Admin@org1.example.com/msp
export CORE_PEER_TLS_ROOTCERT_FILE=${PWD}/organizations/peerOrganizations/
org1.example.com/peers/peer0.org1.example.com/tls/ca.crt
export CORE_PEER_ADDRESS=localhost:7051

# 以 Org1 身份批准 evidenceStorage 链码定义
peer lifecycle chaincode approveformyorg -o localhost:7050
--ordererTLSHostnameOverride orderer.example.com --channelID mychannel
--name evidenceStorage --version 1.0 --package-id $CC_PACKAGE_ID --sequence
1 --tls --cafile "${PWD}/organizations/ordererOrganizations/example.com/
orderers/orderer.example.com/msp/tlscacerts/tlsca.example.com-cert.pem"
```

4．将链码提交到通道

当足够数量的组织批准了链码定义时，一个组织可以将链码定义提交到通道上。如果大多数通道成员都批准了该定义，则提交的交易成功并且链码定义中约定的参数将在通道上实现。

```
# 检查通道成员是否已批准相同的链码定义，将返回一个 JSON 映射，显示通道成员是否已批准链码
peer lifecycle chaincode checkcommitreadiness --channelID mychannel --name
evidenceStorage --version 1.0 --sequence 1 --tls --cafile "${PWD}/
organizations/ordererOrganizations/example.com/orderers/orderer.example.
com/msp/tlscacerts/tlsca.example.com-cert.pem" --output json

# 将链码定义提交到通道上
peer lifecycle chaincode commit -o localhost:7050 --ordererTLSHostnameOverride
orderer.example.com --channelID mychannel --name evidenceStorage --version
1.0 --sequence 1 --tls --cafile "${PWD}/organizations/ordererOrganizations/
example.com/orderers/orderer.example.com/msp/tlscacerts/tlsca.example.com
-cert.pem" --peerAddresses localhost:7051 --tlsRootCertFiles "${PWD}/
organizations/peerOrganizations/org1.example.com/peers/peer0.org1.example
.com/tls/ca.crt" --peerAddresses localhost:9051 --tlsRootCertFiles
"${PWD}/organizations/peerOrganizations/org2.example.com/peers/peer0.org2
.example.com/tls/ca.crt"

# 查询并确认链码已提交 mychannel 通道
peer lifecycle chaincode querycommitted --channelID mychannel --name
evidenceStorage --cafile "${PWD}/organizations/ordererOrganizations/
example.com/orderers/orderer.example.com/msp/tlscacerts/tlsca.example.com
-cert.pem"
```

在将链码定义提交到通道上后，链码将在加入通道的对等节点上启动，存证（evidenceStorage）链码已准备好被调用。

5. 调用链码

使用以下命令在账本上存储证据。invoke 命令需要定位足够数量的对等节点以满足链码背书策略，必须指定每个背书对等节点。

```
# Invoking the chaincode
peer chaincode invoke -o localhost:7050 --ordererTLSHostnameOverride orderer.example.com --tls --cafile "${PWD}/organizations/ordererOrganizations/example.com/orderers/orderer.example.com/msp/tlscacerts/tlsca.example.com-cert.pem" -C mychannel -n evidenceStorage --peerAddresses localhost:7051 --tlsRootCertFiles "${PWD}/organizations/peerOrganizations/org1.example.com/peers/peer0.org1.example.com/tls/ca.crt" --peerAddresses localhost:9051 --tlsRootCertFiles "${PWD}/organizations/peerOrganizations/org2.example.com/peers/peer0.org2.example.com/tls/ca.crt" -c '{"Args":["StoreEvidence","1","Sample Evidence","XingxiongZhu","2024-10-22T00:00:00Z","16ecb138a9ac5c7861b0d9b501ab614a3291e9dbbbcf1efdaa2fdb6bb39ae83a"]}'
```

下面调用获取证据的 GetEvidence 函数，读取由链码创建存储的证据，返回区块链中的存证结果。

```
@xxzhu ➜ ~/fabric-samples/test-network (main) $ peer chaincode query -C mychannel -n evidenceStorage -c '{"Args":["GetEvidence","1"]}'

{"id":"1","description":"Sample Evidence","storedBy":"XingxiongZhu","timestamp":"2024-1022T00:00:00Z","hash":"16ecb138a9ac5c7861b0d9b501ab614a3291e9dbbbcf1efdaa2fdb6bb39ae83a"}
```

12.3　基于区块链的供应链

区块链技术的整合引入了透明、可追溯和不可篡改的保存记录，确保所有参与方能够实时获取有关货物流转、费用支付和产品生产过程的数据。超级账本 Fabric 是一种许可区块链架构，适合开发需要隐私保护和可扩展性的企业级应用程序，其模块化架构允许自定义智能合约和链码（链代码），有效管理供应链中的交易工作流。

在供应链应用中，通道确保敏感业务数据仅与相关利益者共享，链码用于管理供应链交易，如资产创建、转移和状态变化。

为了搭建超级账本 Fabric 网络，我们使用 Docker 和 Docker Compose 来管理容器环境，确保网络的顺利运行。同时 Fabric 的二进制文件为网络提供了所需的操作工具，而 Golang 则用于开发链码，实现业务逻辑。

供应链应用程序所需的必要文件及其结构，包括前端、后端和链码，代码如下：

```
supply-chain-application
├── backend
│   ├── app.js
│   ├── connection-org1.json
```

```
            ├── enrollAdmin.js
            ├── package.json
            ├── registerEnrollUser.js
            └── wallet
                ├── admin.id
                └── appUser.id
     ├── chaincode
     │   └── supplychain-chaincode
     │       └── chaincode.go
     └── frontend
         ├── package.json
         ├── public
         │   └── index.html
         └── src
             ├── App.css
             ├── App.js
             ├── index.css
             ├── index.js
             └── reportWebVitals.js
```

12.3.1 区块链供应链的智能合约

区块链供应链智能合约用于在 Fabric 区块链网络上跟踪资产。chaincode.go 链码建立了一个合约并包含多个关键函数来管理供应链资产，每个资产用 Asset 结构体表示，具有 ID、Owner、Description 和 Status 等属性。以下是每个函数的介绍。

- AddAsset：将新的资产添加到账本中，每个资产的初始状态为 Available；
- AssetExists：检查账本中是否存在具有特定 ID 的资产；
- TransferAsset：更新资产的所有者，将其转移给新的所有者；
- UpdateAssetStatus：更新资产状态，用于跟踪供应链中的不同阶段；
- GetAllAssets：从账本中检索所有资产，预览供应链的全貌。

```go
// SPDX-License-Identifier: MIT
// MIT License
// Copyright (c) 2025 朱兴雄
// Email: zhuxx@pku.org.cn

package main                                          // 定义主包

import (
    "encoding/json"                                   // 导入 JSON 编码和解码包
    "fmt"                                             // 导入格式化 I/O 包

    // 导入 Hyperledger Fabric 的合约 API 包
    "github.com/hyperledger/fabric-contract-api-go/contractapi"
)

type Asset struct {                                   // 定义资产结构体
    ID          string `json:"id"`                    // 资产 ID, JSON 字段为"id"
    Owner       string `json:"owner"`                 // 资产所有者, JSON 字段为"owner"
    // 资产描述, JSON 字段为"description"
```

```go
    Description string `json:"description"`
    Status      string `json:"status"`          // 资产状态，JSON 字段为"status"
}

type SupplyChainContract struct {
    contractapi.Contract                         // 嵌入合约接口
}

// AddAsset 函数用于添加一个新资产到账本
func (c *SupplyChainContract) AddAsset(ctx contractapi.
TransactionContextInterface, id string, owner string, description string)
error {
    exists, err := c.AssetExists(ctx, id)        // 检查资产是否已存在
    if err != nil {
        return err                               // 返回错误
    }
    if exists {
        // 返回错误，表示资产已存在
        return fmt.Errorf("the asset %s already exists", id)
    }

    asset := Asset{                              // 创建一个新资产实例
        ID:          id,
        Owner:       owner,
        Description: description,
        Status:      "Available",                // 设置初始状态为"Available"
    }

    assetJSON, err := json.Marshal(asset)        // 将资产序列化为 JSON
    if err != nil {
        return err                               // 返回错误
    }

    return ctx.GetStub().PutState(id, assetJSON) // 将资产状态写入账本
}

// AssetExists 函数用于检查资产是否在账本中存在
func (c *SupplyChainContract) AssetExists(ctx contractapi.
TransactionContextInterface, id string) (bool, error) {
    assetJSON, err := ctx.GetStub().GetState(id) // 获取资产状态
    if err != nil {
        return false, err                        // 返回错误
    }
    return assetJSON != nil, nil                 // 如果状态不为空则返回 true
}

// TransferAsset 函数用于将资产转移给新的所有者
func (c *SupplyChainContract) TransferAsset(ctx contractapi.
TransactionContextInterface, id string, newOwner string) error {
    assetJSON, err := ctx.GetStub().GetState(id) // 获取资产状态
    if err != nil {
        return err                               // 返回错误
    }
    if assetJSON == nil {
        // 返回错误，表示资产不存在
        return fmt.Errorf("the asset %s does not exist", id)
    }
```

```go
        asset := new(Asset)                                    // 创建新的资产对象
        err = json.Unmarshal(assetJSON, asset)                 // 将 JSON 转换为资产对象
        if err != nil {
            return err                                         // 返回错误
        }

        asset.Owner = newOwner                                 // 更新资产的所有者
        assetJSON, err = json.Marshal(asset)                   // 将资产对象序列化为 JSON
        if err != nil {
            return err                                         // 返回错误
        }

        return ctx.GetStub().PutState(id, assetJSON)// 将更新后的资产状态写入账本
}

// UpdateAssetStatus 函数用于更新资产的状态
func (c *SupplyChainContract) UpdateAssetStatus(ctx contractapi.
TransactionContextInterface, id string, status string) error {
        assetJSON, err := ctx.GetStub().GetState(id)    // 获取资产状态
        if err != nil {
            return err                                         // 返回错误
        }
        if assetJSON == nil {
            // 返回错误，表示资产不存在
            return fmt.Errorf("the asset %s does not exist", id)
        }

        asset := new(Asset)                                    // 创建新的资产对象
        err = json.Unmarshal(assetJSON, asset)                 // 将 JSON 转换为资产对象
        if err != nil {
            return err                                         // 返回错误
        }

        asset.Status = status                                  // 更新资产的状态
        assetJSON, err = json.Marshal(asset)                   // 将资产对象序列化为 JSON
        if err != nil {
            return err                                         // 返回错误
        }

        return ctx.GetStub().PutState(id, assetJSON)// 将更新后的资产状态写入账本
}

// GetAllAssets 函数用于返回账本中的所有资产
func (c *SupplyChainContract) GetAllAssets(ctx contractapi.
TransactionContextInterface) ([]*Asset, error) {
        // 获取所有资产
        resultsIterator, err := ctx.GetStub().GetStateByRange("", "")
        if err != nil {
            return nil, err                                    // 返回错误
        }
        defer resultsIterator.Close()                          // 关闭迭代器

        var assets []*Asset                                    // 创建资产切片
        for resultsIterator.HasNext() {                        // 遍历所有结果
            queryResponse, err := resultsIterator.Next()       // 获取下一个资产
```

```go
        if err != nil {
            return nil, err                          // 返回错误
        }

        asset := new(Asset)                          // 创建新的资产对象
        // 将 JSON 转换为资产对象
        err = json.Unmarshal(queryResponse.Value, asset)
        if err != nil {
            return nil, err                          // 返回错误
        }
        assets = append(assets, asset)               // 将资产添加到切片中
    }

    return assets, nil                               // 返回资产切片
}
func main() {
    // 创建供应链合约的链码实例
    chaincode, err := contractapi.NewChaincode(new(SupplyChainContract))
    if err != nil {
        // 输出错误信息
        fmt.Printf("Error creating supply chain contract: %v", err)
        return
    }

    if err := chaincode.Start(); err != nil {        // 启动链码
        // 输出错误信息
        fmt.Printf("Error starting supply chain contract: %v", err)
    }
}
```

main 函数用于初始并启动合约。每个函数都使用 Fabric 合约 API 与账本交互，利用 TransactionContextInterface 来读写资产数据。该链码对于在去中心化、透明且防篡改的环境中管理资产至关重要，非常适合应用于供应链管理。

完成链码编写后，将智能合约部署到 Fabric 区块链网络中。

```
cd /home/codespace/fabric-samples/test-network
./network.sh deployCC -ccn supplychain -ccp /workspaces/openledger/supply-chain-application/chaincode/supplychain-chaincode/ -ccl go
```

部署好链码后，应用后端就可以调用智能合约实现业务逻辑了。

12.3.2　区块链供应链的应用后端

区块链供应链的应用后端通过 fabric-network 的 Gateway 与链码交互，并提供 RESTful API 给前端调用。

1. 网络连接信息配置

区块链供应链的应用后端通过网络配置文件，与超级账本 Fabric 网络中的组织、对等

节点和证书颁发机构建立安全连接，进行资产管理、交易等操作。

下面的 connection-org1.json 文件内容可参考 Fabric 网络配置文件：fabric-samples/test-network/organizations/peerOrganizations/org1.example.com/connection-org1.json。该文件中包含组织、对等节点和证书颁发机构相关的连接信息，如网络名称和版本、客户端配置和组织信息、对等节点配置和证书颁发机构配置等。

```
{
    "name": "test-network-org1",
    "version": "1.0.0",
    "client": {
        "organization": "Org1",
        "connection": {
            "timeout": {
                "peer": {
                    "endorser": "300"
                }
            }
        }
    },
    "organizations": {
        "Org1": {
            "mspid": "Org1MSP",
            "peers": [
                "peer0.org1.example.com"
            ],
            "certificateAuthorities": [
                "ca.org1.example.com"
            ]
        }
    },
    "peers": {
        "peer0.org1.example.com": {
            "url": "grpcs://localhost:7051",
            "tlsCACerts": {
                "pem": "-----BEGIN CERTIFICATE-----\nMIICJzCCAc2gAwIBAgIUEYm6cdMpEEfeUw2x5pz4yA89jBMwCgYIKoZIzj0EAwIw\ncDELMAkGA1UEBhMCVVMxFzAVBgNVBAgTDk5vcnRoIENhcm9saW5hMQ8wDQYDVQQH\nEwZEdXJoYW0xGTAXBgNVBAoTEG9yZzEuZXhhbXBsZS5jb20xHDAaBgNVBAMTE2Nh\nLm9yZzEuZXhhbXBsZS5jb20wHhcNMjQxMDI2MTgzMjAwWhcNMzkxMDIzMTgzMjAw\nWjBwMQswCQYDVQQGEwJVUzEXMBUGA1UECBMOTm9ydGggQ2Fyb2xpbmExDzANBgNV\nBAcTBkR1cmhhbTEZMBcGA1UEChMQb3JnMS5leGFtcGxlLmNvbTEcMBoGA1UEAxMT\nY2Eub3JnMS5leGFtcGxlLmNvbTBZMBMGByqGSM49AgEGCCqGSM49AwEHA0IABF32\n7FbKKPWvPjPUrc2hMQ5vXfAuOOlRyUmKvSvDQr1YA+0xOoJ6rZ1+1JFjY5ahsVBY\niVFas9JOwqLTt6ZLtaWjRTBDMA4GA1UdDwEB/wQEAwIBBjASBgNVHRMBAf8ECDAG\nAQH/AgEBMB0G\nA1UdDgQWBBSMU1LGc8h7XCCdge4A0e0be0mcrzAKBggqhkjOPQQD\nAgNIADBFAiEAk1P9EKR1jZphhY1SXsykwAO1pAW/+RTbfra1OvkfKPsCIFtCYho2\nnQV5o3Gr3UYStD4A2z3XvGEo1i4n/4pPGQzn2\n-----END CERTIFICATE-----\n"
            },
            "grpcOptions": {
                "ssl-target-name-override": "peer0.org1.example.com",
                "hostnameOverride": "peer0.org1.example.com"
            }
        }
    },
    "certificateAuthorities": {
        "ca.org1.example.com": {
            "url": "https://localhost:7054",
```

```
                "caName": "ca_org1",
                "tlsCACerts": {
                    "pem": ["-----BEGIN CERTIFICATE-----\nMIICJzCCAc2gAwIBAgIUE
Ym6cdMpEEfeUw2x5pz4yA89jBMwCgYIKoZIzj0EAwIw\ncDELMAkGA1UEBhMCVVMxFzAVBgNV
BAgTDk5vcnRoIENhcm9saW5hMQ8wDQYDVQQH\nEwZEdXJoYW0xGTAXBgNVBAoTEG9yZzEuZXh
hbXBsZS5jb20xHDAaBgNVBAMTE2Nh\nLm9yZzEuZXhhbXBsZS5jb20wHhcNMjQxMDI2MTgzMj
AwWhcNMzkxMDIzMTgzMjAw\nWjBwMQswCQYDVQQGEwJVUzEXMBUGA1UECBMOTm9ydGggQ2Fyb
2xpbmExDzANBgNV\nBAcTBkR1cmhhbTEZMBcGA1UEChMQb3JnMS5leGFtcGxlLmNvbTEcMBoG
A1UEAxMT\nY2Eub3JnMS5leGFtcGxlLmNvbTBZMBMGByqGSM49AgEGCCqGSM49AwEHA0IABF3
2\n7FbKKPWvPjPUrc2hMQ5vXfAuOOlRyUmKvSvDQr1YA+0xOoJ6rZ1+1JFjY5ahsVBY\niVFa
s9JOwqLTt6ZLtaWjRTBDMA4GA1UdDwEB/wQEAwIBBjASBgNVHRMBAf8ECDAG\nAQH/AgEBMB0
GA1UdDgQWBBSMUlLGc8h7XCCdge4A0e0be0mcrzAKBggqhkjOPQQD\nAgNIADBFAiEAk1P9EK
R1jZphhY1SXsykwAO1pAW/+RTbfralOvkfKPsCIFtCYho2\nQV5o3Gr3UYStD4A2z3XvGEo1i
4n/4pPGQzn2\n-----END CERTIFICATE-----\n"]
                },
                "httpOptions": {
                    "verify": false
                }
            }
        }
    }
}
```

2. RESTful API接口实现

区块链供应链的应用后端，可与 Fabric 区块链网络交互，并提供了 RESTful API 以便外部客户端可以添加、查询、转移、更新供应链中的资产操作。

Express 应用初始化，使用 express.json 函数中间件来解析请求体的 JSON 数据格式。setupFabricConnection 函数用于初始化区块链网络连接，包括钱包和网络配置。API 路由如下：

- 添加供应链资产(/api/addAsset)，通过调用智能合约的 AddAsset 方法添加一个新的资产到区块链；
- 获取所有资产(/api/getAllAssets)，通过智能合约的 GetAllAssets 方法查询区块链上所有资产的数据；
- 转移资产(/api/transferAsset)，通过 TransferAsset 方法将资产转移到新的所有者；
- 更新资产状态(/api/updateAssetStatus)，通过 UpdateAssetStatus 方法更新区块链上特定资产的状态。

app.js 文件如下：

```
// SPDX-License-Identifier: MIT
// MIT License
// Copyright (c) 2025 朱兴雄
// Email: zhuxx@pku.org.cn

const cors = require('cors');                    // 导入 CORS 中间件，允许跨域请求
const express = require('express');              // 导入 Express 框架
// 导入 Hyperledger Fabric 的 Gateway 和 Wallets
const { Gateway, Wallets } = require('fabric-network');
const fs = require('fs');                        // 导入文件系统模块
const path = require('path');                    // 导入路径模块
```

```javascript
const app = express();                    // 创建 Express 应用实例

// 使用 CORS 中间件
app.use(cors());                          // 使用默认 CORS 配置
app.use(express.json());                  // 使用 JSON 中间件,解析请求体为 JSON 格式

// 指定网络连接配置文件的路径
const ccpPath = path.resolve(__dirname, 'connection-org1.json');
const walletPath = path.join(__dirname, 'wallet');    // 指定钱包路径

// 初始化 Gateway 和 Wallet
const setupFabricConnection = async () => {
  // 创建文件系统钱包
  const wallet = await Wallets.newFileSystemWallet(walletPath);
  // 读取并解析连接配置文件
  const ccp = JSON.parse(fs.readFileSync(ccpPath, 'utf8'));
  return { wallet, ccp };                 // 返回钱包和配置对象
};

// 添加资产 API
app.post('/api/addAsset', async (req, res) => {
  // 从请求体中获取资产 ID、所有者和描述
  const { assetID, owner, description } = req.body;
  try {
    // 设置 Fabric 连接
    const { wallet, ccp } = await setupFabricConnection();
    const gateway = new Gateway();        // 创建 Gateway 实例
    await gateway.connect(ccp, { wallet, identity: 'appUser', discovery: { enabled: true, asLocalhost: true } });

    const network = await gateway.getNetwork('mychannel'); // 获取通道
    const contract = network.getContract('supplychain');   // 获取智能合约

    // 资产状态更新交易
    await contract.submitTransaction('AddAsset', assetID, owner, description);
    res.send('Asset added successfully');   // 发送成功消息
    await gateway.disconnect();             // 断开连接
  } catch (error) {
    console.error(`Failed to add asset: ${error}`);    // 打印错误日志
    res.status(500).send(`Error: ${error}`);           // 返回错误信息
  }
});

// 获取所有资产 API
app.get('/api/getAllAssets', async (req, res) => {
  try {
    // 设置 Fabric 连接
    const { wallet, ccp } = await setupFabricConnection();
    const gateway = new Gateway();                     // 创建 Gateway 实例
    await gateway.connect(ccp, { wallet, identity: 'appUser', discovery: { enabled: true, asLocalhost: true } });

    const network = await gateway.getNetwork('mychannel'); // 获取通道
```

```javascript
    const contract = network.getContract('supplychain');    // 获取智能合约

    // 调用获取所有资产的查询
    const result = await contract.evaluateTransaction('GetAllAssets');
    res.json(JSON.parse(result.toString()));                // 返回解析后的结果
    await gateway.disconnect();                             // 断开连接
  } catch (error) {
    console.error(`Failed to retrieve assets: ${error}`);   // 打印错误日志
    res.status(500).send(`Error: ${error}`);                // 返回错误信息
  }
});

// 转移资产 API
app.post('/api/transferAsset', async (req, res) => {
  const { assetID, newOwner } = req.body;  // 从请求体中获取资产 ID 和新的所有者
  try {
    // 设置 Fabric 连接
    const { wallet, ccp } = await setupFabricConnection();
    const gateway = new Gateway();                          // 创建 Gateway 实例
    await gateway.connect(ccp, { wallet, identity: 'appUser', discovery:
{ enabled: true, asLocalhost: true } });

    const network = await gateway.getNetwork('mychannel');  // 获取通道
    const contract = network.getContract('supplychain');    // 获取智能合约

    // 提交转移资产交易
    await contract.submitTransaction('TransferAsset', assetID, newOwner);
    res.send('Asset transferred successfully');             // 发送成功消息
    await gateway.disconnect();                             // 断开连接
  } catch (error) {
    console.error(`Failed to transfer asset: ${error}`);    // 打印错误日志
    res.status(500).send(`Error: ${error}`);                // 返回错误信息
  }
});

// 更新资产状态 API
app.post('/api/updateAssetStatus', async (req, res) => {
  const { assetID, status } = req.body;          // 从请求体中获取资产 ID 和状态
  try {
    // 设置 Fabric 连接
    const { wallet, ccp } = await setupFabricConnection();
    const gateway = new Gateway();                          // 创建 Gateway 实例
    await gateway.connect(ccp, { wallet, identity: 'appUser', discovery:
{ enabled: true, asLocalhost: true } });

    const network = await gateway.getNetwork('mychannel');  // 获取通道
    const contract = network.getContract('supplychain');    // 获取智能合约

    // 提交状态更新交易
    await contract.submitTransaction('UpdateAssetStatus', assetID, status);
    res.send('Asset status updated successfully');          // 发送成功消息
    await gateway.disconnect();                             // 断开连接
  } catch (error) {
    // 打印错误日志
```

```
    console.error(`Failed to update asset status: ${error}`);
    res.status(500).send(`Error: ${error}`);    // 返回错误信息
  }
});

const PORT = process.env.PORT || 3000;                  // 设置端口号
app.listen(PORT, () => {
  console.log(`Server running on port ${PORT}`);        // 启动服务器并监听端口
});
```

启动后端服务器，应用监听指定的端口号，默认为 3000，并启动 Express 服务器。

```
cd /workspaces/openledger/supply-chain-application/backend
node app.js &
```

本架构旨在通过 API 路由与区块链智能合约交互，提供一个访问超级账本 Fabric 网络的便捷接口。

12.3.3　区块链供应链的应用前端

区块链供应链的应用前端通过后端提供的 RESTful API 与链码交互。前端使用如 React.js 这样的 Web 框架构建，用户可以通过用户界面与区块链交互，注册供应链资产、跟踪产品来源并发起资产转移。

应用前端的 App.js 文件如下：

```
// SPDX-License-Identifier: MIT
// MIT License
// Copyright (c) 2025 Xingxiong Zhu
// Email: zhuxx@pku.org.cn

import React, { useState, useEffect } from 'react';  // 导入 React 及其钩子
import axios from 'axios';                           // 导入 axios 用于发送 HTTP 请求
import './App.css';                                  // 导入 CSS 文件

function App() {
  const [assets, setAssets] = useState([]);                      // 资产状态数组
  const [assetID, setAssetID] = useState('');                    // 资产 ID 状态
  const [owner, setOwner] = useState('');                        // 所有者状态
  const [description, setDescription] = useState('');            // 描述状态
  const [newOwner, setNewOwner] = useState('');                  // 新所有者状态
  const [status, setStatus] = useState('');
  const [message, setMessage] = useState('');                    // 消息状态
  // 选定资产 ID 状态
  const [selectedAssetID, setSelectedAssetID] = useState('');

  useEffect(() => {
    fetchAssets();                                   // 组件挂载后获取的资产
  }, []);
```

```jsx
  const fetchAssets = async () => {                  // 定义异步函数以获取资产
    try {
      const response = await axios.get('http://localhost:3000/api/getAllAssets');                                       // 发送 GET 请求以获取所有资产
      setAssets(response.data);                      // 更新资产状态
    } catch (error) {
      console.error('获取资产时出错:', error);// 错误处理
      setMessage('获取资产时出错');                  // 设置错误消息
    }
  };

  const addAsset = async () => {                     // 定义异步函数以添加资产
    try {
      await axios.post('http://localhost:3000/api/addAsset', { assetID, owner, description });                          // 发送 POST 请求以添加资产
      fetchAssets();                                 // 重新获取资产
      setMessage('资产添加成功');                    // 设置成功消息
    } catch (error) {
      console.error('添加资产时出错:', error);// 错误处理
      setMessage('添加资产时出错');                  // 设置错误消息
    }
  };

  const transferAsset = async () => {                // 定义异步函数以转移资产
    try {
      await axios.post('http://localhost:3000/api/transferAsset', { assetID, newOwner });                               // 发送 POST 请求以转移资产
      fetchAssets();                                 // 重新获取资产
      setMessage('资产转移成功');                    // 设置成功消息
    } catch (error) {
      console.error('转移资产时出错:', error);// 错误处理
      setMessage('转移资产时出错');                  // 设置错误消息
    }
  };

  const updateStatus = async () => {                 // 定义异步函数以更新资产状态
    try {
      await axios.post('http://localhost:3000/api/updateAssetStatus', { assetID, status });                             // 发送 POST 请求以更新状态
      fetchAssets();                                 // 重新获取资产
      setMessage('资产状态更新成功');                // 设置成功消息
    } catch (error) {
      console.error('更新资产状态时出错:', error); // 错误处理
      setMessage('更新资产状态时出错');              // 设置错误消息
    }
  };

  return (
    <div className="App"> {/* 主容器 */}
      <h1>供应链管理</h1> {/* 主标题 */}
      <h2>添加资产</h2> {/* 添加资产的子标题 */}
      <input type="text" placeholder="资产 ID" value={assetID} onChange={(e) => setAssetID(e.target.value)} /> {/* 输入资产 ID */}
```

```
<input type="text" placeholder="所有者" value={owner} onChange={(e) =>
setOwner(e.target.value)} /> {/* 输入所有者 */}
<input type="text" placeholder="描述" value={description} onChange={(e) =>
setDescription(e.target.value)} /> {/* 输入描述 */}
<button onClick={addAsset}>添加资产</button> {/* 添加资产按钮 */}

<h2>转移资产</h2> {/* 转移资产的子标题 */}
<input type="text" placeholder="资产 ID" value={selectedAssetID} onChange={(e)
=> setSelectedAssetID(e.target.value)} /> {/* 输入选定的资产 ID */}
<input type="text" placeholder="新所有者" value={newOwner} onChange={(e) =>
setNewOwner(e.target.value)} /> {/* 输入新所有者 */}
<button onClick={transferAsset}>转移资产</button> {/* 转移资产按钮 */}

<h2>更新资产状态</h2> {/* 更新资产状态的子标题 */}
<input type="text" placeholder="资产 ID" value={selectedAssetID} onChange={(e)
=> setSelectedAssetID(e.target.value)} /> {/* 输入选定的资产 ID */}
<input type="text" placeholder="状态" value={status} onChange={(e) =>
setStatus(e.target.value)} /> {/* 输入状态 */}
<button onClick={updateStatus}>更新状态</button> {/* 更新状态按钮 */}

    {message && <p>{message}</p>} {/* 显示消息 */}

<h2>资产列表</h2> {/* 资产列表的子标题 */}
<ul> {/* 列表开始 */}
    {Array.isArray(assets) ? (                    // 检查 assets 是否为数组
      assets.map((asset) => (                     // 遍历资产数组
<li key={asset.id}> {/* 列表项 */}
        ID: {asset.id}, 所有者: {asset.owner}, 描述: {asset.description},
状态: {asset.status} {/* 资产信息 */}
</li>
      ))
    ) : (
<li>{assets}</li>                                 // 处理非数组情况
    )}
</ul> {/* 列表结束 */}
</div>
  );
}

export default App;                               // 导出 App 组件
```

运行前端,通过运行命令启动 React 应用程序:

```
cd /workspaces/openledger/supply-chain-application/frontend
npm start
```

启动应用前端后,用户通过用户界面可以操作添加供应链资产、转移资产、更新状态和跟踪资产列表及其状态等。基于区块链的供应链系统前端如图 12-1 所示。

使用 Fabric 的区块链供应链管理集成确保了透明性、信任和操作效率的提升。通过该应用,利益相关者可以更好地控制产品的可追溯性、合规性和安全交易。

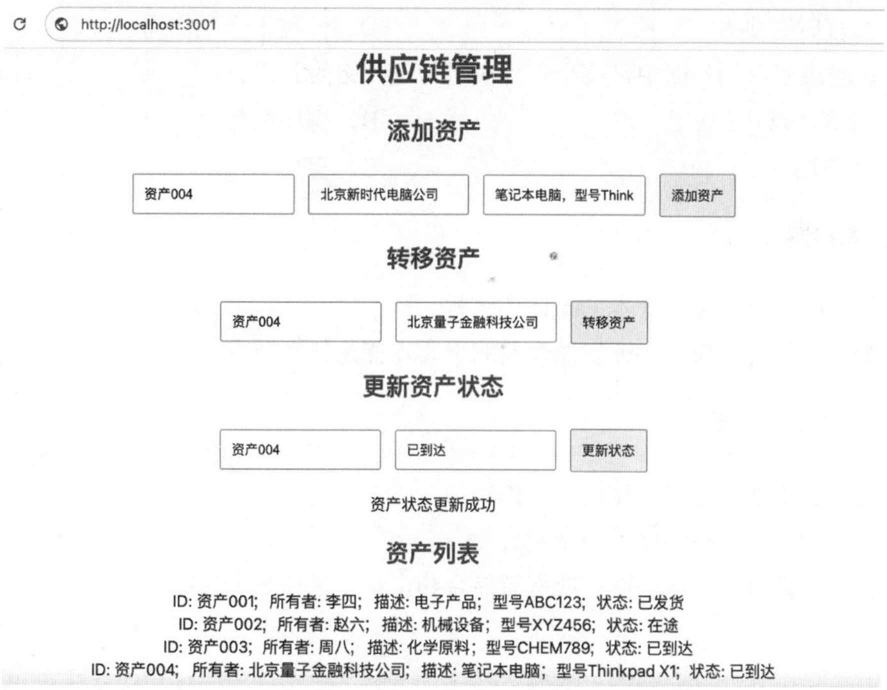

图 12-1　基于区块链的供应链系统前端

12.4　小　　结

本章介绍了区块链技术的实际应用，概述了区块链供应链应用架构，展示了区块链供应链智能合约的编写、部署，剖析了应用前端和后端的研发、编程和构建的过程。

通过本章的学习，我们可以理解如何在实际场景中实施区块链解决方案，尤其是在区块链存证、取证和供应链应用领域将会有深入的理解。

12.5　习　　题

一、选择题

1．超级账本 Fabric 的主要目的是什么？（　　）
　A．加密货币　　　　　　　　　　　　B．供应链管理
　C．企业应用的许可区块链　　　　　　D．智能合约创建
2．在区块链中，智能合约的一个关键特性是什么？（　　）
　A．它们是不可变的　　　　　　　　　B．它们可以随时修改

C．执行时需要人工干预　　　　　　D．仅用于金融交易

3．在超级账本 Fabric 中，哪个组件负责管理网络的共识？（　　）

A．对等节点　　　　　　　　　　　B．排序服务

C．客户端　　　　　　　　　　　　D．链码

二、简答题

1．简单描述安装超级账本 Fabric 的过程。

2．编写、部署区块链存证智能合约的主要步骤是什么？

三、讨论与实践题

1．讨论基于区块链的供应链应用的架构。

2．编写一个用于存储证据的智能合约。

3．创建、部署一个区块链供应链智能合约，至少包括三个功能。

第 13 章 从零开始开发一个区块链系统

本章介绍如何使用 Python 编码开发、构建一个简单的区块链系统，包括区块链的基本组成部分、编码实现基础、如何运行和测试区块链等。

13.1 区块链的基本组成

区块链技术作为分布式账本系统的核心，正迅速成为各个行业不可或缺的一部分。本节将介绍区块链的基本架构和数据结构，帮助读者理解构建区块链所需的基本组件。

1. 区块链架构

区块链由多个区块构成，每个区块包含交易数据、时间戳、工作量证明以及指向前一个区块的哈希值。每个区块链接到前一个区块就形成了一条链，使得区块链具备不可篡改的特性。为了保持链的完整性，区块链使用密码学技术来确保每个区块的真实性和不可变性。

2. 核心数据结构

区块链的核心数据结构包括"区块"和"交易"两个部分。每个区块记录了一个或多个交易数据，并且拥有唯一的哈希值，用于连接到链上的前一个区块，而交易包含发送方、接收方和交易金额等信息。

3. 交易和区块结构

区块链上的每个交易由发送方、接收方和交易金额构成。每个区块则包括区块链索引、时间戳、交易数据、工作量证明和前一个区块的哈希值。

在区块链网络中，交易是不可变的，通过在区块中记录交易，使得整个链条的历史交易可以完整地保留下来。

13.2 编码实现

本节我们将搭建一个简单的 Python 区块链应用。首先设置开发环境，接着编写区块链类，最后实现交易和添加新区块的功能。下面以 Ubuntu 20.04.6 LTS 操作系统环境为例，详细介绍实现过程。

13.2.1 设置项目环境

1. 安装Python

确保系统中已安装 Python 3.x，可以从 Python 官网 https://www.python.org/ 上下载。

2. 安装Flask

Flask 是一个轻量且灵活的 Python Web 框架，旨在快速、简便地构建 Web 应用程序，支持 RESTful 请求调度，便于开发者轻松创建 RESTful API，对于需要向 Web 客户端或移动应用程序提供数据的应用程序尤其有用。

在终端或命令提示符中输入以下命令来安装 Flask：

```
pip install flask
```

创建项目目录为 simple-blockchain。

13.2.2 编写区块链的类

在项目目录下创建名为 blockchain.py 的文件，该文件实现了一个基本的区块链的类 Blockchain，包含创建区块链、添加交易、生成新区块以及执行工作量证明等核心功能，文件代码如下：

```
# SPDX-License-Identifier: MIT
# MIT License
# Copyright (c) 2025 朱兴雄
# Email: zhuxx@pku.org.cn

# blockchain.py

import hashlib                    # 导入哈希库，用于生成数据的哈希值
import json                       # 导入JSON库，用于处理数据的序列化和反序列化
from time import import time      # 从time模块导入time函数，用于生成时间戳

class Blockchain:
```

```python
    def __init__(self):
        """
        初始化区块链类,创建一个空的链列表和交易列表并生成创世区块。
        """
        self.chain = []                          # 用于存储区块链的列表
        self.current_transactions = []           # 用于存储当前交易的列表
        # 创建创世区块
        # 第一个区块的哈希值设置为'1',并使用任意 proof 值
        self.new_block(previous_hash='1', proof=100)

    def new_block(self, proof, previous_hash=None):
        """
        生成新块,并将其添加到区块链中。
        :param proof: 新块的工作量证明
        :param previous_hash: 前一个块的哈希值
        :return: 新创建的区块
        """
        block = {
            'index': len(self.chain) + 1,        # 新块的索引,当前链的长度+1
            'timestamp': time(),                 # 记录区块生成时的时间戳
            # 当前的交易列表,添加到区块中
            'transactions': self.current_transactions,
            'proof': proof,                      # 新块的工作量证明
            # 前一个块的哈希值
            'previous_hash': previous_hash or self.hash(self.chain[-1]),
        }
        # 重置当前交易列表,因为已经打包到区块中
        self.current_transactions = []
        # 将新块添加到区块链中
        self.chain.append(block)
        return block                             # 返回新创建的区块

    def new_transaction(self, sender, recipient, amount):
        """
        创建新交易并添加到交易列表中。
        :param sender: 发送方的地址
        :param recipient: 接收方的地址
        :param amount: 转账金额
        :return: 包含该交易的区块索引
        """
        # 记录交易信息
        self.current_transactions.append({
            'sender': sender,                    # 交易的发送方
            'recipient': recipient,              # 交易的接收方
            'amount': amount,                    # 交易金额
        })
        # 返回包含该交易的下一个区块的索引
        return self.last_block['index'] + 1

    @staticmethod
    def hash(block):
        """
        生成区块的 SHA-256 哈希值。
        :param block: 需要计算哈希的区块
        :return: 计算得到的哈希值
```

```python
        """
        # 将区块转换为字符串并进行编码
        block_string = json.dumps(block, sort_keys=True).encode()
        # 计算区块的 SHA-256 哈希值并返回
        return hashlib.sha256(block_string).hexdigest()

    @property
    def last_block(self):
        """
        获取链中的最后一个区块。
        :return: 区块链的最后一个区块
        """
        return self.chain[-1]                          # 返回区块链的最后一个元素

    defproof_of_work(self, last_proof):
        """
        执行工作量证明算法, 以找到新的 proof 值。
        :param last_proof: 前一个区块的 proof 值
        :return: 新的 proof 值
        """
        proof = 0                                      # 从 0 开始尝试
        # 不断增加 proof 值, 直到满足验证条件
        while not self.valid_proof(last_proof, proof):
            proof += 1
        return proof                                   # 返回找到的满足条件的 proof 值

    @staticmethod
    def valid_proof(last_proof, proof):
        """
        验证工作量证明。
        :param last_proof: 前一个区块的 proof 值
        :param proof: 当前尝试的 proof 值
        :return: 如果证明有效则返回 True, 否则返回 False
        """
        # 将前一个 proof 和当前 proof 拼接为字符串并编码
        guess = f'{last_proof}{proof}'.encode()
        # 计算哈希值
        guess_hash = hashlib.sha256(guess).hexdigest()
        # 验证哈希值是否满足前 4 位为 0 的条件
        return guess_hash[:4] == "0000"
```

1. 引入必要的库

- hashlib：用于生成区块和交易的 SHA-256 哈希值。
- json：用于将区块和交易转换为 JSON 格式, 以便存储和传输。
- time：用于获取当前的时间戳, 以记录区块生成的时间。

2. 区块链类（Blockchain）

- 初始化方法（__init__）：创建一个空的区块链和交易列表, 并生成创世区块。
- 新块生成（new_block）：生成新块并将其添加到区块链中, 包括当前的交易列表和

工作量证明。
- 新交易（new_transaction）：记录新的交易信息，并返回该交易将被添加到的下一个区块的索引。
- 计算哈希值（hash）：生成区块的 SHA-256 哈希值，确保数据的完整性。
- 获取最后一个区块（last_block）：返回区块链中的最后一个区块，方便进行后续操作。
- 工作量证明（proof_of_work）：执行简单的工作量证明算法，通过不断尝试找到一个有效的证明值。
- 验证工作量证明（valid_proof）：验证给定的证明值是否满足条件，即哈希值的前四位是否为 0。

3. 主要功能

- 区块链结构：使用列表来存储区块，每个区块包含索引、时间戳、交易、工作量证明和前一个区块的哈希值。
- 交易机制：支持记录发送方、接收方和金额交易并在下一个区块中打包这些交易。
- 安全性：通过 SHA-256 哈希算法和工作量证明机制来保证区块链的安全性和抗篡改性。

这个 blockchain.py 文件提供了构建区块链应用的基本框架，为实现更复杂的功能如网络通信、用户接口等打下了基础。

13.3 运行和测试区块链

下面是部署、运行和测试区块链实现的步骤。包括编写、部署区块链应用，区块链操作的 API 接口，以及使用 cURL 测试区块链等。

13.3.1 编写并部署区块链应用

在项目目录下创建名为 app.py 的文件，该文件实现了一个基于 Flask 的 Web 应用程序，用于与区块链进行交互。它提供了 3 个主要路由：创建区块（挖矿）、添加交易和查询完整的区块链。

```
# SPDX-License-Identifier: MIT
# MIT License
# Copyright (c) 2025 朱兴雄
# Email: zhuxx@pku.org.cn

# app.py
```

```python
from uuid import uuid4                              # 导入 UUID 库，用于生成唯一的矿工地址
from flask import Flask, jsonify, request
# 从 Flask 库中导入 Flask 框架、jsonify 和 request 函数
from blockchain import Blockchain                   # 导入自定义的 Blockchain 类

# 创建一个 Flask 应用
app = Flask(__name__)

# 实例化区块链
blockchain = Blockchain()

# 为矿工生成唯一地址
# 使用 UUID 生成唯一的矿工地址，移除 UUID 中的破折号
MINER_ADDRESS = str(uuid4()).replace('-', '')

@app.route('/mine', methods=['GET'])
def mine():
    """
    处理 GET 请求以挖矿并生成新块。
    :return: 返回挖矿结果的 JSON 响应
    """
    # 获取区块链的最后一个区块的 proof 值
    last_block = blockchain.last_block
    last_proof = last_block['proof']
    # 使用工作量证明算法找到新的 proof
    proof = blockchain.proof_of_work(last_proof)

    # 添加矿工奖励交易，"0"表示该交易是新币奖励
    blockchain.new_transaction(
        sender="0",                                  # "0"表示新币奖励
        recipient=MINER_ADDRESS,                     # 接收者为矿工的唯一地址
        amount=1,                                    # 奖励金额设定为 1
    )

    # 使用找到的 proof 值创建新的区块
    previous_hash = blockchain.hash(last_block)
    block = blockchain.new_block(proof, previous_hash)

    # 准备响应内容，包含新块的详细信息
    response = {
        'message': "新块已挖出",
        'index': block['index'],                     # 新块的索引
        'transactions': block['transactions'],       # 新块中的交易列表
        'proof': block['proof'],                     # 新块的 proof 值
        'previous_hash': block['previous_hash'],     # 新块的前一个哈希值
    }
    return jsonify(response), 200                    # 返回 JSON 响应和 200 状态码

@app.route('/transactions/new', methods=['POST'])
def new_transaction():
    """
    处理 POST 请求以添加新的交易。
    :return: 返回交易结果的 JSON 响应
    """
    # 获取请求的 JSON 数据
```

```
        values = request.get_json()

        # 验证请求数据中是否包含所有必要的字段
        required = ['sender', 'recipient', 'amount']
        if not all(k in values for k in required):
            return '缺少字段', 400                    # 如果缺少字段,则返回错误状态码400

        # 创建新交易并获取它将包含的区块索引
        index = blockchain.new_transaction(values['sender'], values['recipient'], values['amount'])

        # 准备响应内容,告知交易成功添加
        response = {'message': f'交易将被添加到区块 {index}'}中
        return jsonify(response), 201                # 返回JSON响应和201状态码

@app.route('/chain', methods=['GET'])
def full_chain():
    """
处理GET请求以返回完整的区块链。
    :return: 返回区块链和长度的JSON响应
    """
    response = {
        'chain': blockchain.chain,                   # 区块链的数据
        'length': len(blockchain.chain),             # 区块链的长度
    }
    return jsonify(response), 200                    # 返回JSON响应和200状态码

# 运行Flask应用
if __name__ == '__main__':
    app.run(port=5000)                               # 在5000端口运行应用
```

1. 引入必要的库

☐ UUID:用于生成唯一的用户(矿工)地址。
☐ Flask:引入Flask框架的核心功能,包括应用创建和处理JSON请求。
☐ blockchain:引入自定义的区块链类,以便在应用中使用。

2. Flask应用程序的设置

(1)创建一个Flask应用实例(app)。
(2)实例化一个Blockchain对象,用于管理区块链的状态和操作。
(3)生成一个唯一的用户地址,用于接收创建区块奖励。

3. 路由定义

1)创建区块(/mine)
(1)处理GET请求,用于创建区块,生成新块。
(2)获取最后一个区块的工作量证明值,通过工作量证明算法找到新的证明值。
(3)创建一笔用户(矿工)奖励交易,金额为1,发送者为"0",表示新币的创造。

（4）生成新的区块，并返回包含新区详细信息的 JSON 响应。

2）添加交易（/transactions/new）

（1）处理 POST 请求，用于添加新的交易。

（2）从请求中获取 JSON 数据，验证请求中是否包含必要的字段，如发送者、接收者和金额。

（3）创建新交易并返回该交易将被添加的下一个区块的索引。

（4）返回确认交易添加成功的消息。

3）查询完整区块链（/chain）

（1）处理 GET 请求，返回完整的区块链数据及其长度。

（2）组织区块链数据和长度信息并返回 JSON 响应。

4．应用运行

app.py 文件作为主程序，启动 Flask 应用并监听 5000 端口，以便接收请求。

5．主要功能

- 区块链交互：通过提供 RESTful API，允许用户创建区块、添加交易和查询区块链。
- 用户（矿工）奖励机制：设计用户奖励机制，以激励用户参与区块链的维护和更新。
- 简单易用：采用 Flask 框架，使得该应用程序简单且易于扩展，适合后续开发和功能增强需求。

这个 app.py 文件为区块链应用程序提供了用户友好的接口，允许用户通过 HTTP 请求与区块链进行交互。

13.3.2　区块链操作的 API

我们定义了 3 个主要的 API 端点：
- /transactions/new：允许用户创建新的交易，用户需要提供发送者、接收者和金额的详细信息，区块链应用会把这些信息记录到当前的交易列表中。
- /mine：允许用户创建新区块。区块链应用会将交易信息打包到新块中。
- /chain：允许用户查看整个区块链，包括所有的区块及其内部交易数据。此 API 端点会以 JSON 格式返回完整的区块链。

13.3.3　使用 cURL 测试区块链

在测试过程中，为使输出内容更易阅读，可以使用命令行工具 jq 来格式化 JSON 响应。jq 是一个轻量级、灵活的命令行 JSON 解析工具，用于在终端中处理 JSON 格式数据，如处理从 RESTful API 中获取的输出。jq 会自动处理 Unicode 字符，这样中文信息能以可读的格式呈现。

首先使用如下命令安装 jq。

```
sudo apt-get install jq
```

接着使用 cURL 测试区块链，下面是基本过程。

1. 运行区块链应用

根据是开发环境还是生产环境，选择一种运行方式。

1）在开发环境中运行

在终端进入项目目录，然后使用以下命令启动 Flask 应用。

```
python app.py
```

上面的启动方式使用 Flask 内置的开发服务器，适用于开发和调试环境。提示信息显示 Flask 应用已启动并监听 5000 端口，准备接受访问请求。

2）在生产环境中运行

Gunicorn 是一个 Web 服务器网关接口（WSGI）服务器，专为生产环境设计，用于运行 Python Web 应用程序。

在终端输入如下命令安装 Gunicorn。

```
pip install gunicorn
```

在终端进入项目目录，输入如下命令，使用 Gunicorn 运行应用。该命令告诉 Gunicorn 运行 app.py 中定义的 Flask 应用。Gunicorn 监听的默认端口是 8000，可通过__bind 选项来指定所需的端口，以下命令指定监听 5000 端口。app:app 指 app.py 文件中的 app 对象。

```
gunicorn --bind 127.0.0.1:5000 app:app
```

运行区块链应用，如图 13-1 所示。

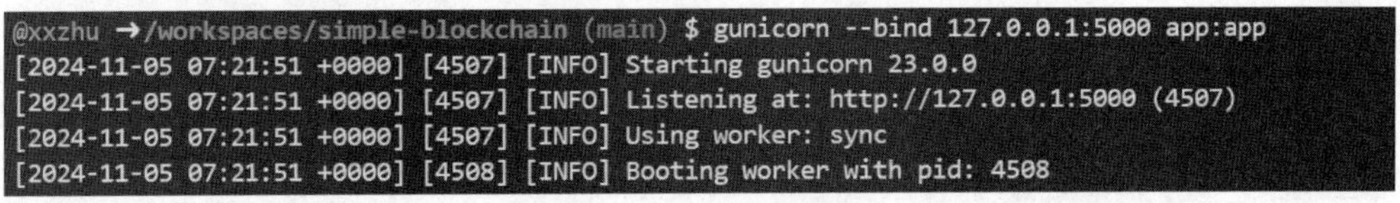

```
@xxzhu ➜ /workspaces/simple-blockchain (main) $ gunicorn --bind 127.0.0.1:5000 app:app
[2024-11-05 07:21:51 +0000] [4507] [INFO] Starting gunicorn 23.0.0
[2024-11-05 07:21:51 +0000] [4507] [INFO] Listening at: http://127.0.0.1:5000 (4507)
[2024-11-05 07:21:51 +0000] [4507] [INFO] Using worker: sync
[2024-11-05 07:21:51 +0000] [4508] [INFO] Booting worker with pid: 4508
```

图 13-1 运行区块链应用

到此，启动了一个监听 5000 端口的服务器，运行着 app.py 中名为 app 的 Flask 应用。

2. 测试添加新交易

/transactions/new 端点允许添加新交易，需要在请求中提供 sender（发送方）、recipient（接收方）和 amount（金额）。新启动一个终端，输入如下命令进行测试：

```
curl -X POST -H "Content-Type: application/json" -d '{   "sender":
"user_address_1",   "recipient": "user_address_2",   "amount": 10}'
http://127.0.0.1:5000/transactions/new | jq
```

以上命令将返回一个 JSON 消息，表示该交易将被添加到特定的区块中。测试添加新的交易，如图 13-2 所示。

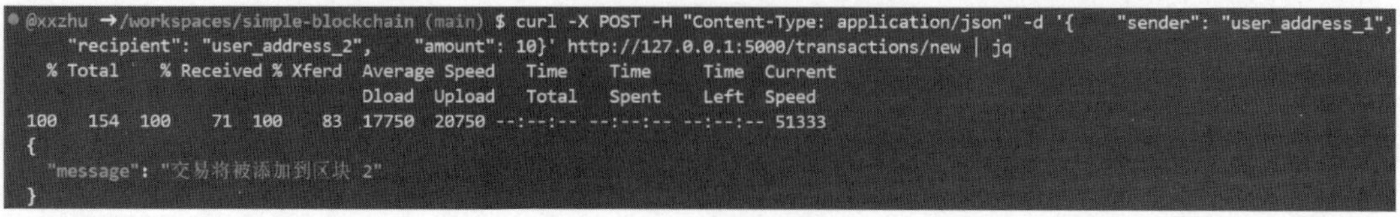

图 13-2　测试添加的新交易

3. 测试创建的新区块

/mine 端点触发创建的新区块，打包交易并返回所挖掘块的详细信息。在终端运行以下命令：

```
curl -X GET http://127.0.0.1:5000/mine | jq
```

上面的命令将返回一个包含新挖掘的块详细信息的 JSON 响应，如该块的索引、工作量证明、交易列表及前一个块的哈希值。测试创建的新区块，如图 13-3 所示。

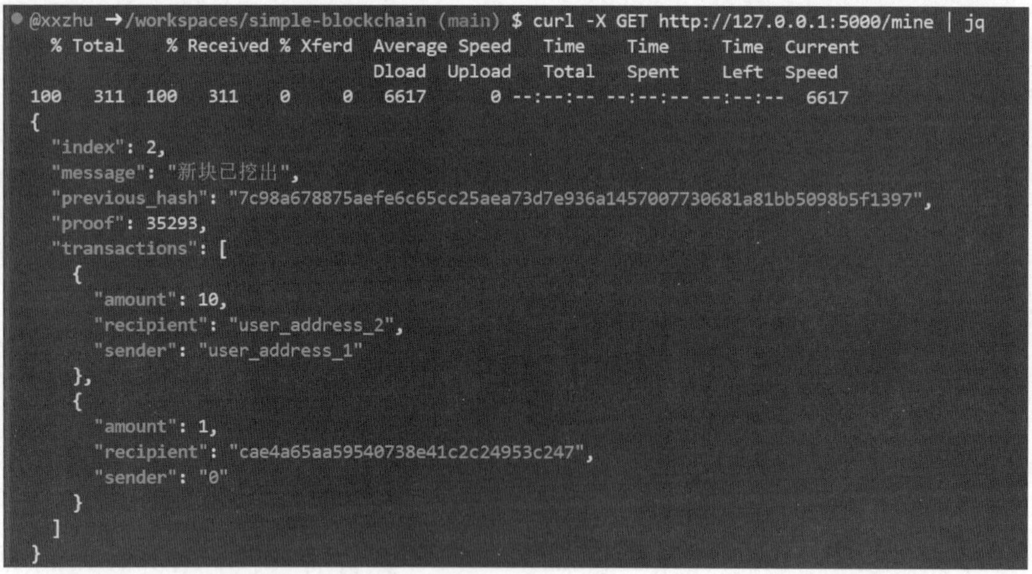

图 13-3　测试创建的新区块

4. 测试并查看完整的区块链

/chain 端点用于检索整个区块链。在终端运行以下命令：

```
curl -X GET http://127.0.0.1:5000/chain | jq
```

上面的命令将返回一个 JSON 响应，包含整个区块链及其长度，并显示所有区块及其详细信息。测试并查看完整的区块链，如图 13-4 所示。

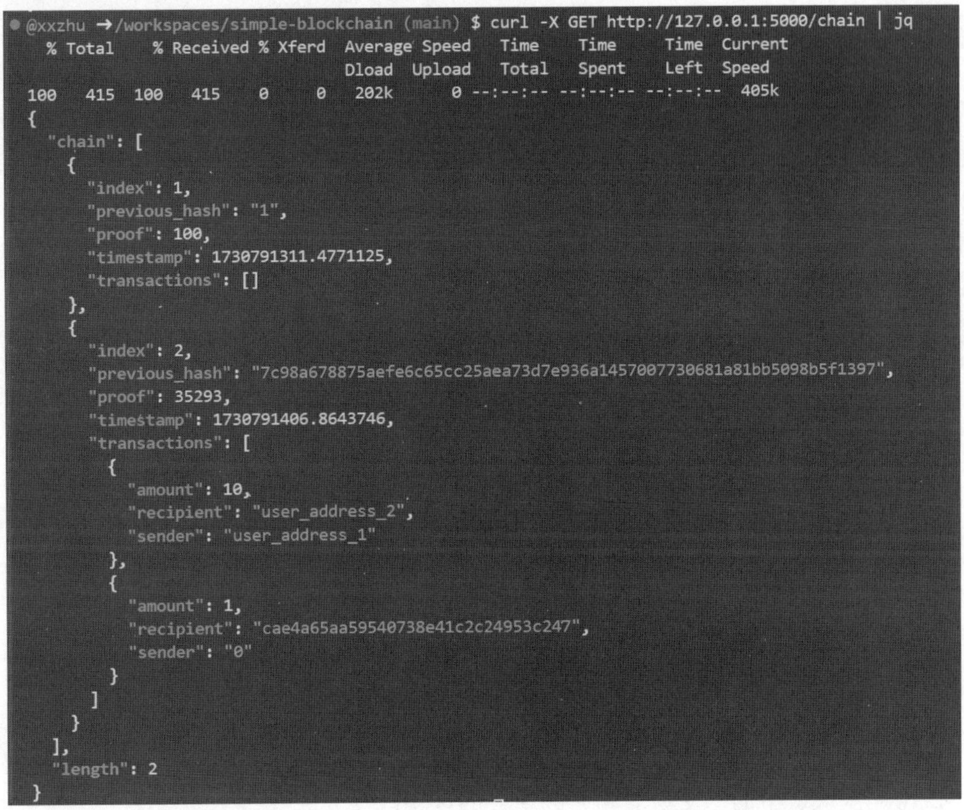

图 13-4 测试并查看完整的区块链

13.4 小　　结

本章首先介绍了区块链的基本组成部分，如区块链架构、核心数据结构以及交易和区块结构分析了它们如何协同工作来确保数据的完整性和安全性。

接下来逐步解析如何设置项目环境，并构建一个可以处理基本操作如添加交易、创建新区块的区块链类。通过实际开发示例，展示了如何处理区块的创建、交易的验证以及工作量证明机制。

然后介绍了如何运行和测试区块链，详细讲解了区块链应用的部署过程，通过 API 端点提供服务，最后通过 cURL 工具测试区块链，验证其操作是否正常。

本章从零开始开发、实现一个简单的区块链系统，帮助读者将深入理解区块链的相关技术，提高使用 Python 构建、部署和测试区块链应用的能力。

13.5 习　　题

一、选择题

1. 以下哪项不是区块链架构的核心组件？（　　）
   A. 交易　　　　　　　　　　B. 区块
   C. 哈希函数　　　　　　　　D. 电子邮件服务器

2. 工作量证明算法在区块链中的主要功能是什么？（　　）
   A. 确保交易有效　　　　　　B. 防止未经授权访问区块链
   C. 添加新块到区块链　　　　D. 加密区块链数据

3. 在13.2节中，哪个函数负责生成每个区块的唯一哈希值？（　　）
   A. new_transaction()　　　　B. new_block()
   C. hash()　　　　　　　　　D. proof_of_work()

4. 在13.3节的Flask应用中，用于发送新交易到区块链的HTTP请求的方法是什么？（　　）
   A. GET　　　B. POST　　　C. PUT　　　D. DELETE

二、简答题

1. 简述区块中的 previous_hash 在区块链中的作用。
2. 在区块链中，proof_of_work 函数的作用是什么？
3. 论述区块链中的"交易"和"区块"的区别。
4. 论述如何将简单的Python区块链扩展为实际应用。

第 14 章 区块链行业前景与发展展望

本章将深入解析区块链专业人士的必备技能、教育途径和资源，了解不断发展的区块链创业前景。

14.1 区块链专业人士必备技能

区块链专业人士需要具备一套独特的核心能力，以便在这一快速发展的动态环境中脱颖而出。本节将深入探讨三项关键能力：熟练掌握 Solidity、Python 和 Java 等编程语言，深入理解密码学与分布式系统知识，以及如何培养问题分析与思维能力。

14.1.1 编程语言

编程语言是区块链专业人士创建、部署和维护分布式账本技术和去中心化应用的主要工具。Solidity 在智能合约开发中占据主导地位，尤其是在以太坊上。Python 因其多功能性而闻名，常用于数据分析、脚本编写和智能合约测试。Java 则以其稳健性著称，尤其适用于 Hyperledger 等企业级区块链解决方案。

1. Solidity简介

Solidity 主要用于开发以太坊及兼容区块链上的智能合约，是一种静态类型、面向合约的编程语言。它针对去中心化平台上的应用进行了优化，是图灵完备的。

Solidity 在以太坊虚拟机中运行，在以太坊节点上执行编译后的字节码。为确保了数据不可篡改性和透明性，Solidity 的确定性特性和结构化的存储模型符合区块链的原则，所有与智能合约的交互都记录在链上，Solidity 合约是有状态的。

Solidity 的关键特性和语法包括：

- 数据类型：Solidity 包含基本的数据类型，如 unit、address 和 string，以及复杂类型如结构体和映射。它使用固定长度类型来提高 Gas 效率；
- 智能合约结构：Solidity 合约由函数、修饰符、事件和存储变量组成；
- 内存管理，由于链上存储的高 Gas 成本，Solidity 中要显式管理存储和内存。

Gas 优化是一个关键的设计因素：Gas 成本基于以太坊虚拟机的 Gas 表，每种操作都有固定的 Gas 成本，其中创建新合约、存储操作是相对昂贵的；Solidity 使用整数算术，addmod 函数在加法运算后进行模运算以避免结构超出范围，而 mulmod 函数在乘法运算后进行模运算，在代币和 NFT 合约中尤为重要。

Solidity 的实际应用包括：
- 代币标准，ERC-20 和 ERC-721 标准是以太坊上的代币发行和 NFT 生态系统的基础；
- DeFi 协议，去中心化金融平台，如 Uniswap 和 Aave，利用 Solidity 智能合约进行不需要中介的金融交易。

2. Python简介

Python 是一种多范式语言，因其易读性和丰富的库支持而广受欢迎，非常适合区块链相关的脚本编写、数据分析和自动化任务。

Python 的适应性和简洁的语法使其适合快速开发和实验。它支持多种区块链应用，包括智能合约开发（通过 Brownie 库）、区块链数据分析和机器学习应用。

Python 的库促进了区块链的开发：Web 3.py 是一个允许 Python 应用程序与以太坊交互的库，提供读取智能合约数据、提交交易和自动交互的功能；Brownie 是一个以太坊智能合约开发框架，允许通过 Python 脚本进行部署和测试。

Python 的丰富库支持高效实现密码学算法。例如下面的 SHA-256 哈希示例，广泛用于加密安全。

```
import hashlib

hash = hashlib.sha256(b"Data").hexdigest()

print("SHA-256 哈希值:", hash)
```

Python 在区块链数据处理应用中表现出色：收集、处理和分析区块链交易数据；Python 库如 scikit-learn 和 TensorFlow 支持反欺诈和交易分析等数据驱动的应用。

3. Java简介

Java 是一种强类型、面向对象的语言，因其可靠性、可扩展性与企业级系统的兼容性而被广泛用于企业级区块链解决方案中。

Java 成为多平台区块链应用的理想选择，它的虚拟机（JVM）提供了可移植性。对于需要高吞吐量和可扩展性的区块链环境，Java 的结构化内存管理和并发模型至关重要。

Java 库促进了区块链的开发，如用于创建私有区块链的超级账本 Fabric SDK for Java，适合企业级的数据共享；Web3j 提供交互和合约管理功能，其允许 Java 应用与以太坊交互。

例如，可以用 Java 实现实用拜占庭容错算法，Java 通过私有区块链中的共识算法来实现。Java 在企业区块链应用中表现突出，如能实现供应链管理的基于超级账本 Fabric 解决方案。另外，Java 为金融机构的区块链解决方案也提供技术支持。

区块链专业人士通过掌握 Solidity、Python、Java 和 Go 等，利用每种语言的特色和最佳使用场景，可创建稳健、安全和高效的区块链系统。

14.1.2 密码学和分布式系统

在区块链技术领域中，安全、透明和防篡改操作的基础，是密码学和分布式系统的融合。

1. 密码学基础

密码学可确保信息机密性、完整性和真实性，是对信息进行编码和解码的科学。

1）对称密码学

对称密码学使用相同的密钥进行加密和解密，如 AES（高级加密标准）这样的算法就是典型的对称密码学。对称密钥密码学以其速度和效率而闻名，适用于加密大量数据。

对称密码学的模型如下：

$$C = E_k(M)$$

其中，C 是密文，E_k 是使用密钥 k 的加密函数，M 是明文消息。

2）非对称密码学

非对称密码学涉及一对密钥、公钥和私钥。RSA 和椭圆曲线密码学（ECC）是著名的非对称算法。这种方法有助于安全密钥交换和数字签名。

非对称密码学模型如下：

$$C = E_{pub}(M)$$
$$M = D_{priv}(C)$$

其中，M 是原始消息，C 是加密后的密文，E_{pub} 是使用公钥的加密函数；D_{priv} 是使用私钥的解密函数，能够将密文 C 解密回原始消息 M。

3）哈希函数

哈希函数可验证数据的完整性，从可变大小的输入数据生成固定大小的输出（哈希）。SHA-256（安全哈希算法）和 RIPEMD-160 是常见的哈希函数，即使输入中的小变化也会导致显著不同的哈希值，这是哈希函数的一个重要属性。

哈希函数模型如下：

$$\text{Hash} = H(M)$$

其中，H 是哈希函数，M 是输入消息，Hash 是哈希值。

4）数字签名

数字签名结合哈希和非对称密码学来验证数据的真实性和完整性。用户对消息进行哈希并用私钥加密哈希，从而允许其他人使用相应的公钥验证签名。

数字签名模型如下：

$$S = E_{priv}(H(M))$$

其中，将原始消息 M 通过哈希函数 H 进行处理，得到固定长度的哈希值 $H(M)$，然后 E_{priv}

使用私钥进行加密,生成签名 S。

验证签名模型如下:

$$H(M) = D_{pub}(S) \Rightarrow S_{true}$$

其中,当对原始消息 M 进行哈希的结果 $H(M)$,与用公钥解密 D_{pub} 签名 S 的结果 $D_{pub}(S)$ 相等时,表明签名 S 是有效的 S_{true},即如果接收者对原始消息进行哈希计算得到的哈希值,与接收者使用发送者的公钥对签名进行解密所得到的哈希值相等,则签名有效,否则签名无效。

这个过程确保了消息的完整性和发送者的身份验证,保证了信息在传输过程中的安全性。

在区块链的应用中,密码算法确保交易安全地记录在区块链上,防止未经授权的更改;公钥密码学对建立去中心化网络中的身份至关重要;密码学支持各种共识机制,确保网络参与者一致同意交易的有效性。

2. 分布式系统原则

分布式系统是由一组独立的计算机组成,它们协同工作并向用户呈现一个统一且连贯的系统。它们能够在多个节点之间实现去中心化操作和数据共享,在区块链网络的功能中起着关键作用。

分布式系统的关键特征:

- 可扩展性,添加更多节点的能力且不会显著降低性能;
- 容错性,即使发生故障,系统仍能保持正确的运行能力,即使在发生故障时;
- 并发性,多个进程同时运行,通过协调机制防止冲突;
- 透明性,可促进信任,系统的操作对所有参与者可见。

区块链技术融合密码学和分布式系统,使安全的去中心化应用成为可能。密码学和分布式系统在区块链中相互作用,有望不断发展。在互操作性、隐私增强和监控框架等方面,区块链呈现出了新的趋势。

14.1.3 分析和解决问题的能力

在快速发展的区块链技术领域,问题分析和解决能力至关重要。

1. 理解区块链中的问题解决

解决问题是识别复杂问题解决方案的认知过程。在区块链背景下,它涉及解决可扩展性、安全性、互操作性和合规性等挑战。

问题解决者应具备以下特征:

- 批判性思维:客观评估信息并做出合理判断的能力;
- 创造力:生成新颖的想法和方法来解决问题;

- ❏ 坚持不懈：决心探索多种途径，直至解决问题；
- ❏ 协作：与不同团队合作，以利用集体专业知识。

2．区块链中的思维分析

思维分析是分解信息、识别模式和综合见解的能力。

分析思维的组成部分：
- ❏ 数据分析：为发现趋势和异常，解读区块链数据；
- ❏ 系统化方法：为解决问题，采用结构化的方法；
- ❏ 决策制定：利用对数据驱动的见解制定战略选择方案。

3．问题解决的方法论

- ❏ 根本原因分析（RCA）用于识别问题的基本原因，是一种系统性方法。
- ❏ 设计思维强调同理心和迭代原型，是一种以用户为中心的方法论。
- ❏ 敏捷方法论，优先考虑灵活性和迭代进展。区块链专业人士可以采用敏捷原则来应对突然的变化，并且不断改进和优化应用。

4．分析框架

- ❏ SWOT（优势、劣势、机会和威胁）有助于评估影响区块链创新应用的内部和外部因素，是一种战略规划框架。
- ❏ PESTLE（政治、经济、社会、技术、法律和环境）分析，帮助区块链专业人士理解区块链运作的广泛背景。该框架有助于评估与法规变化、市场动态和技术进步相关的风险和机会。

5．应用案例

1）供应链透明度

大型食品供应商 Walmart，在一个基于区块链的供应链透明度项目中面临可追溯性和欺诈的问题。其与 IBM 合作，通过采用 RCA 分析法，解析数据差异的根本原因，基于超级账本 Fabric 设计一种智能合约，自动记录、验证每个供应链阶段的产品真实性，实时追踪食品从农场到商店的整个流程。

2）互操作性解决方案

区块链互操作性联盟（Blockchain Interoperability Alliance）希望改善其系统之间的互操作性，利用敏捷方法论进行快速迭代、原型设计并测试集成解决方案，形成一种跨链协议，简化了数据交换过程。

随着区块链技术对各行各业的影响，对具备问题分析和解决能力的专业人士的需求将日益增加。

14.2　教育途径和资源

随着区块链技术不断重塑各行各业，教育路径和资源对于培育该领域的专业人才至关重要。本节将介绍以区块链为重点的大学课程和专业化课程，以及用于区块链教育的在线学习平台等内容。

14.2.1　以区块链教育为重点的大学课程

区块链技术在各行业中的应用需求日益增长，教育机构响应这个趋势，开发了相关的课程和项目，培养学生所需的知识和能力。全球各地的大学也推出了密码学、分布式账本技术、智能合约和去中心化应用等与区块链技术相关的各类专业和课程。

大多数区块链课程包含一系列核心主题，其对于全面理解区块链技术至关重要。这些主题包括：

- 区块链基础：介绍区块链架构、共识机制和区块链类型（公有链、私有链和联盟链）等概念；
- 密码学：探讨哈希、数字签名以及确保区块链交易安全的加密技术和加密原理；
- 智能合约：研究其设计、部署和安全性，以及根据预定义条件自动执行的可编程合约；
- 分布式系统：探讨其可扩展性、容错性和网络拓扑结构，考查分布式计算的基本原理；
- 监管与伦理考虑：讨论管理区块链技术的法律框架和去中心化系统的伦理影响。

区块链项目不仅依赖于理论知识，还强调实际操作能力。这些能力通常包括：

- 编程语言，掌握用于智能合约开发的 Solidity、Go 等语言、用于数据分析的 Python 语言以及用于区块链应用开发的 Java 语言；
- 开发框架，熟悉区块链开发框架，如超级账本 Fabric 和以太坊等，创建现实世界的应用；
- 实践项目，为应对特定行业面临的挑战，参与基于项目的学习，协作开发区块链解决方案。

区块链技术的快速演变是区块链教育面临的主要挑战之一，教育机构需要不断调整优化其课程。

14.2.2　用于区块链教育的在线学习平台

在线学习平台具有灵活性、可及性和经济性，成为学生和专业人士接触区块链概念和应用的热门选择。

以下是一些区块链教育可参考的在线学习平台。

- 学堂在线（XuetangX）：提供来自顶尖大学的区块链课程，以其优质内容而闻名；
- MOOC（慕课）：提供多种区块链课程，涵盖区块链基础知识、智能合约及其在金融中的应用；
- Coursera：提供多种来自顶尖大学的区块链课程，如"区块链基础"和"加密货币技术"等；
- edX：涵盖来自国际机构的课程，有多门关于区块链技术的课程，如"区块链与商业"等；
- 51CTO：侧重于实用能力和真实应用，适合希望提升区块链专业知识的人士。

上面这些在线学习平台作为区块链教育的补充。随着区块链专业人士的需求增长，这些教育平台将发挥一定的作用。

14.3 区块链行业的持续发展

不断发展的区块链行业正在重塑技术和金融领域的格局，为具备专业能力的专业人士创造了多样的发展机会。本节将带领读者了解区块链开发人员、智能合约工程师和安全专家，以及区块链分析师、顾问和项目经理的关键职责及应具备的能力等，理解区块链创业涉及的各种角色。

14.3.1 区块链开发人员、智能合约工程师和安全专家

随着越来越多的机构和企业寻求整合区块链解决方案，对特定角色的专业人才的需求大幅上升。

1. 区块链开发人员

区块链开发人员主要负责创建和维护区块链协议、开发智能合约和设计去中心化应用，确保区块链的可靠性、可扩展性和安全性。

关键职责：

- 设计区块链协议：开发者创建协议，规定数据如何在区块链网络中共享和验证；
- 开发智能合约：编写和实施智能合约，这些合约是编码在区块链上的自执行协议；
- 构建去中心化应用：开发者创建在区块链网络上运行的去中心化应用，利用智能合约使流程自动化；
- 维护网络安全，确保区块链网络的完整性和安全性是基本职责，需要持续监测和更新。

所需能力：熟练掌握 Solidity、Go、JavaScript、Python 等语言；了解共识算法、分布式账本技术和网络结构；熟悉以太坊、超级账本等区块链框架；善于排除故障和优化

区块链系统。

2. 智能合约工程师

智能合约工程师专注于设计、编写和审计智能合约。智能合约工程师在确保智能合约的安全性、执行效率和无漏洞方面的作用至关重要。

关键职责：使用 Solidity 和 Go 语言编写和部署智能合约；对智能合约进行全面审计和测试；与去中心化应用集成，将智能合约集成到去中心化应用中。

应具备的能力：熟练掌握智能合约语言；理解交易处理和共识机制等区块链的功能；掌握安全智能合约开发的最佳实践方案；具备分析和解决问题的能力。

3. 安全专家

在保护区块链网络免受攻击和漏洞方面，安全专家至关重要，安全专家可以评估区块链系统的安全态势，防范潜在威胁并实施相关措施。

关键职责：彻底审计区块链网络、智能合约和去中心化应用等；实施安全协议，开发和实施保护措施；对区块链网络中的可疑活动和潜在漏洞持续监测；提供区块链安全编码和安全实施最佳的实践方案。

应具备的能力：深入理解加密、网络安全和威胁建模等网络安全原则；了解区块链技术的运作和生态系统的常见漏洞；熟练使用安全评估工具和框架；对区块链系统的相关风险评估。

区块链开发人员、智能合约工程师和安全专家是实施和维护区块链解决方案的重要角色。

14.3.2 区块链分析师、顾问和项目经理

在区块链技术不断发展的背景下，区块链分析师、顾问和项目经理在成功实施和管理区块链解决方案中变得越来越重要。

1. 区块链分析师

区块链分析师负责评估区块链技术及其在组织中的潜在应用，对区块链项目相关数据深入分析，进行风险评估并推动决策、战略规划。

关键职责：收集和分析区块链网络的数据；评估在特定业务环境中实施区块链解决方案的可行性并进行可行性研究；给相关利益者提供建议；与技术协作，在项目设计中进入相关分析。

应具备的能力：解读复杂的数据集并提出可行的见解，具备强大的数据分析能力；熟悉区块链基础知识、相关协议及其应用；能够向利益相关者清晰地给出有价值的建议；提出有效的解决方案。

2. 区块链顾问

区块链顾问为希望实施区块链解决方案的组织提供建议，帮助其人员理解相关技术，

为其评估业务需求并制定成功整合区块链的策略。

关键职责：提供针对特定业务需求的区块链技术应用的战略建议；协助区块链项目规划、设计，确保与最佳实践保持一致；识别相关的潜在风险，并给出缓解策略；培训团队人员了解区块链技术。

应具备的能力：具备区块链技术专业知识，深入了解区块链平台及其运作原理；能将区块链解决方案与组织的目标和行业趋势对齐；具备与利益相关者的沟通能力，促进协作；掌握项目流程方法，指导实施过程。

3. 区块链项目经理

区块链项目经理对区块链项目的规划、执行和交付负责，确保项目按时、按范围、按预算完成，并协调团队和利益相关者各方的关系。

关键职责：制订详细的项目计划，明确目标、时间表、资源分配及预算要求；融洽团队间的沟通合作；识别项目风险并实施减轻风险的策略；监测项目进展，必要时调整保持进度，确保达成目标。

应具备的能力：具备项目管理专业知识，掌握敏捷、瀑布模型等项目的管理方法；具备团队协作能力；合理规划时间，保持项目正常进度；具备良好的沟通能力，与利益相关者保持沟通，确保需求得以达成。

区块链分析师、顾问和项目经理，每个角色在成功实施区块链解决方案中都扮演着关键角色。同时也要求其具备扎实的专业知识和行业趋势敏感的分析能力。

14.4 小　　结

本章深入探讨了区块链专业人士应具备的关键能力，以及区块链的教育途径和资源。本章还详细分析了区块链开发人员、智能合约工程师、安全专家、分析师、顾问和项目经理等各种角色的职责和应具备的能力等，帮助有心步入区块链行业的人士了解必要的知识，在蓬勃发展的区块链技术领域开创新的事业。

14.5 习　　题

一、选择题

1. 用于在以太坊上编写智能合约的主要编程语言是（　　）。

A．Python　　　　　　　　　　　B．Java

C．Solidity　　　　　　　　　　　D．C++

2. 分布式系统的一个关键特性是（　　）。

A．集中控制　　　　　　　　B．单点故障

C．冗余　　　　　　　　　　D．可扩展性

二、论述及讨论题

1. 在区块链事业中，涉及哪些专业角色？相应的能力要求有哪些？

2. 论述在区块链开发中分析和解决问题能力的重要性，并提供一些这些场景示例。

3. 评估在线学习平台在区块链教育中的重要性并与传统课程进行比较，分析在线学习平台的优势。

4. 在区块链事业中，试评估一下你能胜任哪些专业角色？

三、创意设计题

1. 利用区块链技术设计一个基于区块链的简单应用程序，解决一个具体问题。概述其功能及如何利用区块链技术。

2. 假设你开始在区块链领域创业，组建团队时优先考虑招募哪些专业角色？概述理由。

第 15 章 区块链与数字货币

本章介绍区块链与数字货币的相关知识,包括数字货币基础与发展趋势、区块链与数字货币的结合以及数字货币的应用与未来等。

15.1 数字货币的基础与发展趋势

本节介绍央行数字货币、稳定币与去中心化货币等内容,了解数字货币当前的状态与发展趋势,全面解析其对未来金融系统的影响。

15.1.1 央行数字货币

近年来,央行数字货币已经成为数字货币领域最具革命性的概念之一。

1. 央行数字货币的概念

央行数字货币是由各国央行发行的一种数字化法定货币。央行数字货币旨在依法行使货币职能,并运行在现有货币体系的框架中,与加密货币不同,其由各国央行支持。

2. 央行数字货币的设计原理

央行数字货币的设计需要在技术、经济、监管和安全等多个方面进行细致考虑,其是一项复杂且多维度的任务。

1)货币政策整合

央行数字货币的主要目标之一是增强货币政策传导机制的效率,增强和支持货币政策。央行数字货币关键方面包括:
- 利率控制,央行数字货币可以通过智能合约更有效地影响短期利率,实时自动调整央行数字货币的持有利率,以应对经济变化;
- 通过调整央行数字货币的供给和需求可以控制通货膨胀和经济增长,例如在经济收缩期间,增加央行数字货币的供应量可以用来提升货币流动性;
- 央行数字货币提供了一种保持法定货币主权的手段。

2）隐私与安全

隐私与安全是央行数字货币设计中具争议的部分，必须在提供足够隐私保护与符合反洗钱（AML）等法规之间找到平衡。

3）互操作性

央行数字货币能够与现有支付系统无缝集成。这要求各个金融系统之间具有高度的互操作性，如与传统银行系统的兼容性。互操作性还延伸至跨境支付，确保央行数字货币可以顺畅地跨境兑换。

4）可访问性与包容性

在设计时，为确保在服务不足的地区具备较高的可访问性，应考虑到移动设备的使用、与数字钱包的集成以及离线功能。

3. 区块链与央行数字货币的结合

- 分布式账本技术，每一笔交易都会被记录并加盖时间戳，提供了一个不可篡改的账本；
- 利用智能合约根据实时的经济数据自动执行预设的货币政策；
- 利用零知识证明和同态加密实现隐私增强技术；选择合适的共识机制，如授权证明、拜占庭协议和权益证明等。

4. 央行数字货币交易的数学模型

1）央行数字货币供应模型

央行数字货币数量理论是设计中的一个数学模型，货币数量理论，其核心是交换方程：

$$M \cdot V = P \cdot T$$

其中，M 是货币供应量，包括央行数字货币和其他形式的货币；V 是货币流通速度，即货币在经济中循环的速度；P 是价格水平；T 是总交易量。

2）央行数字货币交易的安全模型

央行数字货币系统的安全性至关重要。数字货币交易安全性基于非对称加密技术，常用模型之一是公钥基础设施（PKI）系统。在 PKI 中，公钥用于加密，私钥用于解密和签名交易，每个参与者都有一对加密密钥。央行数字货币系统所采用的加密算法的强度决定了系统的安全性，例如公钥加密算法或椭圆曲线加密学。

5. 实际应用

一些国家和地区已经开始探索央行数字货币的实施，最具代表性的案例如下。

1）数字人民币

数字人民币（e-CNY）是中国人民银行发行的数字形式的法定货币，是全球最先进的央行数字货币项目之一，支持个人日常交易，已经在多个城市开展了试点项目。人民银行向商业银行发行货币，商业银行再将其分发给公众。数字人民币的设计采用了双层系统，重点考虑了隐私性和安全性，融合了区块链技术和传统集中式数据库的优势。

2）欧洲央行数字欧元

欧洲央行正在探索数字欧元的发展，重点关注数字欧元的法律、监管和经济影响。

社会对央行数字货币的关注日益增加，特别是在改善跨境支付、增强国家数字经济韧性等方面，央行数字货币正在逐步重塑全球金融体系。

15.1.2 稳定币与去中心化货币

去中心化货币推动了更高层次的金融创新，而稳定币提供了一种支付储值手段，是具有低波动性的数字货币形式。

1. 稳定币的原理

稳定币是一类数字货币，为实现价格的相对稳定性，其价格通常与法币或其他资产挂钩。

法币抵押型稳定币通过等值的法币作为储备金，以 1∶1 的比例保持其价值的稳定。

商品抵押型稳定币以商品作为储备，如黄金，其价格与商品价格直接挂钩。

2. 中国的数字货币发展与监管现状

中国在全球的数字货币发展中具有重要地位。

数字人民币旨在增强人民币在跨境支付中的地位。虽然其不属于典型的稳定币，但通过数字形式实现了法币的流通，具有法币抵押型稳定币的一些特性。

数字人民币已经在国内多个城市和国际场景中进行了试点，涵盖跨境支付、消费支付等应用场景。

3. 稳定币和去中心化货币的数学模型

稳定币的设计通常涉及复杂的数学模型，以下是几种关键模型。

1）算法稳定机制

算法型稳定币依靠市场价格反馈调节供需，保持市场的稳定。假设稳定币的目标价格为 P_t，当前市场价格为 P_c，供应量为 S，则价格反馈机制可以表示为：

$$\Delta S = k \cdot (P_c - P_t)$$

其中：ΔS 表示稳定币供应量的调整幅度，该值可以是正数或负数，正数表示增加供应量，负数表示减少供应量；k 是一个调节系数，决定了价格偏离目标值时供应量调整的幅度，通常这个系数需要根据市场需求和稳定币机制的特性进行精细调整；P_c 为当前市场价格，表示稳定币在二级市场上的现有价格；P_t 为目标价格，通常为稳定币设定的锚定价格。算法稳定机制的目标是将当前市场价格引导至预定的目标价格。

在稳定币设计中，为了保持其价格的稳定性，系统会动态调整供应量，让价格靠近目标水平。具体来说：如果当前价格 P_c 高于目标价格 P_t，则说明需求大于供应，市场价格上涨。为了使价格回归到目标水平，系统会增加稳定币的供应量，此时 ΔS 为正数，以缓解价格上涨的压力。反之，如果当前价格 P_c 低于目标价格 P_t，则说明供应大于需求，市场价格下跌。为了使价格回升到目标水平，系统将减少稳定币的供应量，此时 ΔS 为负数，以缓解价格下跌的压力。

条件系数 k 决定了价格偏离目标值时供应量调整的敏感度。k 的数值越大，供应量调整的幅度就越大。这个系数的选择十分关键，通常需要通过实际市场数据进行校准，从而找到平衡点。

2）平衡模型

- 基于博弈论的平衡模型：通过激励机制确保系统的可持续性，用于分析去中心化货币系统中的参与者行为。去中心化货币系统包括用户、验证者、流动性提供者和开发者等典型参与者。通过合理的激励机制和惩罚机制，确保系统各方在最优策略下进行合作而非对抗，是设计平衡模型的目的。
- 纳什均衡：任何一方都无法通过单方面改变策略来获得更高的收益，其是一种策略组合状态。在纳什均衡下，系统达到了一种平衡状态，所有参与者的策略达到了相对的最优选择。这种平衡是去中心化货币系统得以稳定运行的重要保障，系统实现一种均衡状态，验证者无动机去选择"作恶"，其通过奖励诚实验证、惩罚作恶行为来调整支付矩阵的实现。

纳什均衡模型使得即使在无中心化机构的前提下，系统依然能长期有效地运作。其在去中心化货币系统中的主要作用是确保系统的可持续性。

虽然国内对去中心化货币持谨慎态度，但是有大量区块链项目合规创新，以适应国内市场的需求。例如，基于联盟链的去中心化应用在供应链金融和溯源中取得了较好的应用成果。

4. 稳定币和去中心化货币的应用前景和未来发展

1）在跨境支付中的应用

稳定币具有低波动性和高流动性的优势，在跨境支付中可减少汇率波动带来的风险。以数字人民币、货币桥为代表的解决方案，在东南亚和"一带一路"沿线国家、地区的跨境支付试点，推动了人民币的国际化。

2）未来的监管和发展

国内将逐步推动数字人民币的推广和使用，加强对数字人民币、货币桥等的监管框架，确保在其合规条件下为实体经济提供强有力的支持。

稳定币和去中心化货币的发展，标志着数字货币生态系统的进化，其在全球金融市场展示出独特的创新性和实用性。

15.2 区块链与数字货币的结合

区块链作为去中心化账本,确保数字货币的安全性、透明性和不可篡改性。本节将介绍默克尔树与交易完整性验证、椭圆曲线数字签名算法、工作量证明与难度调整以及零知识证明与隐私保护等内容。

15.2.1 数据结构和存储模型:Merkle 树与交易完整性验证

Merkle 树是一种数据结构,用于构建和验证数据的完整性。它用于将大量交易数据进行压缩和验证,是一种二叉哈希树。

Merkle 树的构建从底部开始,首先将每笔交易转换为叶节点的哈希值,再将相邻的两个哈希值结合并进行二次哈希计算,然后向上逐层递归计算,直到得到唯一的根哈希值。Merkle 根用于快速验证区块中的所有交易数据是否完整且未被篡改。

要计算一系列交易 $T_1, T_2, \cdots, T_n$ 的 Merkle 根,我们可以按照以下步骤进行计算。

1. 计算叶子节点

每个交易 T_i 都会被哈希,生成 Merkle 树的叶子节点。我们将每个交易的哈希值表示为

$$L_i = H(T_i)$$

其中,H 是哈希函数,如 SHA-256。

2. 计算树的每一层

对于树的第 j 层的哈希值 H_k^j 和 H_{k+1}^j,将它们组合起来并进行哈希生成父节点。

$$H_{k/2}^{j-1} = H\left(H_k^j \| H_{k+1}^j\right)$$

其中,$\|$ 表示连接,H_k^j 代表第 j 层中第 k 个节点的哈希值,k 是从 0 开始计数的整数。

3. 处理奇数个节点

如果在任何一层中节点数量为奇数,则将该层最后一个节点的哈希值复制一遍,与自身配对计算:

$$H_{\text{last}}^{j-1} = H\left(H_{\text{last}}^j \| H_{\text{last}}^j\right)$$

其中,H_{last}^{j-1} 表示第 $j-1$ 层的最后一个节点,H_{last}^j 表示第 j 层的最后一个节点。

4. 重复计算直到根节点

继续在树中向上计算,直到达到顶层的单个哈希值,该值为 Merkle 根。

5．最终的Merkle根表达式

对于一个完美的二叉树，最终的 Merkle 根可以表示为

$$M_{\text{root}} = H\left(...H\left(H\left(H(T_1) \| H(T_2)\right) \| H\left(H(T_3) \| H(T_4)\right)\right)...\right)$$

上面的公式表示压缩了递归的哈希过程，其中在每一层应用 H 函数，直到最终的根节点。

应用实例：比特币交易验证。在比特币区块链中验证交易的完整性使用了 Merkle 树。当用户需要验证交易是否包含在某一区块中时，无须检查整个区块的数据，只需要检查该交易相关部分 Merkle 树路径即可，这个特性显著提升了验证效率。

15.2.2 密码学基础：椭圆曲线数字签名算法

在区块链系统中，为确保交易签名的安全性，椭圆曲线密码学广泛用于生成公私钥对。ECC 相比传统的公钥加密算法，更符合区块链高效性的要求，能够在较短的密钥长度下提供同等的安全性。

椭圆曲线数字签名算法用来生成区块链交易的签名，步骤为：首先生成公私钥对；然后使用私钥对交易进行签名，将签名与消息一起发送给接收方；接收方使用发送方的公钥验证签名的有效性，整个过程确保签名的完整性和来源的真实性。

在区块链和加密货币中，比特币和以太坊的交易和智能合约通过椭圆数字签名算法得到安全保护。

15.2.3 共识算法：工作量证明与难度调整

比特币是基于工作量证明机制的区块链网络系统。

1．数学描述：哈希计算与难度目标

工作量证明要求矿工找到一个随机数（nonce），使得区块头（nonce 被包含在区块头中）经过哈希计算后的值小于当前难度目标 T（target）。其数学表达式为：

$$H(\text{blockheader}) < T$$

其中，blockheader 指区块头，包括版本号（version）、前一个区块哈希、默克尔根、时间戳（timestamp）、难度目标比特（bits）、随机数（nonce）。

bits 是一种表示 target 的编码格式，是区块头的一部分，用于存储和传递目标值的压缩表示形式。bits 是 32 位比特，由两部分组成：前 8 位是指数 p，表示目标值的 256 的幂；后 24 位是系数 c。计算公式如下：

$$T = c \cdot 2^{8(p-3)}$$

其中：T 表示 target；计算过程中，指数 p、系数 c，由二进制转换为十六进制表示；$p-3$

是为系数提供一个适当的倍率,与比特币的位数表示方式相兼容,以符合比特币协议对难度目标的格式规范。

2. 难度调整公式

为了控制新区块生成的时间间隔,区块链网络会定期调整挖矿难度,难度调整的目标公式如下:

$$N = \frac{p \cdot t_a}{t_e}$$

其中:N 表示新目标 target 要计算的目标值;p 是前一个目标 target,即前一个区块的目标值;t_a 是实际时间,指实际生成一个区块所花费的时间,单位为秒;t_e 是预期时间,指生成一个区块所期望的时间,通常为 600 秒。

比特币网络难度每 2016 个区块就会调整变化一次,即约每 14 天,比特币网络难度调整就会变化一次。

15.2.4 零知识证明与隐私保护

零知识证明的重要性在于在不泄露私人信息的情况下,保证交易或数据的真实性。例如,在加密货币交易中,用户可以通过零知识证明向验证者证明它们拥有足够余额或满足某个条件,而无须透露具体的账户余额或交易内容。

零知识简洁非交互式知识论证(zk-SNARK)提供了一种在短时间内验证信息的机制,同时无须交互,其通过使用椭圆曲线配对、同态加密和多项式承诺等算法来实现。

在区块链和加密货币系统中,零知识证明协议用来保护用户隐私和交易的完整性。

15.3 数字货币的应用与未来

本节介绍数字货币的实际应用和未来发展方向,包括跨境支付与数字货币的融合、数字货币的未来等内容。

15.3.1 跨境支付与数字货币的融合

数字货币在全球经济中迅速发展,尤其在跨境支付方面展现出了巨大的潜力。传统的跨境支付系统面临高成本、低效率及清算时间较长等问题,过于依赖 SWIFT 等中心化系统。随着区块链和数字货币的引入,跨境支付的速度、安全性和透明度有望得以大幅优化。

为了应对这些挑战,中国推出了人民币跨境支付系统(CIPS),其是一种专门为人民币跨境结算而设计的支付系统。人民币跨境支付系统的出现为未来数字人民币在跨境交易中的应用夯实了基础。

1. 数字货币在跨境支付中的潜力

区块链的分布式账本技术允许实时结算，数字货币在跨境支付中可以降低交易费用，用户和监管机构可以实时跟踪支付状态，提高透明度，区块链利用加密技术和共识机制，使得交易难以篡改。

2. 数字人民币在跨境支付中的应用前景

1）数字人民币的设计与发行

数字人民币（e-CNY）采用了双层运营模式，即人民银行负责发行，商业银行等运营机构负责分发。这样的设计确保了数字人民币的安全性，同时为其在跨境支付中的应用提供了保障。

2）数字人民币的跨境支付优势

数字人民币在跨境支付中有独特的优势：

- 去中介化，数字人民币减少了对传统中介机构的依赖，通过区块链技术可以实现点对点支付；
- 政策支持与可控匿名性，满足跨境支付的合规性要求，数字人民币的设计允许在保障用户隐私的前提下实现交易的可追溯性；
- 降低货币兑换成本，数字人民币减少了对美元等其他储备货币的依赖，从而降低了货币兑换成本，可在国际市场上作为直接的支付工具。

3）数字人民币与 CIPS 的结合

数字人民币的引入提高了人民币跨境支付系统的自动化和数字化能力。通过将数字人民币与人民币跨境支付系统相融合，为国际用户提供更高效的支付体验，中国能够在跨境支付中实现无缝的人民币结算。

3. 跨境支付与数字货币融合的技术架构

1）分布式账本技术

跨境支付的技术架构可采用分布式账本实现交易的记录、验证和确认，分布式账本技术的不可篡改性和透明性有效地增强了跨境支付的信任基础。

2）智能合约

智能合约在跨境支付中可自动执行预先编写的条款，当满足特定条件时自动完成支付，减少了人工干预，这在涉及汇率波动、结算条款的场景下尤为有效。

3）零知识证明与多方计算

为了满足隐私保护需求，跨境支付中的数据传输可结合零知识证明和多方计算技术，确保数据在验证的同时不泄露敏感信息。

4）双层运营架构

数字人民币采用双层运营架构，这种设计在跨境支付的应用能够在全球范围内实现可扩展的支付处理。

5) 量子抗攻击算法

随着量子计算的发展，跨境支付系统面临潜在的量子攻击威胁。抗量子密码学算法可以为数字货币提供更强的抗攻击能力，确保未来跨境支付的安全性。

4. 数字人民币跨境支付的应用

1) 人民币跨境支付系统与数字人民币

人民币跨境支付系统已成为人民币跨境支付的核心基础设施。通过与数字人民币的结合，人民币跨境支付系统提供了更高效、实时的跨境支付解决方案，尤其适用于"一带一路"倡议下的经济体间的交易。

2) 香港和澳门地区的数字人民币试点

香港和澳门作为中国特别行政区，已开始数字人民币跨境支付的试点。这一试点不仅为居民提供了便捷的支付方式，还为数字人民币在全球范围内的应用打下了基础。

3) 中东及东南亚地区的跨境支付合作

我国通过人民币跨境支付系统和数字人民币与中东及东南亚地区的金融机构合作，促进这些国家在跨境支付中的人民币结算，减少对美元的依赖。

4) 基于智能合约的跨境贸易金融

在跨境贸易金融中，智能合约可以实现自动化信用证处理和贸易流程，确保买卖双方的资金安全并降低清算风险。

5. 跨境支付的合规性与监管框架

1) 反洗钱和客户身份识别

为防范跨境支付中的洗钱风险，数字货币系统必须严格遵守反洗钱（AML）和客户身份识别（KYC）机制。我国的数字人民币设计结合了可控匿名性，可以在满足保护隐私的同时实现对用户身份的验证。

2) 数据保护与隐私

跨境支付涉及敏感的交易和用户数据，数据保护在其中占据重要地位。数字人民币采用了多种隐私保护技术，如零知识证明、数据加密等，确保用户交易的隐私性。

3) 跨境监管与信息共享

各国在跨境支付监管方面的合作变得越来越重要。我国通过人民币跨境支付系统和其他国家合作，在数字人民币的应用中确保合规性，实现了跨境交易的顺利进行。

6. 数字货币跨境支付的未来发展趋势

1) 全球化扩展与多币种支持

随着数字货币的国际化，跨境支付系统将逐步支持多种数字货币的交易，以满足国际市场的需求。人民币跨境支付系统可以进一步扩展至多币种结算，提升全球支付的便利性。

2）智能支付与人工智能的融合

人工智能技术的引入可以分析历史交易数据，优化支付流程并进行风险管理。例如，智能合约的自动化和支付路径的优化，可以有效提高跨境支付的效率。

3）区块链联盟与标准化协议

全球各国有望建立区块链联盟并制定统一的跨境支付协议，这将进一步简化不同国家和地区间的支付流程，并为数字货币的跨境支付提供安全框架。

4）抗量子安全技术

随着量子计算的发展，传统加密算法可能面临被破解的风险。跨境支付系统需要应用抗量子加密算法，如基于格的加密、哈希签名和后量子密钥交换协议等前沿技术。

数字货币将在全球支付生态中占据更加重要的地位，未来的跨境支付将更加高效、安全且智能化。

15.3.2 数字货币的未来

随着全球对数字货币需求的不断增加，去中心化和全球化已成为数字货币发展的核心主题。

1. 数字货币全球化的核心驱动力

- 跨境支付需求，全球化的贸易和跨境支付的需求日益增加；
- 货币主权的竞争，各个国家希望通过数字货币提升其在国际金融市场中的地位，我国的数字人民币为人民币的全球化提供了有力的支持；
- 技术普及，区块链和移动支付的普及使得全球化的数字货币应用变得可行且便捷。

2. 我国在数字货币全球化中的领导地位

数字人民币的推出不仅为国内经济活动提供了数字化的便捷支付手段，还在全球化进程中展现出了我国的货币战略。数字人民币为人民币的全球使用拓展了新的应用场景。

数字人民币的推出和应用带来了广泛的影响：

- 促进货币主权的增强：通过数字货币，我国能够在全球货币体系中减少对美元的依赖，提升自身货币主权的独立性；
- 金融技术标准的制定，我国数字货币的技术标准和运营模式有望成为行业规范；
- 经济刺激与消费者便利，数字人民币不仅优化了支付系统，也提升了用户体验，有助于推动消费、刺激经济增长。

3. 数字货币的全球化治理

随着数字货币的全球化发展，全球治理框架的建立变得至关重要。

- 全球标准化的建立：数字货币的去中心化特性使得传统的货币政策和监管框架难以

适用，因此需要建立全球一致的技术标准和监管框架，以应对数字货币带来的跨境金融风险；
- 多边机构的协调作用，包括国际货币基金组织（IMF）、国家清算银行（BIS）等国际组织应发挥协调作用，建立起各国共识并推进国际间数字货币的监管合作；
- 跨国数据保护和隐私保护协议，需要建立全球化的数据保护协议，确保用户信息在不同法律框架下得到有效保护。

随着技术的不断创新和全球合作的加强，我国将成为未来全球数字货币格局的关键驱动力。数字货币不仅是一种新的支付手段，更是重构全球金融体系的核心力量。

15.4 小 结

本章介绍了区块链与数字货币的融合创新、应用。首先从数字货币的演进和央行数字货币入手，研究稳定币和去中心化货币在现代经济中的作用。接着分析区块链在数字货币架构中的关键作用，包括 Merkle 树、椭圆曲线数字签名算法等加密协议及工作量证明等共识机制。此外，本章还通过零知识证明等高级技术分析了隐私保护的重要性，最后深入探讨了数字货币的实际应用和未来发展方向，特别是在跨境支付系统及全球去中心化金融趋势中的应用。

15.5 习 题

一、选择题

1. 关于央行数字货币，以下哪项描述是正确的？（ ）
   A. CBDC 完全依赖去中心化共识机制
   B. CBDC 由央行发行，代表法定货币的数字形式
   C. CBDC 主要通过私人、非监管网络实施
   D. CBDC 旨在完全替代去中心化的加密货币
2. 在区块链背景下，以下哪种加密算法广泛用于数字货币的数字签名？（ ）
   A. SHA-256　　　　　　　　　　B. RSA
   C. 椭圆曲线数字签名算法（ECDSA）　　D. Merkle 树
3. 以下哪项是稳定币的独特特征？（ ）
   A. 它们基于区块链，但保持固定的价值并锚定参考资产
   B. 它们使用工作量证明进行交易验证
   C. 它们仅由央行发行

D．它们本质上缺乏流动性

二、简答题

1．简要说明 Merkle 树在区块链中的主要功能。
2．简述零知识证明技术如何在区块链应用中增强隐私。
3．工作量证明共识算法中的难度调整起什么作用？

三、论述题

1．分析在跨境支付系统中实施央行数字货币的潜在优势和挑战，结合我国的数字人民币进行论述。
2．论述数字货币的未来前景和发展趋势。

第 16 章　区块链的创新与前沿技术

本章主要是对区块链的未来发展的展望，包括区块链与量子计算的融合与挑战、区块链与人工智能、虚拟现实空间（Metaverse，元宇宙）与 Web3 生态系统以及如何塑造更具创新性和可持续性的未来等。

16.1　区块链与量子计算的融合与挑战

区块链与量子计算的融合带来了前所未有的机遇和关键挑战。本节主要介绍量子计算与区块链的潜在冲击、基于格的密码学、后量子密码学与区块链的适配方案和量子加密与量子链的未来前景等内容。

16.1.1　量子计算与区块链的潜在冲击

量子计算是基于量子力学原理的计算方式，核心特点是量子比特、叠加态和纠缠。在传统计算中，数据以 0 和 1 的二进制方式表示，而量子比特可以处于 0、1 或者两者叠加的状态，从而能够并行处理大量数据。这个特点使得量子计算在计算速度和效率上比传统计算具有显著优势。量子计算的计算速度能够呈现指数级提升，尤其适用于需要海量并行计算的场景。

量子计算对区块链安全性依赖的传统加密算法构成了重大威胁。Shor 算法是由数学家 Peter Shor 提出的一种量子算法，专门用于高效地解决因数分解问题。Shor 算法是著名的量子算法之一，可大幅加速整数因数分解，从而有效地破解 RSA 加密。Shor 算法对于广泛应用于比特币和以太坊等区块链协议中的椭圆曲线密码学构成了威胁。

1. Shor算法的基本原理

Shor 算法的核心是将因数分解问题转化为量子计算中易于处理的周期查找问题。传统因素分解的复杂性是指数级的，而 Shor 算法能够在多项式时间内高效完成。

1）因素分解问题

因数分解问题可以表述为给定一个正整数 N，寻找两个正整数 p 和 q，使得：

$$N = p \cdot q$$

其中，p 和 q 是 N 的两个素数因子。RSA 加密算法以求解这个问题作为安全性基础，因为传统的计算机无法高效地求解。

已知一个大整数 N，这个整数是两个大质数 p 和 q 的乘积，RSA 的安全性依赖于找到这两个质数的困难性。

2）Shor 算法的步骤详解

Shor 算法主要分为两个部分：经典部分和量子部分。

(1) 经典部分

Shor 算法首先通过经典计算机生成一个随机数 a，其中，a 是小于 N 的整数，$1<a<N$。然后计算这个数和 N 的最大公约数 $\gcd(a,N)$。

- 如果 $\gcd(a,N) \neq 1$，则说明 N 和 a 有公约数。此时，$\gcd(a,N)$ 就是 N 的约数之一，即可将 N 分解为：

$$p = \gcd(a, N), \quad q = \frac{N}{p}$$

- 如果 $\gcd(a,N)=1$，则说明 a 和 N 互质，继续下面的量子部分计算。

(2) 量子部分

Shor 算法的突破在于利用量子傅里叶变换和量子叠加态的特性，将因素分解问题转换为一个周期查找问题。

周期查找问题：对于一个整数 a，找到最小的正整数 $r>1$ 且 r 是偶数，使得：

$$a^r \equiv 1 (\bmod N)$$

这里的 r 是使得 a^r 模 N 为 1 的最小整数。寻找这个周期 r 的过程称为周期查找。

周期查找过程：

- 初始化量子态：构建两个量子寄存器，一个用于存储从 0 到 $N-1$ 的所有可能值，另一个存储 $a^x (\bmod N)$ 的值。
- 量子傅里叶变换（QFT）：对量子寄存器执行量子傅里叶变换，快速找到周期 r。QFT 完成了从叠加态到周期信息的转换。
- 测量：测量量子态，提取周期 r 的信息。

一旦我们找到了周期 r，就可以使用 r 来求得 N 的因数 p 和 q。

如果当前选择的 a 没有产生有效的周期 r（当 r 是奇数时就无效），则算法会回到经典部分，重新选择一个不同的随机数 a，重新计算其与 N 的最大公约数。

(3) 回到经典部分

通过周期 r 可以计算出 N 的非平凡因数。我们利用以下关系得到 p 和 q：

$$p = \gcd\left(a^{\frac{r}{2}} - 1, N\right)$$

$$q = \gcd\left(a^{\frac{r}{2}} + 1, N\right)$$

其中，gcd 表示最大公约数运算。这两个表达式返回了 N 的因数 p 和 q。

Shor 算法之所以强大，是因为它将因数分解的时间复杂度从经典计算的指数时间缩短到了量子计算的多项式时间。极大地加速了因数分解，使得在量子计算机上破解 RSA 和 ECC 等传统加密算法成为可能。

2．后量子密码学方案

为了应对量子攻击，量子抗性密码学即后量子密码学被提出。量子抗性算法包括基于格密码、哈希函数、多变量多项式等构建的新型加密技术，这些方法在理论上能够抵抗量子计算的攻击。

例如，格基（Lattice-based）系统中的最短向量问题（SVP）和带误差学习（LWE）问题对于量子计算机来说也是极难解决的，这使其成为 RSA 和 ECC 的有力替代者。

16.1.2　基于格的密码学

基于格的密码学是后量子密码学的一大分支，它利用与格（lattice）相关的数学问题来设计安全的密码系统。由于这些问题对经典计算机和量子计算机的攻击都具有高度的抗性，所以基于格的密码学被认为是非常安全且具有实际应用价值。

1．什么是格

格是多维空间中的点集，并且点的排布具有周期性的规律。具体而言，一个格 $\mathcal{L}$ 在 n-维实数空间 $\mathbb{R}^n$ 中被定义为：

$$\mathcal{L}(\boldsymbol{B}) = \{v = z_1\boldsymbol{b}_1 + z_2\boldsymbol{b}_2 + \cdots + z_n\boldsymbol{b}_n \mid z_i \in \mathbb{Z}\}$$

其中：$\boldsymbol{B} = [b_1, b_2, \cdots, b_n]$ 是 n 维向量的基矩阵，$\mathbb{Z}$ 表示整数；基向量（$\boldsymbol{b}_i$），用于定义格的向量集合；维度（n）定义格所需的基向量个数；格点 v 是基向量的整数线性组合；$\mathcal{L}(\boldsymbol{B})$，表示所有格点组成的集合，即格。

2．基于格的密码学中的数学难题

基于格的密码学依赖于以下一些数学难题的难解性。

1）最短向量问题（SVP）

给定格基 B，找到格中欧几里得范数 $\|v\|$ 最短的非零向量 v。

欧几里得范数是一个向量的长度或模。对于向量 $v \in \mathbb{R}^n$，其欧几里得范数定义为：

$$\|v\| = \sqrt{v_1^2 + v_2^2 + \cdots + v_n^2}$$

其中，v_i 是向量 $v = (v_1, v_2, \cdots, v_n)$ 的第 i 个分量。

2）带误差学习问题

带误差学习（LWE）问题是一种难题，涉及通过带噪声的线性方程找到秘密向量。它在现代密码学中具有重要地位，广泛应用于后量子密码系统。

带误差学习问题定义：
- 给定：一个随机生成的矩阵 $A \in \mathbb{Z}_q^{m \times n}$，其中，$q$ 是模数，表示元素的取值范围；噪声向量 $e \in \mathbb{Z}_q^m$，通常是小的整数，模拟测量误差或加密随机性；带误差学习的方程式如下：

$$b = A \cdot s + e \bmod q$$

其中，秘密向量 $s \in \mathbb{Z}_q^n$ 是需要找到的秘密，给定了 A 和 b 的值。

- 目标：找到秘密向量 s。

$A \cdot s$ 是理想的线性关系；e 是小范围的随机噪声，使得方程解不精确。

带误差学习的难点：
- 高维度矩阵操作：矩阵 A 和向量 b 通常维度很高，问题规模较大。
- 噪声干扰：噪声 e 使得直接解密困难。
- 计算复杂性：找到 s 需要解决一个含噪声的高维线性方程组，这是被视为难题的原因。

带误差学习的实际应用：
- 加密算法：带误差学习问题是现代同态加密和完全同态加密的基础。
- 数字签名：基于带误差学习的签名算法具有抗量子攻击特性。
- 密钥交换：带误差学习在构建抗量子攻击的安全密钥交换协议中起重要的作用。

通过增加矩阵维度 m、n 和模数 q 的大小，可以增加带误差学习问题的计算难度，从而提高安全性。

3）小整数解问题

小整数解（SIS）问题是格密码学的一个基础问题，其核心任务是找到一个"短"的整数向量 $x \in \mathbb{Z}^n$，使得以下同余条件成立：

$$A \cdot x \equiv 0 (\bmod q)$$

其中：$A \in \mathbb{Z}_q^{m \times n}$ 是一个给定的整数矩阵，大小 $m \times n$；q 是一个模数；$x \neq 0$ 是所求的非零向量并且其范数 $\|x\|$ 应尽可能短，满足 $\|x\| < q^{n/2}$。

小整数解问题广泛应用于基于格的密码学方案，特别是数字签名和身份验证系统，其安全性来源于小整数解在大多数情况下的计算难度，具体表现为：

- 抗量子攻击，即使在量子计算环境下，小整数解问题仍然难以解决；
- 支持数字签名，基于小整数解的签名方案，如 BLISS 和 Dilithium 具有很高的安全性和效率；
- 构造公钥系统，通过小整数解可实现构造抗攻击的公钥加密方案。

基于格的密码学是后量子密码学的基石，具有强大的安全性、实际的可实施性及先进的功能。其在数字签名、加密和同态加密等领域的广泛应用使其成为量子计算时代研究和开发的关键方向。

16.1.3　后量子密码学与区块链的适配方案

下面深入探讨后量子密码学与区块链整合的算法、后量子密码学在区块链的应用潜力等内容。

1. 后量子密码学与区块链整合的算法

- 后量子签名算法：BLISS 是一种基于格理论的签名方案，它利用格的困难问题，如小整数解问题来实现安全性；Dilithium 也是一种基于格的签名方案。
- 后量子密钥分发与管理：引入量子密钥分发（QKD），探索如何在区块链节点间构建安全的通信通道；引入量子密钥分发利用量子力学原理，如光子传输和量子纠缠实现密钥的生成与管理，使密钥在传输过程中即使被窃听也不会泄露密钥内容，如果检测出有窃听，则会重新生成密钥，从而有效抵抗量子计算攻击；引入量子密钥分发的核心在于量子态的不可克隆性和测量扰动性，它通过光子即量子比特，在量子信道中传递信息，确保密钥生成过程的安全性。
- 后量子共识机制：在基于格的权益证明共识中，节点利用格密码生成抗量子的公私钥对，确保交易验证、块生成和权益质押的安全性；在基于格的权益证明机制中，区块链网络中的每个节点在质押资产和参与共识时需要生成和验证交易签名，通过基于格的签名，节点可以确保签名的抗量子安全性，防止量子攻击伪造或篡改交易。

2. 后量子密码学在区块链中的应用潜力

下面详细分析后量子密码学在支付系统中的应用，展示其设计原理。

量子计算对支付系统的威胁主要体现在支付网关和用户终端的传统加密机制容易被破解。通过引入后量子加密算法，可以设计量子抗攻击支付系统。

1）支付网关的量子安全性设计

支付网关负责交易数据的加密、解密和验证，是跨境支付中最重要的环节之一。传统的公钥加密算法和椭圆曲线密码学等算法容易被 Shor 算法攻破，所以要用后量子加密替代。

后量子加密算法的选择：格密码学具备高效性和抗量子攻击能力，如基于模块化带误差学习和模块化小整数解（MSIS）问题的加密方案；哈希签名用于确保支付数据的完整性和抗篡改性，如基于哈希的数字签名方案 LMS（Leighton-Micali Signatures），通过安全的哈希函数生成一组单次签名的密钥对（OTS），将密钥对的公钥作为 Merkle 树的叶子节点，通过递归哈希计算 Merkle 树的父节点，直至根节点，根节点的哈希值作为整个签名系统的公钥，使用密钥对对消息签名，提供数字签名服务。

数据加密流程：交易初始化，用户使用接收方的量子安全公钥加密交易信息，如支付金额和收款账户；网关验证，为避免中间人攻击，网关通过后量子签名验证交易数据的真实性；密钥更新，动态更新网关和终端间的密钥，并采用量子密钥分发技术。

2）用户终端的量子安全设计

用户终端面临的主要问题是私钥管理和支付信息加密。结合后量子签名，实现抗攻击设计：私钥管理，通过格密码学产生私钥，确保即使量子计算机获取公钥，依然难以破解私钥；端到端加密，从用户终端到支付网关的数据传输采用后量子加密，避免信息泄露。

3）央行数字货币中的量子安全支付

央行数字货币设计需要考虑量子计算威胁。以央行数字货币跨境支付系统的支付流程为例，用户可通过量子安全钱包生成支付请求，然后使用后量子签名方案验证交易并提交至量子安全区块链，央行节点可通过后量子算法验证支付交易。

未来，通过不断优化后量子算法和区块链集成技术，可以进一步提升这些应用的效率和安全性。

16.1.4 量子加密与量子链的前景

量子计算和区块链分别是塑造未来技术的重要领域。

1. 量子密钥分发

量子密钥分发在量子信道上建立共享密钥。量子密钥分发协议如 BB84 和 E91 是量子密码学的技术基础，能够进行防窃听的安全通信。这两个协议利用了量子力学的原理，但其运行机制和概念有所不同。

1）BB84 协议

BB84 协议是第一个量子密码学协议。它通过量子态在发送方和接收方之间安全分发密钥，同时利用量子力学的原理检测窃听者的存在。BB84 协议依赖两个关键的量子力学特性，一个是海森堡不确定性，其对量子态的测量会造成干扰；另一个是不可复制定理，无法复制未知的任意量子态。

BB84 协议步骤如下：

- 准备阶段：发送方 A 随机选择两个"基"（basis）即直线基或对角基之一；直线基 (+,|)，也称为标准基，是量子计算中最常用的基，由水平和垂直极化状态组成；对角基 (x,⊗) 由直线基的叠加态构成，表示 45°和-45°的偏振角；根据选定的基生成偏振态光子；偏振态光子可能的 4 种状态分别是垂直偏振、水平偏振、+45°偏振、-45°偏振；在选定"基"之后，将比特 0 或 1，编码为偏振态光子的一种状态。
- 传输阶段：发送方 A 将光子通过量子信道发送给接收方 B。
- 测量阶段：接收方 B 随机选择一个基对每个光子进行测量；如果接收方 B 的基与发送方 A 的基一致，则其能获得正确的结果，否则结果是随机的。

- 筛选阶段：发送方 A 和接收方 B 通过经典信道公开比较各自选择的基；丢弃基不一致的比特。
- 误差检测：发送方 A 和接收方 B 比较共享密钥的一部分以估计误码率；高误码率表明可能存在窃听者。
- 密钥生成：剩余的比特构成共享的秘密密钥。

BB84 协议的安全性保障可使窃听在量子态中引入可检测的干扰，窃听者无法在不被发现的情况下获取密钥信息。BB84 协议逐渐被应用于金融机构、军事网络和政府数据交换的量子密钥分发系统。

2）E91 协议

E91 协议利用量子纠缠实现安全密钥分发。

E91 的基本原理：

- 纠缠态，当两个粒子彼此相关时，不论它们之间的距离如何都存在关联；
- 非局部关联，纠缠粒子的测量结果存在强关联性；
- 贝尔定理，纠缠系统中若测量结果偏离量子力学的预测，则说明存在窃听者。

E91 协议的执行步骤：

（1）准备阶段，一个可信源生成纠缠光子对，一个光子发送给 A，另一个发送给 B。

（2）测量阶段，A 和 B 随机选择测量基，如直线基、对角基，每次测量都会使纠缠态坍缩。每次测量时，A 和 B 从可用的基中随机选择一个基，测量基的选择是独立的，并且每个纠缠光子对会重新随机生成。

（3）关联分析，A 和 B 在公共信道上比较部分测量结果，计算相关系数并验证贝尔不等式，该不等式可检测窃听者。

（4）如果 A 和 B 选择了相同的基，则二者的测量结果是强关联或强反关联的（取决于纠缠态的具体形式），如果选择了不同的基，则结果是随机的。

（5）保留关联结果，A 和 B 仅保留那些在相同基下测量的结果作为密钥。

（6）密钥提取，如果相关性符合量子力学预测，则 A 和 B 生成一个安全密钥。

E91 特别适用于基于卫星的量子密钥分发和大规模量子网络，在远距离情况下分发纠缠光子。

2. 量子链的架构

量子链通过量子技术与区块链的结合提升安全性和功能性。

基本组件包括：

- 量子节点，配备量子处理器，用于执行量子密钥分发和量子安全加密；
- 量子信道，用于实现节点间的量子密钥分发和安全通信；
- 量子共识机制，利用量子特性实现高效安全的共识。

网络架构：量子层，处理量子密钥分发和量子操作；经典层，执行区块链交易和存储；接口层，实现量子与经典系统的交互。

通过解决当前的可扩展性、效率和安全方面的限制，量子加密与量子链的结合有望在金融、供应链等领域引发更深的变革。

16.2 区块链与人工智能

本节介绍区块链驱动的人工智能（AI）平台、去中心化人工智能市场与区块链应用、区块链和 AI 结合的行业变革等相关知识。

16.2.1 区块链驱动的人工智能平台

区块链与 AI 的结合代表去中心化与智能化的变革性融合。

1. 区块链与人工智能结合的核心特性

- 去中心化：区块链的分布式账本消除了单点故障的风险，使 AI 模型能够在网络中协同运行。
- 数据完整性：区块链的不可篡改性确保了用于训练 AI 模型的数据集的可靠性与真实性。
- 透明性：区块链上的智能合约通过提供可审计的决策过程增强了 AI 模型的治理。
- 隐私保护机制：联邦机器学习和同态加密技术支持在不泄露个人数据的情况下进行 AI 计算。

2. 区块链与人工智能的互操作性

区块链与人工智能的结合需要在异构系统之间实现协调，其核心原则包括：
- 标准化数据格式，采用可互操作的模式，如兼容语义网的 JSON-LD。JSON-LD 是一种轻量级的数据序列化格式，用于表示结构化数据并将其与语义网标准兼容，它扩展了传统 JSON 的功能，允许数据嵌入语义信息，使得机器更容易理解数据的含义和关联。
- 跨链通信，通过分层协议如 ILP，实现 AI 模型在多个区块链网络中的部署。ILP 是一种用于跨网络进行支付和交易的开放协议，它旨在实现不同支付网络，包括银行系统、区块链、数字钱包等之间的互操作性，其核心目标是提供一种分层结构，支持跨账本和支付系统的无缝价值传输。

3. 去中心化的机器学习工作流

（1）数据收集，分布式数据源通过区块链提供经过验证的数据集并确保其完整性。
（2）模型训练，AI 模型通过联邦机器学习在去中心化节点上进行训练，链上记录训练过程的元数据，如模型更新、参与节点，以确保性能一致性。

（3）推理，区块链确保训练后的模型实时部署并对决策过程进行透明记录。

4．专为AI定制的共识算法

传统区块链共识机制需要适应 AI 的工作负荷，专为 AI 定制共识机制。

学习证明（PoL）：节点通过验证 AI 模型训练的共享过程，促进质量和公平性的激励机制旨在将有意义的计算任务引入共识过程，将共识的核心逻辑与机器学习任务相结合；在学习证明中，网络节点通过参与机器学习模型的训练或验证来竞争区块生成权；节点的贡献不仅体现在资源消耗上，还体现在对分布式学习任务的实际贡献上，如优化模型参数、验证模型性能等；激励节点参与高质量的机器学习任务，提高模型效能和效率；通过学习任务验证节点的工作质量，奖励真正的贡献者；学习证明的核心工作流程包括任务分配、学习计算、验证过程和奖励分配。

异步拜占庭容错支持高吞吐量 AI 任务，减少延迟。异步拜占庭容错是分布式系统中一种强大的容错机制，能够在异步网络环境中处理拜占庭故障，即恶意或错误节点的任意行为，确保系统仍然能够达成共识并保持可靠性。在异步网络中，通信延迟没有上限，消息可能会被任意延迟甚至乱序抵达；异步拜占庭容错的核心目标是即使网络中存在异步性和拜占庭节点，只要满足一定条件，系统仍然能够确保网络的安全性和活性。

在异步网络中，要容忍 f 个拜占庭节点（即故障节点），总节点数 n 必须满足：
$$n \geqslant 3f+1$$
即当网络中有 f 个恶意节点时，至少需要 $3f+1$ 个节点来维持系统的安全性和活性。

5．面向AI的密码学技术

零知识证明确保无须暴露敏感数据即可验证 AI 结果。

差分隐私是一种数学框架，用于保护数据隐私，同时确保数据的可用性，广泛应用于统计分析和机器学习中。通过在数据分析或模型训练中引入噪声，降低单个数据点对整体结果的影响，可以防止攻击者通过查询结果推测出具体的某个人的信息，在保护个体数据贡献的同时支持整体计算。

6．基于区块链的联邦机器学习

基于区块链的联邦机器学习结合了分布式机器学习和区块链的优势，旨在保护数据隐私，同时提高模型训练的透明性和安全性。

1）联邦机器学习背景

在分布式环境中，数据分布在不同的节点上，这些节点可能属于不同的组织或个人，数据隐私和安全性是主要的挑战。设分布式数据集为：
$$D = \{D_1, D_2, \cdots D_N\}$$
其中，每个 D_i 表示第 i 个节点上的本地数据集。

模型 $f(x;\theta)$ 是一个参数化的 AI 模型,其中,x 是输入特征,θ 是模型参数。

2)目标函数

在联邦机器学习中,目标是多个分布式节点,如设备或组织共同训练一个全局模型,无须共享本地数据。联邦机器学习的核心目标是通过最小化所有节点的总损失来训练一个能够在全局范围内泛化良好的模型。目标函数公式如下:

$$\min_{\theta} \frac{1}{N} \sum_{i=1}^{N} L(f(x_i;\theta), y_i)$$

其中:N 表示总节点数;x_i 表示第 i 个节点的输入数据;y_i 表示第 i 个节点的输出标签或目标值;θ 表示全局模型的参数向量,需要通过训练优化;$L(f(x_i;\theta), y_i)$ 表示损失函数,衡量模型 $f(x_i;\theta)$ 在输入数据 x_i 上的预测值和真实值 y_i 之间的差异,如均方误差(MSE)损失函数。

常见的损失函数如均方误差,其数学定义如下:

$$L(y, \hat{y}) = \frac{1}{m} \sum_{i=1}^{m} (y_i - \hat{y}_i)^2$$

其中,y_i 是真实值,$\hat{y}_i$ 是预测值。

目标含义:通过调整模型参数 θ,最小化所有节点上的平均损失,即找到一组最优的模型参数,使得模型在全数据集上的表现最佳。这个过程保留了数据隐私,因为数据 x_i 和 y_i 不需要离开本地。

3)全局模型训练与模型更新

在模型更新中将用到梯度的概念。梯度运算符 ∇ 用于计算标量函数相对于变量向量的变化率或斜率。对于标量函数 $L(\theta)$,其梯度公式为:

$$\nabla L(\theta) = \left[\frac{\partial L}{\partial \theta_1}, \frac{\partial L}{\partial \theta_2}, \cdots, \frac{\partial L}{\partial \theta_n} \right]$$

这里 $\nabla L(\theta)$ 是一个向量,指向函数 L 增长最快的方向。在梯度公式中,计算损失函数 L 对每个参数的偏导数,用来指导参数更新的方向。梯度提供了参数调整的方向和幅度信息,是优化过程的核心。

每个节点计算本地数据的损失和梯度,将本地结果传递给中心服务器,或通过区块链实现去中心化的聚合,服务器根据全局梯度更新模型参数 θ 再将更新后的参数分发回节点。

模型的更新使用梯度下降法,公式为:

$$\theta_{t+1} = \theta_t - \eta \cdot \nabla L(\theta_t)$$

其中:θ_t 是模型参数在第 t 次迭代时的值;η 是学习率,用于控制参数更新的步长;$\nabla L(\theta_t)$ 是损失函数关于参数的梯度,梯度的方向指向损失函数增大的最快方向,通过减去梯度,算法可以沿着损失函数下降最快的路径进行移动,从而逼近最小值;按学习率 η 缩放梯度,如果小于 η,则收敛速度慢,但更新平稳,如果大于 η,则收敛速度快,但可能导致震荡或发散;使用梯度下降法进行模型参数优化,通过多次迭代,梯度逐渐趋近于 0,说明模型参数接近损失函数的最小值。

在联邦机器学习中,每个节点 i 独立计算本地梯度;通过区块链安全记录这些本地更新,并通过智能合约实现全局模型聚合。

基于区块链的人工智能平台将重塑从医疗到金融的多个行业,促进智能去中心化生态系统的构建。

16.2.2 去中心化的人工智能市场与区块链应用

去中心化 AI 市场与区块链技术的结合正逐渐成为数字生态系统中的一项重要创新。

1. 去中心化AI市场的架构和设计

去中心化的 AI 市场的核心设计要素包括:全球各地的参与者为 AI 模型提供分布式计算资源并通过区块链进行管理和结算;AI 模型的计算能力、数据或算法可以由参与者提供,进而通过代币化奖励系统获得相应的奖励;保护用户数据的隐私安全;AI 模型的版本控制、验证和认证可通过区块链来管理。

通过以上这些设计要素,去中心化 AI 市场能够优化资源配置、激发创新潜力,从而提高效率。

2. 去中心化AI市场的应用场景

去中心化 AI 和区块链的结合正在多个领域中发挥着越来越大的作用。

1)金融行业:区块链与 AI 助力去中心化金融服务

在去中心化金融领域,AI 模型可以分析来自多个去中心化交易所的大量金融数据,预测市场趋势,并根据预定条件自动执行交易。通过利用区块链,这些交易将被记录在不可篡改的账本上,确保其透明性,减少欺诈风险。

2)供应链管理:AI 与区块链提升透明度与效率

区块链技术为供应链各环节提供去中心化的跟踪和验证解决方案,而 AI 根据实时数据自动调整和提升货物流通效率。

VeChain 是一个基于区块链的供应量管理平台。每个阶段的货物来源,VeChain 都会利用区块链技术进行记录。而 AI 模型支持预测需求、优化物流,并检测供应链中的潜在中断风险,保障供应链的安全。

去中心化 AI 市场在区块链协议和 AI 算法的不断创新下,将成为推动各行业创新和发展的重要力量。

16.2.3 区块链和人工智能结合的行业变革

区块链提供安全性、透明性和去中心化的技术支持,而 AI 则擅长基于数据的决策和自动化。

1. 去中心化与智能化

区块链的共识协议如权益证明、实用拜占庭容错、AI 优化算法如神经网络反向传播等，二者结合，实现了去中心化和智能化的操作。其中，神经网络反向传播基于梯度下降算法，计算神经网络中每一层的误差梯度，通过最小化损失函数来调整神经网络的权重和偏置。

2. 决策中的信任与透明度

区块链的不可篡改账本确保所有 AI 决策具有可追溯性和可审计性。这在金融、医疗和供应链等需要决策责任的应用中至关重要。

数据完整性验证公式：
$$H(D) = \text{Hash}(D)$$

其中，$H(D)$ 是数据 D 的哈希值，利用加密哈希可以保证数据的完整性，利用区块链记录每个交易并进行 AI 预测。

3. 激励式协作

通过基于代币的激励机制，参与者因贡献数据、计算资源或 AI 模型而获得奖励。代币分配模型：

$$R_i = \frac{C_i}{\sum_{j=1}^{N} C_j} \cdot T$$

其中，R_i 是参与者 i 的奖励，C_i 是其贡献量，N 是总参与者数，T 是总奖励池。

4. 行业应用变革

AI 与区块链结合，逐渐在各行业推广应用，引发了各行业的变革，提高了新质生产力。

1）多行业变革

我们已经探讨了基于区块链的联邦机器学习、去中心化数据市场、AI 模型验证的区块链解决方案、金融行业欺诈检测与风险管理、供应链行业透明且可预测的物流等 AI 与区块链结合的行业应用。AI 与区块链结合在医疗、能源行业也有其巨大的应用潜力。

2）医疗行业

AI 驱动的医疗诊断常面临数据隐私相关障碍。通过将客户数据保留在本地以保护隐私，使用基于区块链的联邦机器学习平台训练、检测 AI 模型，从而实现聚合模型的高准确性。

3）能源行业

AI 预测能源需求；区块链促进点对点能源交易；智能合约根据需求动态调整价格。

区块链和 AI 的结合使系统更强大、高效和安全，促进了行业发展。

16.3　Web3 与虚拟现实空间生态系统

本节介绍区块链技术对虚拟现实空间和 Web3 生态系统的影响，深入分析区块链在虚拟现实空间中的应用和区块链的未来发展、用户所有权模式以及区块链在虚拟现实空间中的应用等。

16.3.1　区块链作为 Web3 的基础

Web3 的核心理念是从当前的中心化互联网模式转向去中心化和用户主权的网络生态系统。区块链技术为这一转变提供了关键的技术支撑，赋能去中心化应用、数据经济和边缘计算。通过区块链，Web3 能实现互操作性、透明性和公平性，从根本上重新定义互联网架构。

1．互操作性的定义及其重要性

互操作性是指不同区块链网络和应用之间的数据和资产无缝交互的能力。在 Web3 中，互操作性促进了去中心化系统的协同发展。

跨链桥接技术支持数字资产和数据在不同区块链之间转移，并且采用规范化的智能合约和通信协议，如 ERC-20、ERC-721 和 ERC-1155 协议。

2．可扩展性的技术解决方案

区块链的可扩展性支持 Web3 应用高效地处理大规模的交易量。
- 分片技术：为提升区块链的吞吐量，通过分片技术并行处理网络交易，如以太坊 2.0 引入的分片机制。
- 第二层扩展解决方案：为减轻主链负载，使用状态通道、交易汇总等技术实现链下交易批处理。
- 高性能共识机制：为提高交易确认速度，使用委托权益证明和实用拜占庭容错等共识机制。

3．应用案例：去中心化应用的创新生态

- 去中心化金融是 Web3 的核心应用，通过区块链去除金融中介机构。
- 自动化市场做市商，如 Uniswap 使用智能合约实现去中心化交易。
- 去中心化借贷：如 Aave 平台，提供点对点的借贷服务。
- 去中心化内容平台：提供基于 NFT 的内容权利保护，基于区块链的内容平台直接向创作者支付收益。

区块链的互操作性与可扩展性将进一步促进去中心化应用的普及和创新，其为 Web3 的去中心化生态提供了不可或缺的技术基础。

16.3.2　数据代币化经济与用户所有权模式

在 Web3 的去中心化背景下，个人能够直接控制、代币化和交换自己的数据，无须依赖中心化的中介。区块链提供了透明性、安全性和公平的价值分配机制。

1．数据代币化经济框架

利用区块链将数据表示为可安全交易的代币化资产，实现数据代币化经济。
1）数据作为数字资产
数据作为数字资产，支持所有权验证；代币可表示个人数据、知识产权或聚合数据集。
2）去中心化数据市场
点对点市场消除了数据交易中的中间环节；区块链确保数据贡献者获得公平的补偿。
3）智能合约自动化
智能合约自动执行数据访问、授权和支付等条件；仅在支付验证后授予数据访问权限。

2．代币化机制

- 非同质化代币用于独特数据资产，表示独特数据集，如数字艺术作品，采用 ERC-721 或 ERC-1155 等协议进行非同质化代币管理和交换。
- 同质化代币用于共享数据资产，支持共享数据集的部分所有权，如物联网传感器网络。
- 动态代币，随数据集变化而动态更新，确保实时进行价值评估。

3．用户所有权模式：重新定义数据权利

在 Web3 中，自主身份（SSI）是一个基于区块链的身份管理概念，它使得个人对自己的身份信息拥有完全的控制权。其核心原则包括：
- 所有权，用户保留对其身份信息的全部权利；
- 可移植性，用户可以安全地在不同平台之间自由转移其数据；
- 隐私，加密技术确保数据共享的隐私性。
  - ➢ 实施框架：相关协议有去中心化标识符和可验证凭证等。
  - ➢ 加密数据存储：使用分布式存储网络如 IPFS、Filecoin 等实现数据安全存储。
  - ➢ 零知识证明：使数据共享无须泄露底层信息。

4．激励化所有权模式

通过代币化生态系统，用户可将数据代币化。

- 数据即服务（DaaS），用户将数据授权给公司用于分析或机器学习训练，获得代币奖励；
- 数据共享，用户通过加密的数据共享参与并获取代币奖励；
- 基于所有权的数据收益模式，每当代币化的数据被使用或转售时，利用智能合约实现收益分配。

16.3.3　区块链在虚拟现实空间中的应用

区块链为虚拟现实空间（Metaverse，元宇宙）提供了去中心化的基础设施，从资产管理到经济治理，均展现出了强大的变革潜力。

1．NFT与虚拟资产管理

1）数字所有权的表示
- 非同质化代币，为虚拟现实空间中的数字资产，提供一种去中心化的所有权解决方案。
- 资产唯一性，每个NFT都拥有唯一标识。应用场景包括虚拟Land、虚拟艺术品和游戏物品等。用户可以使用钱包组合管理资产，方便跨平台使用。

2）资产的互操作性

NFT可在多个虚拟现实空间中转移，实现跨平台支持。通过智能合约自动化执行资产租赁或联合所有权。

2．Metaverse中的治理模式

去中心化自治组织为Metaverse提供了一个社区驱动的治理框架。用户凭代币持有量，投票决定Metaverse的规则与政策。参与治理的用户通过贡献获得代币奖励。

3．隐私与框架安全

- 零知识证明：用户在不暴露身份的情况下完成资产交易或访问验证，如ZCash使用零知识证明技术保护隐私。
- 同态加密：允许在加密数据上执行计算，使虚拟现实空间中的敏感数据得到保护。

4．Metaverse的应用案例

- 平台Decentraland：提供虚拟Land的相关服务。
- 娱乐与社交：用户通过赚取区块链代币获益，如游戏Axie Infinity。
- 高度互动学习：用户可以进入一个三维虚拟世界，进行高度互动的学习体验。在虚拟现实空间中开展交互式课程与虚拟培训。通过虚拟现实（VR）和增强现实（AR）技术创建交互式学习环境。

❑ 虚拟会议与展览：使用区块链支持的虚拟会议室进行交流。

通过持续创新和完善技术，Web3、区块链和 Metaverse 将塑造未来数字经济的核心格局。

16.4 塑造更具创新性和可持续性的未来

区块链技术的未来将在全球产业和社会中产生深远变革，为更具创新性和可持续的未来铺平道路。本节将介绍区块链开发标准和互操作性解决方案、推动构建更具包容性与可持续性的区块链未来应用。

16.4.1 区块链开发标准和互操作性解决方案

区块链发展标准定义了系统设计、数据结构、共识协议和安全机制的最佳实践方案。互操作性解决方案使不同的区块链网络能通信、协作和共享数据。

1. 国际区块链发展标准

多个全球组织包括国际标准化组织（ISO）、电气和电子工程师协会（IEEE）以及国际电信联盟（ITU）等正在积极制定区块链标准。

❑ ISO/TC 307（技术委员会）：ISO 的技术委员会 307 在区块链技术的标准化方面起到了重要作用。该委员会聚焦于术语、参考架构、安全性、隐私性和治理方面的标准化。

❑ IEEE 区块链标准：IEEE 标准协会推出了多个标准化区块链系统的倡议，包括共识算法、安全协议、互操作性和应用。例如 IEEE 1931.1 标准，涉及区块链的物联网应用。

❑ ITU 区块链标准：ITU 在区块链互操作性方面制订了指南。ITU 的工作强调跨行业标准化的必要性，侧重于区块链系统的技术和功能。

从金融服务到供应链管理等领域的这些国际标准，为未来区块链在各领域的采用夯实了基础。

2. 我国区块链标准与监管环境

我国在全球区块链生态系统中发挥着关键作用，并已将区块链作为未来数字基础设施的核心技术之一。

❑ 在"十四五"规划中提到，要培育壮大区块链等新兴数字产业，提升关键软件等产业水平。

❑ 区块链服务网络（BSN）是由国家信息中心进行总体规划和设计，联合中国移动、中国银联等单位共同发起建立的区块链公共基础设施。
- GB/T 42752-2023《区块链和分布式记账技术参考架构》等一系列与区块链相关的国家标准发布、实施，提供了区块链领域的参考标准。
- 中国人民银行高度重视法定数字人民币的研究开发，发布了相关的研发进展白皮书，并在多省市、地区开展了试点应用。

未来将会构建区块链全球框架，促进区块链网络之间的无缝通信，推动区块链生态的持续发展。

16.4.2　构建更具包容性与可持续性的未来

区块链技术作为分布式账本的核心应用，被认为可以解决信任问题、提升效率和推动社会创新。

1. 包容性和可持续性的原理

包容性在区块链中是指无论其经济、地理或技术背景，确保所有社会成员都能公平地参与和受益于区块链生态系统。关键原则包括低成本访问、去中心化治理、数据主权和隐私保护。

可持续原则确保区块链系统的长期稳定运行。其包括几个关键维度：引入绿色共识算法如 PoS 等；设计支持共享计算资源和网络带宽的区块链模型；生态影响最小化，支持全球可持续发展目标。

2. 实现包容性区块链的技术与方法

去中心化标识符技术是实现包容性区块链的基础。去中心化标识符通过安全多方计算、零知识证明等加密技术，确保身份认证的隐私性和安全性。

针对低算力设备和一般发展地区，设计轻量级区块链协议是实现包容性的可行方案。例如，有向无环图，支持高效交易验证，是一种轻量级区块链架构。

对传统金融系统难以普惠到的人群，通过智能合约可以实现灵活的金融服务。智能合约可以根据预设规则，减少人为干预和资金分配的不公平性，实现专款专用、定向支付。

3. 构建可持续区块链的技术与方法

- 绿色共识算法：为减少工作量证明中高强度的能源消耗，使用权益证明共识机制，通过验证节点的权益选择记账权。
- 混合共识：为了既保证网络的安全性又提高能源效率，将工作量证明与权益证明结合，工作量证明完成初始网络构建，而权益证明则负责后续的共识维护。
- 碳足迹追踪：通过区块链记录碳排放量并创建碳信用交易市场，支持企业间碳排放配额的透明分配和交易。

4. 我国在包容性与可持续区块链中的角色

工信部与网信办联合发布的《关于加快推动区块链技术应用和产业发展的指导意见》指出，要推动区块链和互联网、大数据、人工智能等新一代信息技术融合发展，建设先进的区块链产业体系。

数字人民币是全球首个央行数字货币，其设计体现了包容性和可持续性。通过支持离线支付和低成本结算，数字人民币将数字金融服务扩展普惠到更广地区和更多的人群。

未来，将从技术、设计、政策和应用着手，构建更加包容和可持续的区块链生态。

16.4.3 区块链经济在各行各业中的应用

区块链技术、经济系统和社会之间的相互作用，预示着全球和区域格局的深刻变革。

1. 区块链经济

共享经济和智能合约经济是经济交互中的变革性范式。

区块链经济的关键概念和原理：

- 无信任交互，区块链通过加密算法消除中介，建立信任；
- 不可篡改与透明性，确保共享经济参与者能够访问可验证的记录；
- 智能合约的自动化，将预定义条款编码成自动执行的合约，从而简化操作；
- 经济模型革新，通过去中介化降低交易成本，通过代币经济激励参与。

2. 区块链经济方法论

- 数字人民币，支持经济参与者之间数字人民币的便捷支付、结算，支持可编程智能合约的条件付款、专款专用和定向支付等，支持国际贸易中的跨境人民币支付结算，提高经济流通中的货币智能化水平，提升人民币的国际影响力。
- 构建基于区块链的社会供应链网络，提升整个经济领域中供应商、核心企业、代理商和金融机构间的协作水平，提升经济参与者、组织之间的信息和价值传递的效率。
- 构建基于区块链的广域物联网，促进社会各物理实体、生产要素和经济单元之间的信息流通，提升系统实时监测、自动控制和智能协作的水平。
- 去中心化市场，基于区块链构建行业应用平台，直接连接消费者和生产者，提升经济运行的效率。
- 智能合约经济，利用程序化预定义条款，实现无人工干预、自动化执行的经济、市场和交易条款，提升经济智能化水平。
- 代币化激励，根据贡献大小，代币化激励区块链网络的交易验证者、共识参与者、数据打包区块生成者、数据存储者、网络节点运营者等，支持区块链生态系统可持续化发展。

- 声誉系统,基于区块链构建不可篡改和透明的参与者声誉追踪系统,维护区块链网络的安全。

3. 区块链在社会各行业中的应用

随着区块链技术的不断成熟,其影响力已从技术和经济领域延伸至更广的领域。

1)基本原理

区块链的核心原理是确保包容性、公平性和可扩展性,以分布式和共识驱动的系统推动社会更高效地运行。主要特征包括:通过共识协议,个人或节点参与治理决策,即分布式决策;智能合约自动执行规则,确保开放、合规和透明的政策得以执行。

不需要信任的交互模式:通过加密证明和不可篡改的记录,区块链消除了对中心化中介的信任依赖;加密算法确保数据的完整性,即可验证交易;共识协议通过权益证明和委托权益证明等算法,创建可信环境。

自主身份(SSI):赋予个体拥有和控制其数字身份的权利,无须依赖第三方机构,其组成部分包括去中心化标识符,即基于区块链的唯一标识符,可验证凭证,即数字身份属性的加密证明。

2)区块链的应用

- 公共服务:在增强数字身份管理、产权登记和社会福利分配等领域,应用区块链技术,提高公共服务的效率。
- 存证、取证:重要的文件如合同文件、学历证书应用区块链技术进行存证,在需要时再出示存证证明即取证。应用区块链的防篡改和可追溯性等功能,可以保护重要信息的完整性和安全性。
- 数据隐私与安全:通过安全多方计算、联邦机器学习、同态加密和零知识证明等算法保护数据隐私,合理使用数据。区块链应用在需要保护数据隐私的领域,如医疗领域。
- 法律和司法:支持透明和公开的法律程序,使用区块链管理证据确保其真实性,如北京互联网法院"天平链",旨在打造一个产业参与度高、安全可信度高的司法区块链。

区块链通过分布式账本、共识机制、智能合约和安全性重新定义了经济和社会互动的基础,凭借积极的战略和进步的技术,我国有望塑造一个更具创新性、公平性和可持续性的未来。同时,作为国际上数字货币、加密货币的基础技术平台,区块链也将在全球范围内蓬勃发展并广泛应用。

16.5 小　　结

本章以区块链与量子计算为基础,分析了两者融合的机遇与挑战、量子计算的革新性影响以及后量子密码学的适应性发展，还探讨了量子加密和量子技术的前景。

然后介绍了区块链与人工智能的结合，聚集于去中心化生态系统、基于区块链的 AI 平台和市场、支持智能化及无须信任的互动等内容。这两种技术的协作被视为行业进化的重要驱动力。

接着介绍了区块链在虚拟现实空间与 Web3 生态系统中的角色，展示了其基础性影响，从支持去中心化经济到推动用户拥有的数据代币化模型，再到促成各行业应用的发展。

最后以构建更具创新性和可持续性的区块链未来收尾，探讨了区块链的发展标准、互操作性、包容性以及区块链在多领域的应用，从学术性和前瞻性视角探讨了区块链作为塑造技术、经济和社会格局的关键力量在全球和我国的发展趋势。

16.6 习　　题

一、选择题

1. 以下哪一项最能描述区块链在 Web3 中的主要作用？（　　）
   A. 实现对数字资产的集中控制　　　B. 促进去中心化应用程序和智能合约
   C. 在没有用户同意的情况下存储个人数据　　D. 增加传统金融系统的复杂性

2. 量子计算对区块链的潜在影响主要表现在以下哪一项？（　　）
   A. 提高交易速度　　　　　　　　　B. 破解传统加密系统
   C. 增强区块链的可扩展性　　　　　D. 降低区块链的能耗

3. 以下哪种加密方法最常与后量子加密相关？（　　）
   A. RSA　　　　　　　　　　　　　B. 椭圆曲线加密
   C. 基于格的加密　　　　　　　　　D. AES（高级加密标准）

4. 在去中心化 AI 的背景下，区块链能提供以下哪项应用？（　　）
   A. 对 AI 模型的集中控制　　　　　B. 一个去中心化的 AI 服务市场
   C. 基于 AI 的社交媒体平台　　　　D. 一个消除所有 AI 伦理问题的平台

二、简答题

1. 解释基于格的加密概念及其在后量子区块链安全中的相关性。
2. 描述区块链在确保 Web3 的可扩展性和互操作性方面的作用。

三、论述题

1. 讨论当区块链与量子计算结合时，确保数字资产安全的潜在挑战和解决方案。
2. 分析区块链和人工智能融合创造智能去中心化生态系统的过程。